工学结合 · 基于工作过程导向的项目化创新系列教材
国家示范性高等职业教育电子信息大类"十三五"规划教材

CorelDRAW 平面设计项目化教程

（第2版）

主　审　杨　烨
主　编　战忠丽　周媛媛　姜东洋
副主编　惠红梅　吕　雪　王　强　关　欣　郅芬香　玉芳妹
参　编　杨　铭　崔雪峰　赵　旭　周　静

華中科技大學出版社
http://www.hustp.com
中国 · 武汉

内 容 简 介

本书按照工学结合的项目化教学方式进行编写，在内容组织上从设计的理念出发，结合 CorelDRAW X4 软件中大部分常用工具和菜单命令的使用方法与技巧，循序渐进地引导数字媒体艺术、艺术设计、广告设计、计算机图形图像等相关专业的高职院校学生和图形图像专业培训人员及平面设计爱好者，实现由初学到熟练运用 CorelDRAW X4 软件表达自己设计思想的目标。全书由 7 个项目构成，包括绘制图形、插画设计、广告设计、VI 设计、版式设计、服装设计、包装设计等项目，每个项目中均包含项目描述、学习目标、相关知识、项目导入、实际操作及项目小结等内容，有效地突出了实践教学、项目教学的特点，将理论知识更好地融入实践学习中。为了方便教学，本书还配有电子课件等教学资源包，任课教师和学生可以登录"我们爱读书"网(www.ibook4us.com)免费注册并浏览，也可以发邮件至 hustpeiit@163.com 索取教学资源包。

本书内容讲解全面，项目内容丰富，可操作性强，既可作为高职院校计算机相关专业的教材，也可作为平面设计爱好者和图形图像专业培训人员的学习参考用书。

图书在版编目(CIP)数据

CorelDRAW 平面设计项目化教程 / 战忠丽，周媛媛，姜东洋主编.—2 版. —武汉：华中科技大学出版社，2017. 8（2021. 1 重印）
国家示范性高等职业教育电子信息大类"十三五"规划教材
ISBN 978-7-5680-3108-0

Ⅰ. ①C… Ⅱ. ①战… ②周… ③姜… Ⅲ. ①平面设计-图形软件-高等职业教育-教材 Ⅳ. ①TP391.41

中国版本图书馆 CIP 数据核字(2017)第 165910 号

CorelDRAW 平面设计项目化教程(第 2 版)
CorelDRAW Pingmian Sheji Xiangmuhua Jiaocheng

战忠丽　周媛媛　姜东洋　主编

策划编辑：康　序
责任编辑：康　序
责任监印：朱　玢
出版发行：华中科技大学出版社（中国·武汉）　电话：(027) 81321913
武汉市东湖新技术开发区华工科技园　邮编：430223
录　　排：武汉正风天下文化发展有限公司
印　　刷：武汉科源印刷设计有限公司
开　　本：880mm × 1230mm　1 / 16
印　　张：10
字　　数：306 千字
版　　次：2021 年 1 月第 2 版第 3 次印刷
定　　价：39.80 元

FOREWORD

教育部要求高等职业院校必须把培养学生的动手能力、实践能力和可持续发展能力放在突出的位置，以促进学生技能的培养。同时，相关教材的内容不仅要紧密结合生产实际，而且应注意及时跟踪行业内先进技术的发展状况。据此，编者结合目前项目化教学改革的要求，基于工作过程系统化的思想，以项目式教学为主线，编写了此书。

本书是专门为全国高等职业院校计算机图形图像处理相关专业编写的。其内容以学生为主体，采用“项目实现 + 相关知识讲解 + 模仿训练 + 课堂作业”的全新教学模式，生动详细地介绍了使用平面设计软件 CorelDRAW X4 来绘制图形、插画设计、广告设计、VI 设计、版式设计、服装设计、包装设计等作品的思路、流程、方法及具体实现步骤。

本书整体体系结构有别于传统的教材，其特点如下。

（1）突出学生实践动手能力的培养。本书以基于工作过程系统化的项目式教学为主线来组织教材内容，首先引入项目情境，演示精美作品，激发学生的学习兴趣，然后讲授设计思路、方法，并对相关知识进行讲解，突出实践操作技能，培养和提高学生的动手能力。

（2）设计项目以就业为导向、以实用为目的，注重与企业的实际需求相结合。项目来源于企业中的真实案例，实用性、趣味性强，能激发学生自己动手的欲望。其中，丰富的项目讲解，恰到好处的模仿训练，独立的综合实训，把理论与实际应用、模仿与创造完美地结合起来，形成过硬的实用技能，为学生就业上岗打下坚实的基础。

（3）多年教学、教改经验的积累与总结。本书是一线教师多年来参与教学、教改的经验积累与总结，实用性和操作性强。

（4）易教易学。书中提供了素材和最终效果图，课后有典型习题，方便及时巩固所学知识。

本书可作为计算机相关专业应用型、技能型人才培养的教学用书，也可供各类培训、计算机从业人员和爱好者参考使用。

参与编写本书的人员都是高职院校图形图像处理专业具有丰富教学经验的教师。本书由吉林电子信息职业技术学院战忠丽、重庆电子工程职业学院周媛媛、辽宁机电职业技术学院姜东洋担任主编，并负责全书的统稿工作；陕西工业职业技术学院惠红梅、重庆海联职业技术学院吕雪、吉林电子信息职业技术学院王强和关欣、鹤壁汽车工程职业学院郅芬香、广西理工职业技术学校玉芳妹担任副主编；吉林电子信息工程职业技术学院杨铭和崔雪峰、天津中德应用技术大学赵旭、四川交通职业技术学院周静担任参编。本书由武汉软件工程职业学院杨烨担任主审。在本书编写过程中，得到了华中科技大学出版社的大力支持与帮助，在此表示衷心感谢。

为了方便教学，本书还配有电子课件等教学资源包，任课教师和学生可以登录“我们爱读书”网（www.ibook4us.com）免费注册并浏览，也可以发邮件至 hustpeiit@163.com 索取教学资源包。

由于计算机技术发展迅猛，编写时间又非常仓促，书中难免存在一些不妥之处，恳请读者提出宝贵意见。

编　者

2017 年 5 月

CONTENTS

目录

项目4　VI 设计

项目 5　版式设计

项目 6　服装设计

项目 7　包装设计

绘制图形

HUIZHI TUXING

项目描述

本项目让读者对 CorelDRAW 软件有一个初步的认识，CorelDRAW 是 Corel（科亿尔）公司推出的一款集图形设计、文字编辑、排版和高质量印刷输出于一体的软件，是当今市场上最受欢迎的平面矢量图设计软件之一。Corel 公司成立于 1985 年，总部位于加拿大的渥太华，是一个专精数位多媒体应用的厂商，在美国、英国、德国、日本、中国等地皆设有分公司。在中国合法设立的子公司名称为科亿尔数码科技（上海）有限公司。Corel 公司同时于美国纳斯达克和加拿大多伦多股票市场上市。经过近 30 年的发展，Corel 公司已成为全球前十名的套装软件生产厂商，产品行销世界 75 个国家和地区，拥有超过 4000 万名使用者。其 OEM（original equipment manufacturer，原始设备制造商）合作伙伴也遍及世界各地，主要有华硕、佳能、戴尔、富士、惠普、联想、NEC、夏普、索尼、东芝等。

最初的 CorelDRAW 是在 1989 年推出的，本书中使用的版本是 CorelDRAW X4（版本号 14.0.0.653，见图 1–1），它于 2008 年推出，该版本较以前的版本有了很大的改进。下面，让我们一起进入 CorelDRAW X4 的精彩世界吧。

图 1–1 软件的版权页面

本项目首先介绍软件的工作模式，然后介绍软件的绘图工具，最后引入两个实例来说明。

学习目标

- 绘图页面的设置
- 设置页面的大小
- 设置还原操作步骤
- 插入页面
- 删除页面
- 保存文档的操作
- 重命名页面
- 调整页面的顺序

相关知识

（1） 软件的设置和界面的编辑操作：本章讲解的内容都是软件基本工具的使用方法。

（2） 公司标志：公司、企业标志最大的特点就是简洁、明了，易识别，富含公司、企业的最大特点，比如能反映公司的名称、形象、标识颜色、企业背景等。

项目导入

子项目 1　公司标志设计

完成如图 1–2 所示的公司标志设计。该任务相对简单，通过这个任务可以熟悉软件基本工具的使用方法，如钢笔工具和贝塞尔工具、矩形工具、简单的填充工具等的使用方法。

子项目 2　卡通形象设计

完成如图 1–3 所示的卡通形象制作。本任务主要就是利用贝塞尔工具或钢笔工具绘制卡通形象，然后给它填充颜色。在制作过程中应注意绘制顺序，首先从头部绘制，然后再绘制身体。

图 1–2　森洋工程公司的标志

图 1–3　卡通猫

任务 1 CorelDRAW X4 的基础知识

1. CorelDRAW X4 的工作模式

如果计算机桌面有快捷方式，可以用鼠标左键双击该快捷方式打开软件，软件将弹出“快速入门”对话框，在对话框中选择“启动新文档”栏的“新建空白文档”项（见图 1–4）。

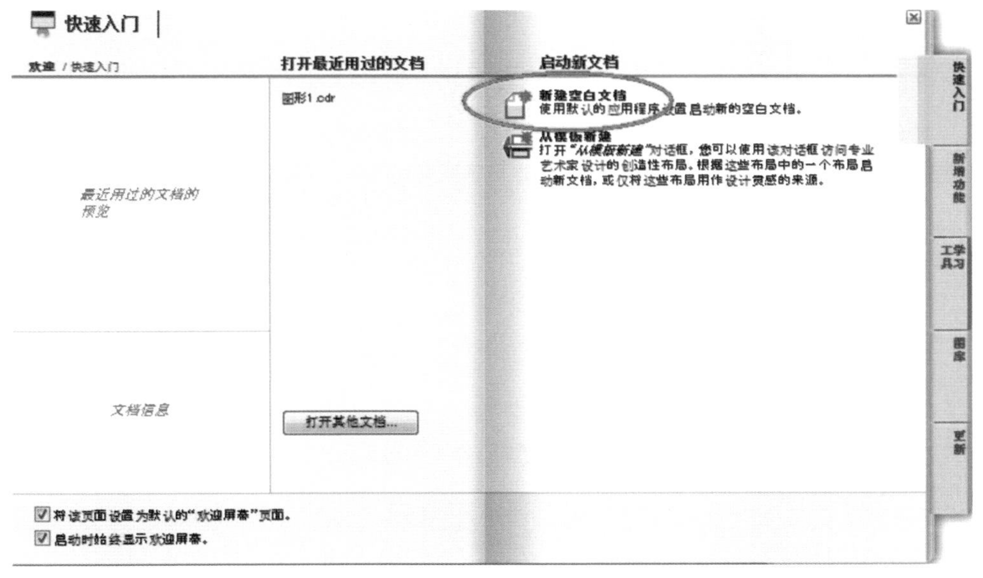

图 1–4　欢迎对话框

软件默认文档的页面大小是 A4 规格，全屏显示后整体的软件界面如图 1–5 所示(该界面效果是在 Window 7 操作系统、1920 × 1080 像素分辨率的条件下截屏所得)。

如果想关闭软件，则可单击软件界面右上角的“关闭”按钮 。下面介绍一下软件的操作界面，如图 1–6 所示。

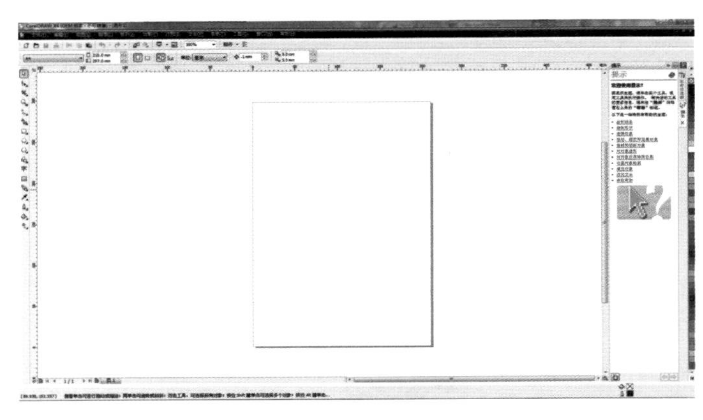

图 1-5　全屏显示

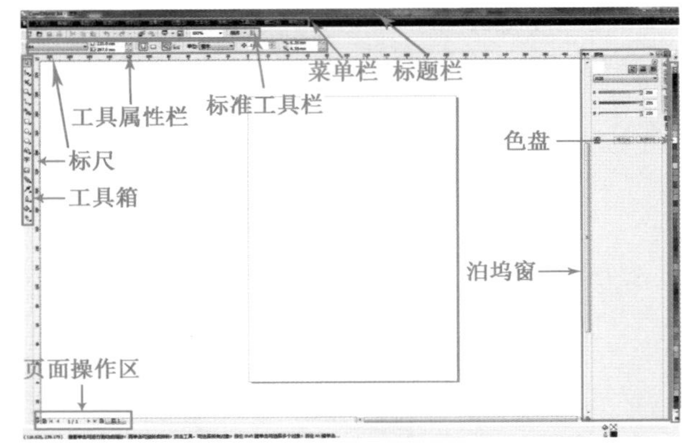

图 1-6　软件界面各部分名称

图 1-7　选择“窗口”→“工具”命令

➡注意：

如果 CorelDRAW 的标准工具栏和工具属性栏等没有在操作界面中显示出来，则可选择“窗口”→“工具”命令，在弹出的子菜单中选取相应的选项即可，如图 1-7 所示。

2. 绘图页面的设置

在使用 CorelDRAW 进行绘图工作时，常常需要在同一文档中进行添加多个空白页面、删除无用的页面或对某一特定的页面重命名等操作，下面分别介绍其操作方法。

1）插入页面

选择“版面”→“插入页面”命令，弹出“插入页面”对话框。单击“插入”文本框后面的微调按钮或直接输入数值，即可设置需要插入的页面数目，然后单击“确定”按钮即可，如图 1-8 所示。

在 CorelDRAW 状态栏的页面标签上右击，在弹出的快捷菜单中也可以选择插入页面的命令。

2）重命名页面

在一个包含多个页面的文档中，对个别页面分别设定具有识别功能的名称，可以方便地对它们进行管理。

重命名一个页面的方法是，单击需要进行重命名的页面，比如“页 2”，选择“版面”→“重命名页面”命令，在“重命名页面”对话框中输入新的名称后，单击“确定”按钮，如图 1-9 所示。

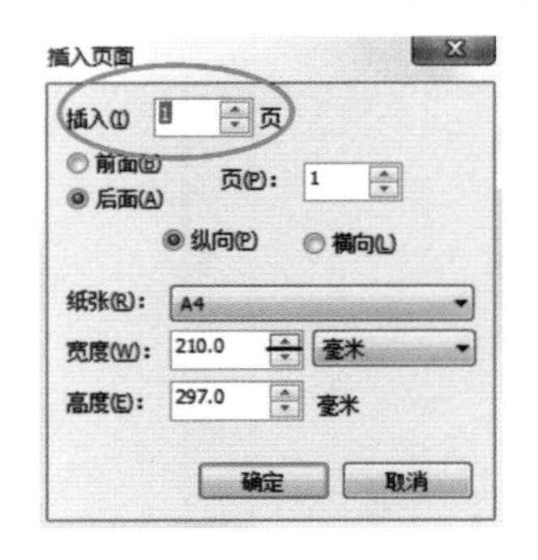

图 1-8　“插入页面”对话框

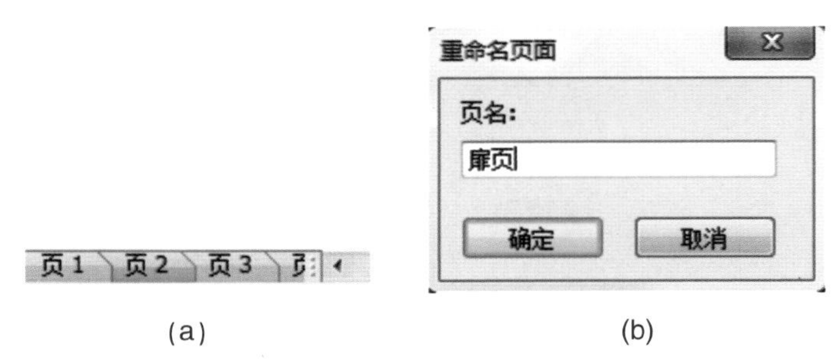

(a)　　(b)

图 1-9　重命名页面操作

3）设置页面

在 CorelDRAW 中单击“版面”菜单的命令，可以对文档页面的大小、版面等进行设置。选择“文件”→“导入”命令，导入一张图片文件，如图 1-10 所示。

在页面中单击，图片就被置入页面中了。然后可以根据需要缩放该图片，用鼠标左键拖动图片周围的 8 个锚点即可。

➡注意：

拖动图 1–10 中红色圈中的锚点，即可按比例缩放图片，共有 4 个锚点，如果拖动其他的锚点，画面比例会失真。

图 1–10　拖放控制点可实现导入图片的大小

选择“版面”→“页面设置”命令，在弹出的“选项”对话框的左侧找到“页面”项，单击“大小”，界面的右侧显示出的详细信息里就有纸张、方向、单位等内容，如图 1–11 所示。

4）删除页面

选择“版面”→“删除页面”命令，弹出“删除页面”对话框。单击“删除页面”文本框后面的微调按钮或直接输入数值，即可设置需要删除的页面数目，然后单击“确定”按钮（见图 1–12）。

5）调整页面顺序

如果想要调整页面顺序，可以在工作区下方的文档导航区域的页面调整区域找到当前文档的页面标签，单击，并拖动其中一个页面至想要放置的位置即可。比如，想要把“效果 3”页面放置在“效果 2”和“页 1”之间，则可按住鼠标左键并拖动“效果 3”，在“效果 2”页面上松开鼠标左键即可，如图 1–13 所示。

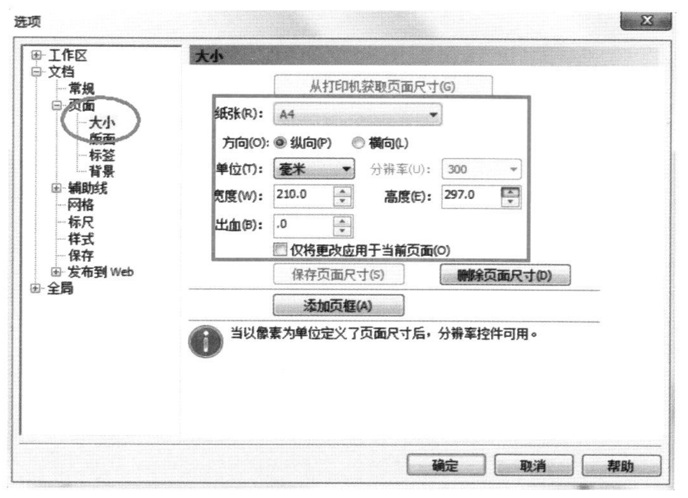

图 1–11　“选项”对话框

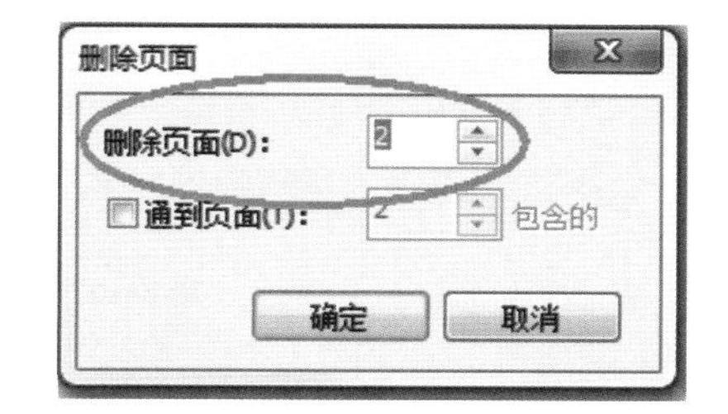

图 1–12　“删除页面”对话框

页 1　2: 效果2　3: 效果3

页 1　2: 效果3　3: 效果2

图 1–13　调整页面顺序

3. 设置预置属性

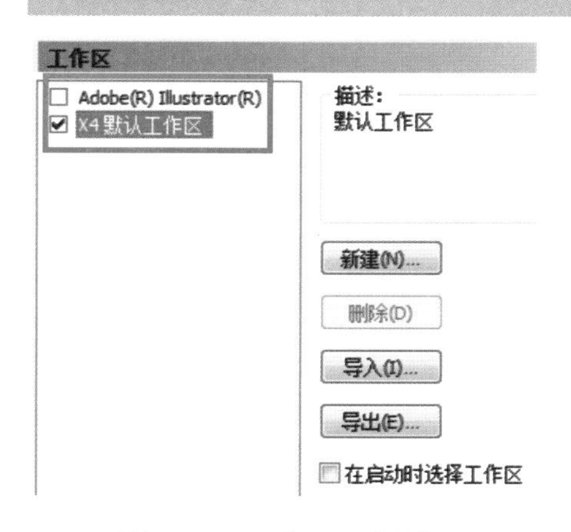

图 1–14　“选项”对话框

选择“工具”→“选项”命令，在弹出的“选项”对话框中勾选“X4 默认工作区”项，就能恢复软件初始界面状态，如图 1–14 所示。

➡注意：

在打开软件的同时按住键盘上的 F8 键，稍等片刻即会弹出提示恢复默认值的对话框，选择“是”按钮即可，如图 1–15 所示。

1）还原操作步骤

如果当前操作出现错误或想要返回上一步重新编辑，则只需找到标准工具栏的“撤销”按钮并单击即可。软件默认的撤销方法有 20 个步骤，但是也可以根据个人习惯任意修改。修改方法为，选择“工具”→“选项”命令，在弹出的“选项”对话框的左侧列表中单击“工作区”栏的“常规”项，右侧“常规”界面的“撤销级别”栏中可以设置撤销步骤，如图 1–16 所示。

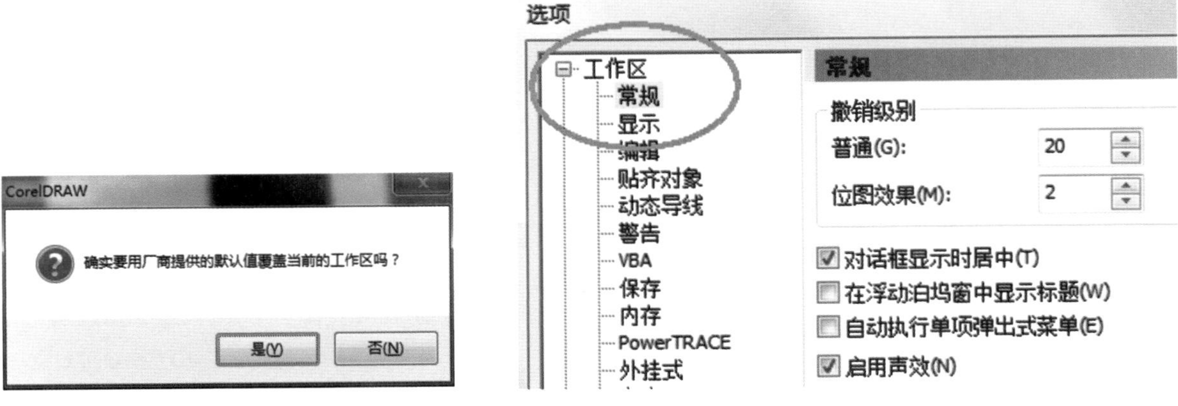

图 1–15　确认恢复默认值对话框

图 1–16　还原操作步骤

2）保存文档相关操作

注意，CorelDRAW X4 软件默认的保存格式是针对 X4 版本的，所以有可能会出现早期版本的 CorelDRAW 打不开 X4 版本编辑的文档，常会提示文件版本不兼容而无法打开。当保存时应查看“保存绘图”对话框中的“版本”下拉式列表，如图 1–17 所示，图中针对的是 14.0 版本，也就是 X4 版本，一般可以保存成 X4 版本之前的 8 个版本。根据行业应用的实际情况，通常保存成 9.0 版本的文档就可以了。

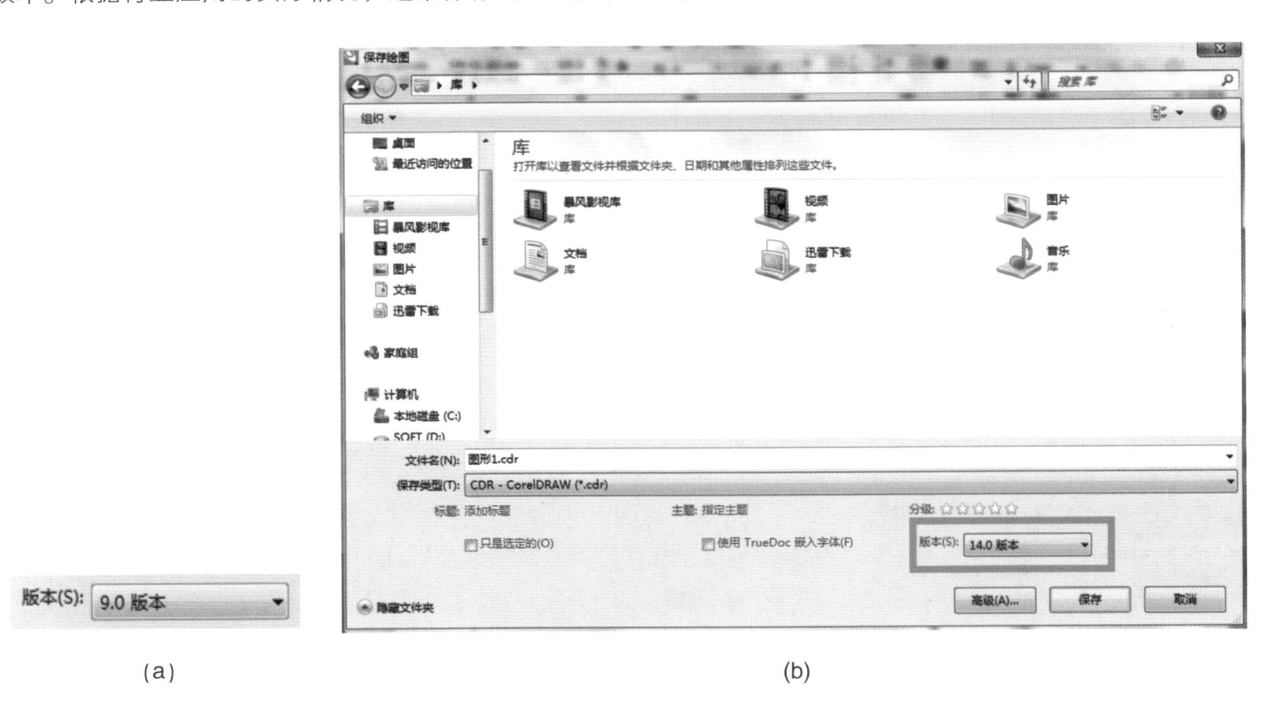

(a)　　(b)

图 1–17　保存文档的相关操作

➡注意：

对于初学者来说，查阅帮助文件也是一个很好的自学方法。选择“帮助”→“帮助主题”命令，会弹出“帮助”对话框，左侧是软件的内容类别目录，右侧是该类别的具体内容。通过单击左侧的紫色书形图标展开列表，右侧内容就会更新为相关内容，如图 1–18 所示。

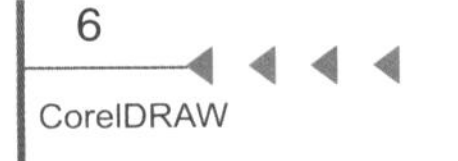

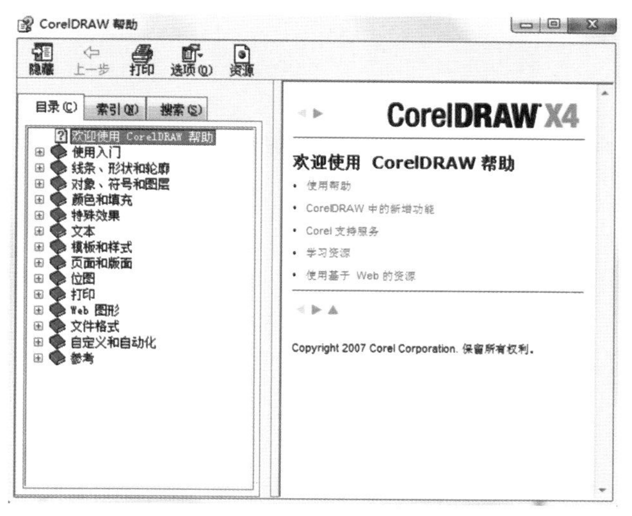

图 1–18 “CorelDRAW 帮助”对话框

任务 2 CorelDRAW 中常用的工具

1. 矩形工具

用矩形工具绘制一个尺寸为 50 mm × 28 mm 的矩形，用黑色描边，右击色板最上方的透明色，设置矩形中间区域为透明。绘制完矩形后，可以保持该矩形为被选状态，在矩形上面右击，在弹出的菜单中选择“转换为曲线”命令，转换曲线的目的是方便改变矩形的外轮廓，如图 1–19 所示。

具体的操作实例如下。

新建一个文档，选择默认的 A4 规格即可。用矩形工具绘制一个矩形，尺寸为 300 mm × 500 mm，可以在粗略地绘制出矩形后，在属性栏的“对象大小”项 300.0 mm 6.0 mm 精确设置矩形大小。然后为该矩形填色，在工具箱中找到填充工具，并选择“均匀填充”命令 均匀填充...，在弹出的“均匀填充”对话框中（见图 1–20(a)），设置颜色为（C：1，M：12，Y：53，K：0），单击“确定”按钮，即完成填充操作，最终效果如图 1–20(b) 所示。

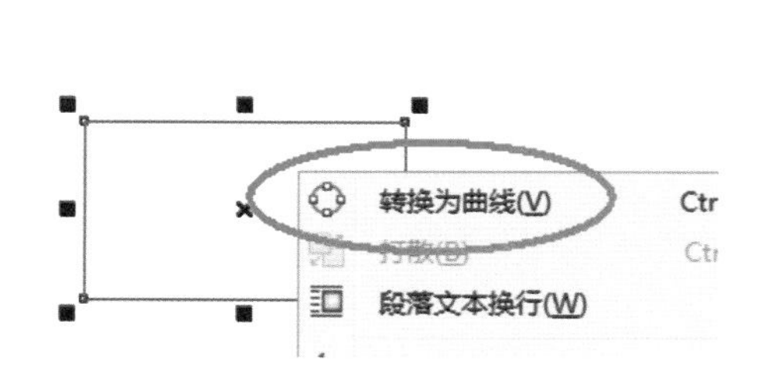

图 1–19 矩形工具的右键菜单

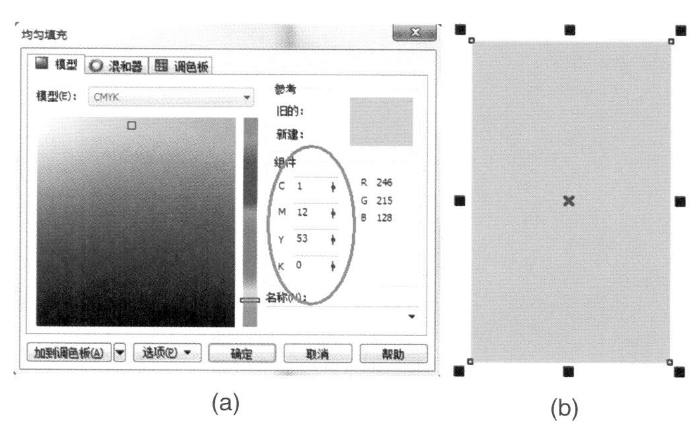

图 1–20 “均匀填充”对话框

选择“文件”→“导入”命令，导入“彩带.jpg”，在当前页面的任意位置单击，即可导入图片。选择“挑选工具”→“对象大小”命令，可修改这张图片。修改后的尺寸是 300 mm×6 mm，如图 1–21 所示。

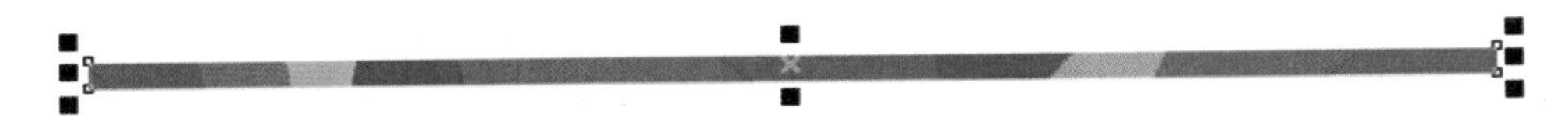

图 1–21 修改后的彩带

保存这个文档至硬盘分区中，文件名称为“图形 1”，格式保存为默认的“*.cdr”即可。如果软件使用环境仅仅是 CorelDRAW X4，那么保存的文档版本可以是 14.0 版本，如果想要向下兼容旧版本 CorelDRAW，那么可以在保存对话框中选择合适的版本，通常选择 12.0 版本即可，如图 1–22 所示。

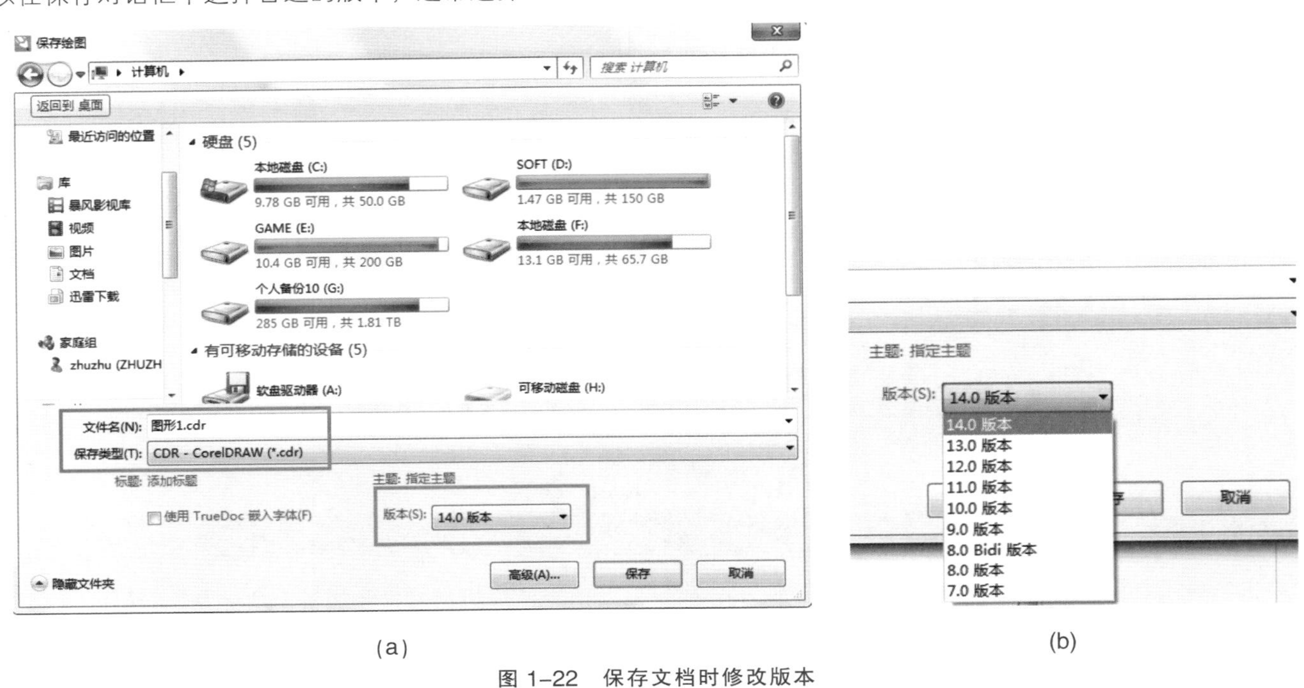

(a) (b)

图 1–22 保存文档时修改版本

2. 椭圆形工具

在工具箱中选择椭圆形工具，然后在绘图窗口中拖曳鼠标，直至椭圆达到所需形状为止；还可以在按住 Ctrl 键的同时在绘图窗口中拖曳鼠标，直至椭圆形状达到所需大小为止。

3. 再制与复制

几乎所有 Windows 平台下的软件，复制的快捷键都是 Ctrl+C，但是再制和复制是有区别的（不仅仅是快捷键的不同）。

再制对象可以在绘图窗口中直接放置一个副本，而不使用剪贴板。再制的速度比复制和粘贴的快。同时，再制对象时，可以沿着 *X* 和 *Y* 轴指定副本和原始对象之间的距离，此距离称为偏移。软件默认的 *X* 轴和 *Y* 轴的再制距离是 5 mm。

选择一个绘制的图形，可以直接按快捷键 Ctrl+D 来进行再制，如图 1–23 所示。

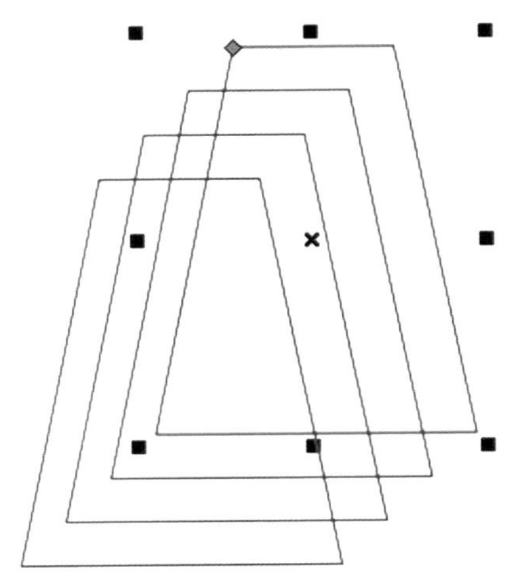

图 1–23 使用“再制”命令后的效果

【实际操作】学习了那么多知识，下面我们可以动手操作啦！

子项目 1 实施：公司标志设计

下面开始制作森洋工程公司的标志。

首先看图 1–24 所示的标志，这是一个环保能源管理与开发企业的标志，其简单的图形和有代表性的颜色很好地体现出清洁环保与能源开发相结合的主题。

（1）用贝塞尔工具绘制一个叶子形状，在软件界面最右侧的色板里找到 30% 的灰色，单击叶子为其填充颜色（这里为了方便查看，可先设置叶子为灰色，后期再统一把叶子改为白色），然后右击 30% 灰色，也用灰色描边，如图 1–25 显示。

图 1–24　森洋工程公司的标志

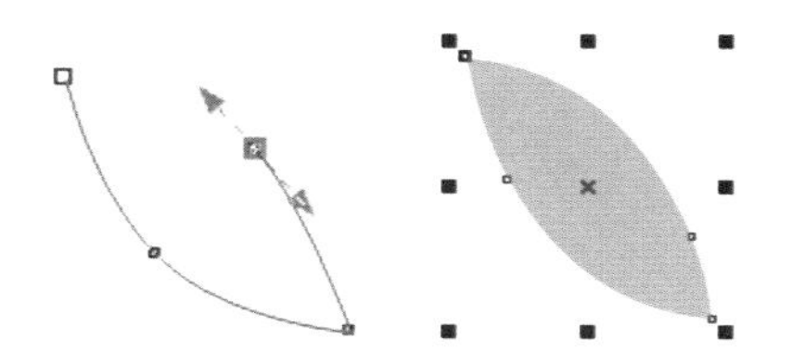

图 1–25　绘制叶子和为叶子填色后的效果

（2）用矩形工具绘制一个尺寸为 50 mm × 28 mm 的矩形，用黑色描边，右击色板最上方的透明色⊠，设置矩形中间区域为透明。然后把该矩形转换成曲线，以方便后期修改这个矩形，如图 1–26 所示。

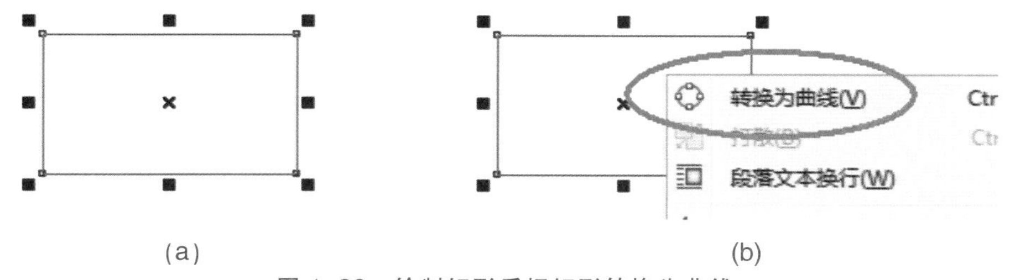

图 1–26　绘制矩形后把矩形转换为曲线

➡注意：

给图形填色、描边的快捷操作是用鼠标左键和右键分别单击色板中的颜色。

（3）把矩形修改成图 1–24 所示的形状。选择矩形，在工具属性栏里找到旋转工具文本框 .0 °，在文本框里输入 90，旋转这个矩形；用形状工具拖动矩形右上角的点，用同样的方法，拖动左下角的点，同时可按照图 1–24 所示的样式来操作，直至满意为止（见图 1–27）。

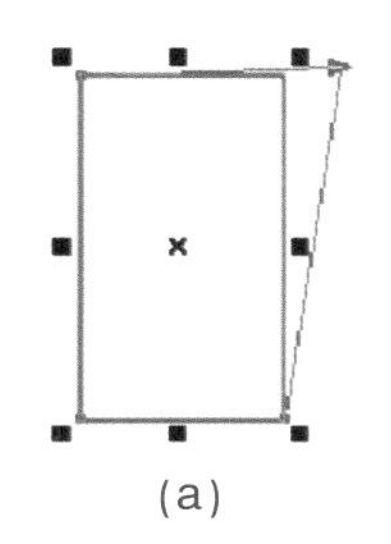

(a)

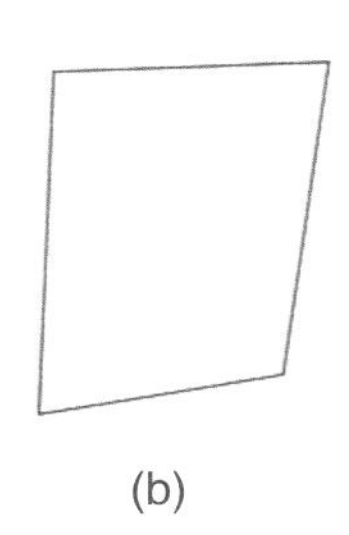

(b)

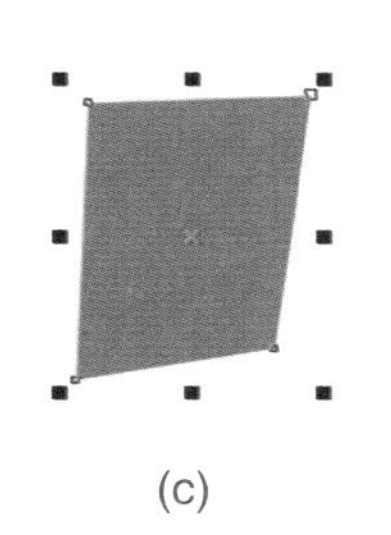

(c)

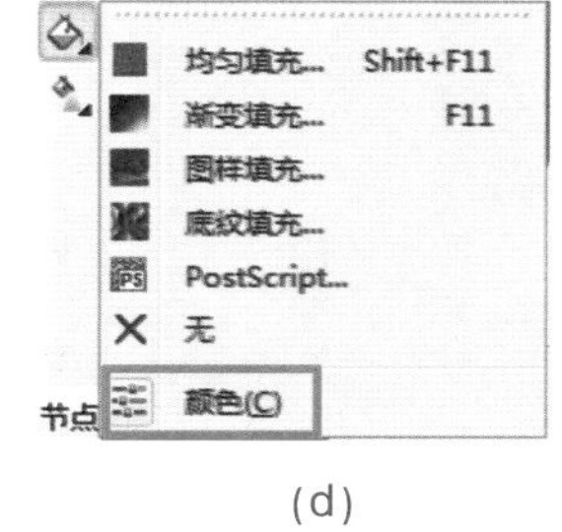

(d)

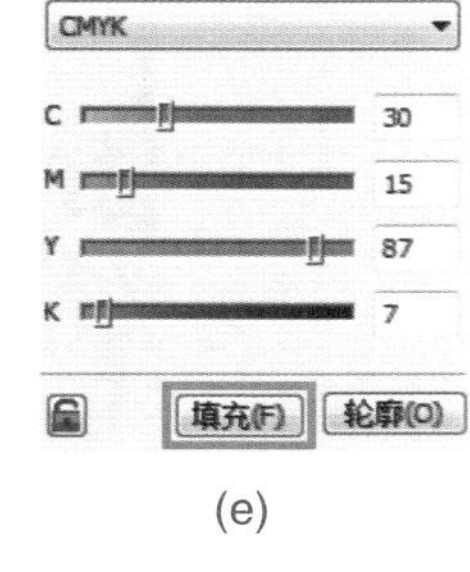

(e)

图 1–27　用形状工具拖动四个角点，然后为四边形填色

在绘制完四边形后，在工具箱中找到填充工具并用鼠标按住该工具超过半秒后即可显示出隐藏的“颜色”命令。单击该命令，在泊坞窗里就会出现 CMYK 颜色设置内容，分别输入 17、65、100、7，然后单击“填充”按钮，并且四边形不描边（见图 1–27（d）和（e））。

（4）用上一步骤的方法完成一个绿色的四边形（见图 1–28）。

在绘制完四边形后，在工具箱中找到填充工具并用鼠标按住该工具超过半秒后即可显示出隐藏的“颜色”命令。单击该命令，在泊坞窗里就会出现 CMYK 颜色设置内容，分别输入 30、15、87、7，然后单击“填充”按钮，并且四边形不描边。

（5）制作第三个四边形，方法同上，只是 CMYK 颜色分别设置为 22、67、98、15。然后把三个四边形摆放到合适的位置，准备进行下一步的操作，如图 1–29 所示。

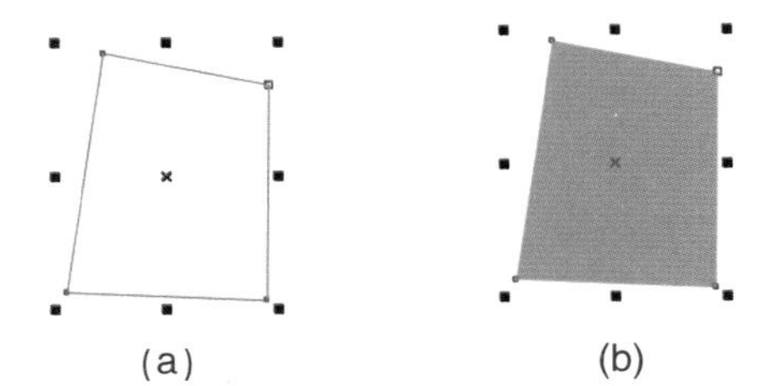

(a)　　(b)

图 1–28　调整并用绿色填充另一个矩形

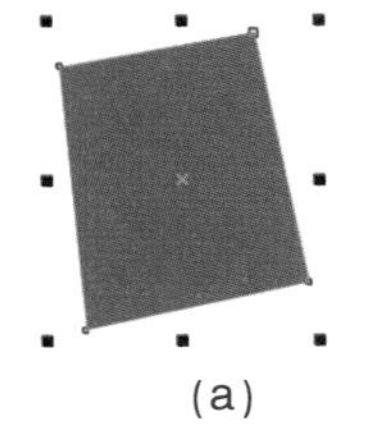

(a)　　(b)

图 1–29　调整第三个矩形并用红色填充，摆放到合适的位置

（6）把步骤（1）中绘制好的灰色叶子复制两个，选择叶子，使用两次快捷键 Ctrl+C 再复制两个叶子，将它们分别拖曳到三个四边形内部，选择其中一个叶子后单击，会出现如图 1–30（a）所示的效果，拖曳四个角的旋转按钮，把三片叶子旋转到合适的角度，就可得到如图 1–30（b）所示的效果。

（7）将图 1–30（b）所示的上面两片叶子的颜色设置为白色，并将下面的一片叶子颜色设置成绿色，设置值为（C：30，M：15，Y：87，K：7），最终效果如图 1–31 所示。

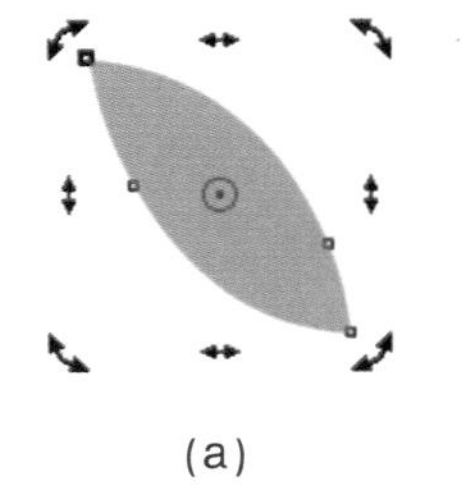

(a)　　(b)

图 1–30　旋转叶子并摆放至合适的位置

图 1–31　完成后的效果

（8）录入文字。单击工具箱的文字工具字，在标志旁边拖曳绘制出一个文本框。然后输入“森洋工程 SENY Company”，将中文和英文分两行显示，并且都设置成黑体字，中文字大小设置为 50 点，英文字大小设置为 38 点，如图 1–32 所示。

在文本框上右击，在弹出的菜单中选择“转换为曲线”命令，即可调整文字的位置。

到这里，公司标志就制作完成了，如图 1–33 所示。

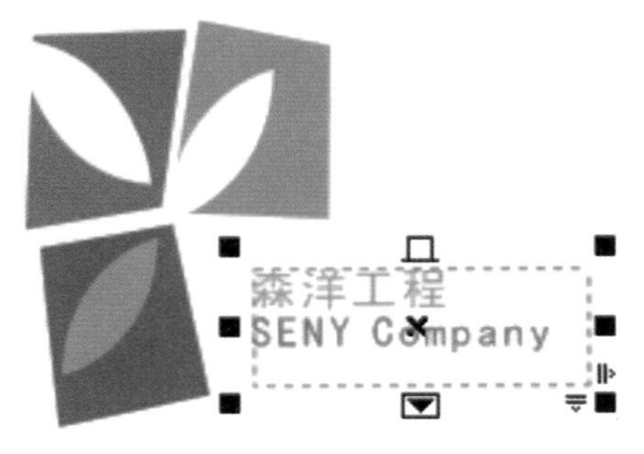

图 1–32　完成文字的录入并设置颜色

图 1–33　把文字摆放到合适的位置后转换成曲线

4. 贝塞尔工具

在工具箱中选择贝塞尔工具，即可分别执行下面的操作。

- 绘制曲线段时，可先单击第一个节点的位置，然后将控制手柄拖曳至下一个节点的位置，即可松开鼠标左键，再拖动控制手柄以创建曲线，如图 1–34 所示。
- 要绘制直线段时，可先单击线段的起点位置，然后单击线段的终点位置，如图 1–35（a）所示。

贝塞尔工具可以根据需要添加任意多条线段；若想把多边形闭合，只需再单击绘制的第一个节点，即可闭合多边形，如图 1–35（b）所示。最后，按空格键完成线条绘制。

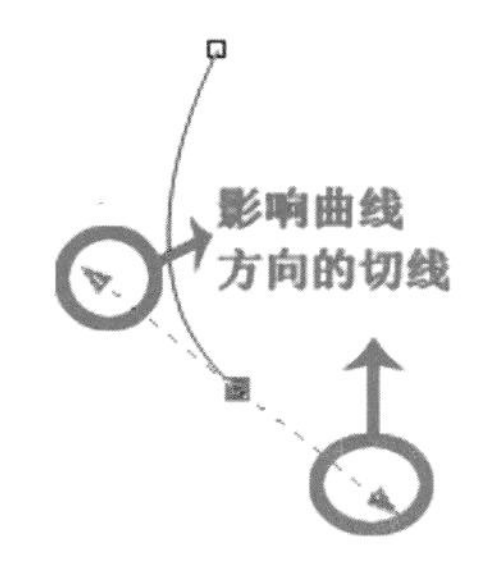

图 1–34　使用贝塞尔工具绘制曲线

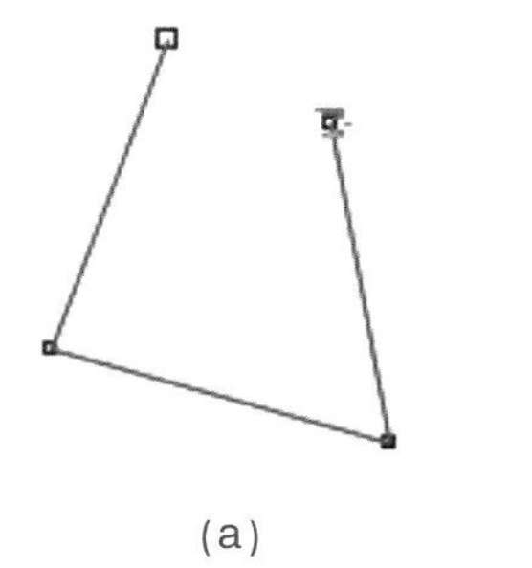

(a)

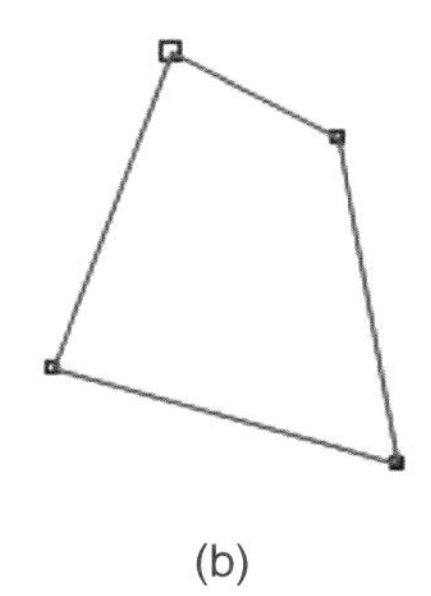

(b)

图 1–35　使用贝塞尔工具绘制直线段并闭合路径

5. 钢笔工具

在工具箱中选择钢笔工具，即可分别执行下面的操作。

- 要绘制曲线段时，可单击第一个节点的位置，然后将控制手柄拖曳至下一个节点的位置并松开鼠标左键，再双击结束绘制，如图 1–36（a）所示。
- 要绘制直线段时，可单击线段的起点位置，然后单击线段的终点位置，最后，双击，即可结束绘制，如图 1–36（b）所示。

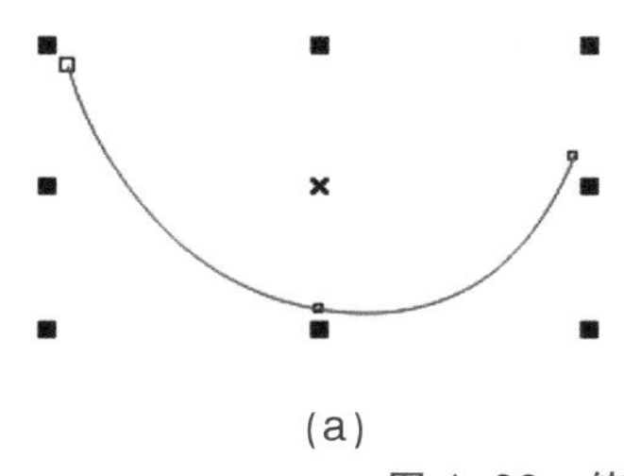

(a)

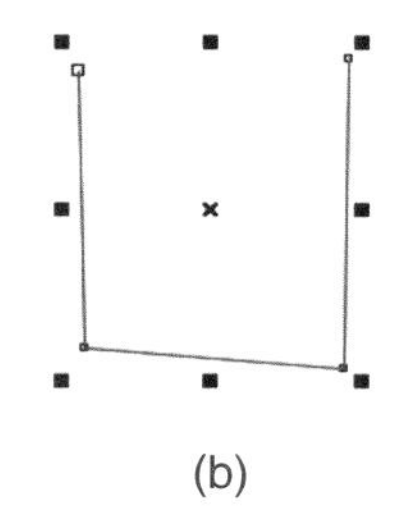

(b)

图 1–36　使用钢笔工具绘制曲线段和直线段

6. 曲线对象的编辑

1）添加和删除节点

使用挑选工具选择图 1–36（a）中绘制的曲线，选择钢笔工具，单击最后绘制的节点，即可继续之前的编辑，通过这种方法可将曲线闭合，如图 1–37 所示。

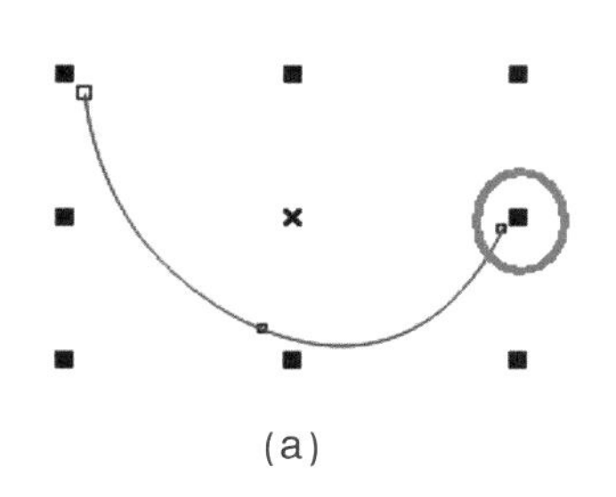

(a)

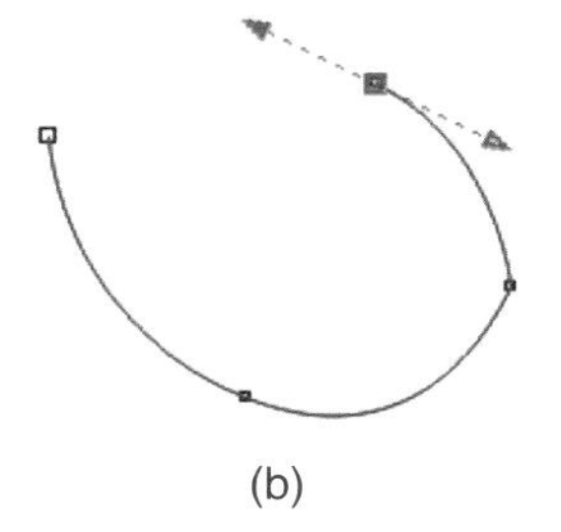

(b)

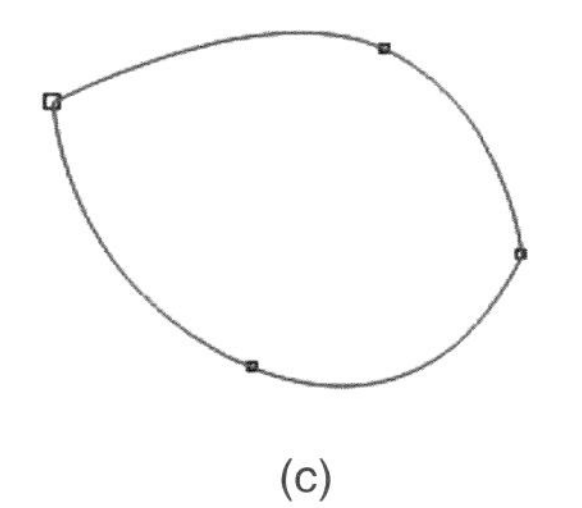

(c)

图 1–37　绘制曲线段并闭合路径

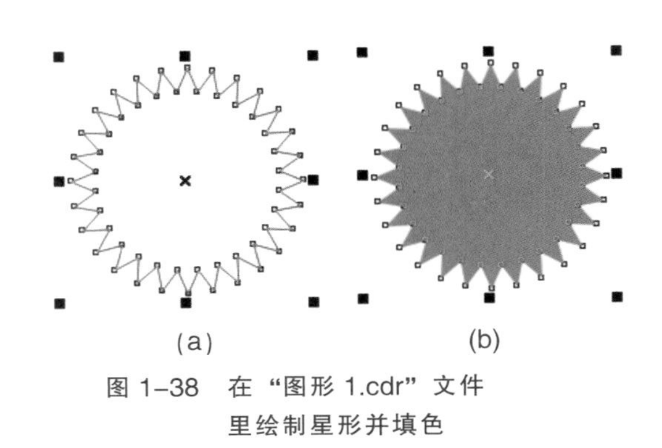

图 1–38　在“图形 1.cdr”文件里绘制星形并填色

保持选择钢笔工具的状态，如果在曲线段上单击，则可以添加一个节点，如果单击曲线段上的任意一个节点，则可以删除节点，曲线形状就会发生改变。

打开之前编辑的文件“图形 1.cdr”，选择工具箱多边形工具里的星形工具图标，在画面上任意位置按住 Ctrl 键的同时用鼠标左键拖曳绘制五角星形，这样绘制可以保持星形的比例不变。在属性栏里设置星形的直径为 80 mm。

然后在属性栏中找到“多边形、星形和复杂星形的点数或边数”☆5 文本框和“星形和复杂星形的锐度”▲53 文本框，分别在前一个文本框里输入 28，在后一个文本框里输入 20，完成后的显示效果如图 1–38（a）所示。

绘制出其外形后，即可为这个复杂星形填色。在工具箱中找到填充工具，并单击“均匀填充”命令 均匀填充...，在弹出的“均匀填充”对话框中，设置颜色为（C：7，M：99，Y：94，K：0），单击“确定”按钮，即完成填充颜色的操作。最后，取消描边效果（右击右侧色盘最上面的无色填充按钮即可），如图 1–38（b）所示。

保存这个文档至硬盘中。如果软件的使用环境仅是 CorelDRAW X4，那么保存文档的版本可以是 14.0 版本，如果想要向下兼容旧版本的 CorelDRAW，那么可以在保存对话框中选择合适的版本，如图 1–39 所示。

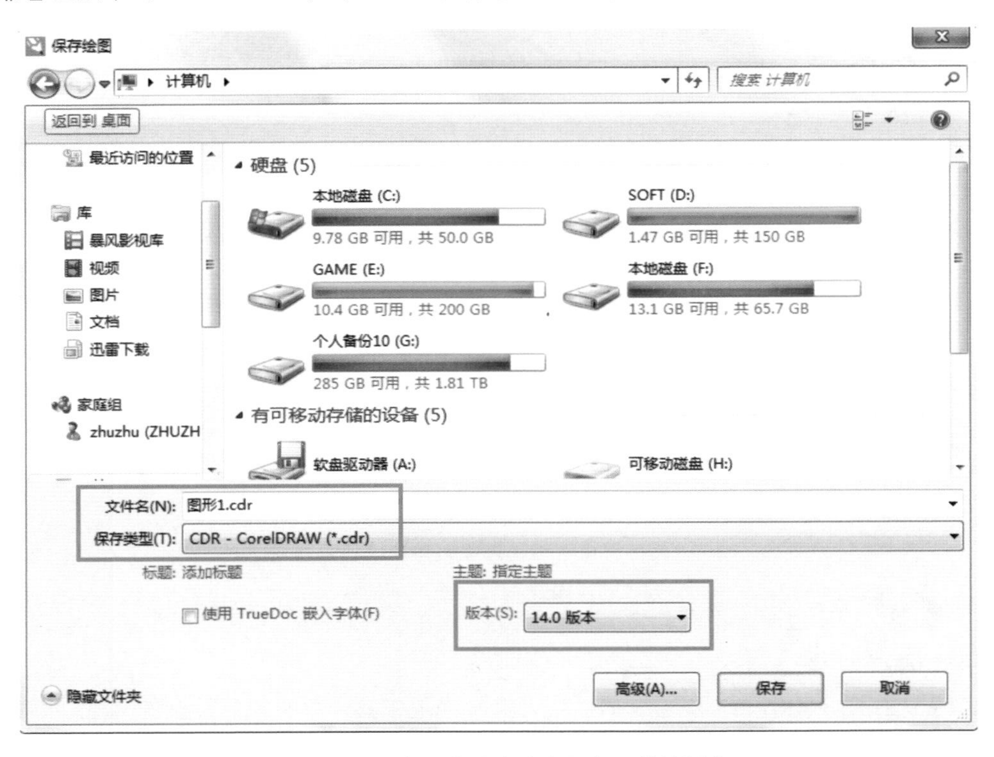

图 1–39　保存文件时应注意保存文件的版本

由以上练习可以看出，无论是自己手动绘制图形，还是用工具箱的命令绘制图形，其节点数量、位置都是可以修改的。

2）闭合和断开曲线

选择图 1–37 所示绘制的曲线，然后选择工具箱的形状工具，在曲线上任意位置单击，会出现如图 1–40（a）所示的效果。然后在属性栏中选择断开曲线命令，则该曲线就在图 1–40（a）所示红圈的位置断开。单击并拖曳图 1–40（b）所示的蓝色三角形点，就可以把闭合的曲线拖曳成为一个开口的曲线了，如图 1–40（c）所示。

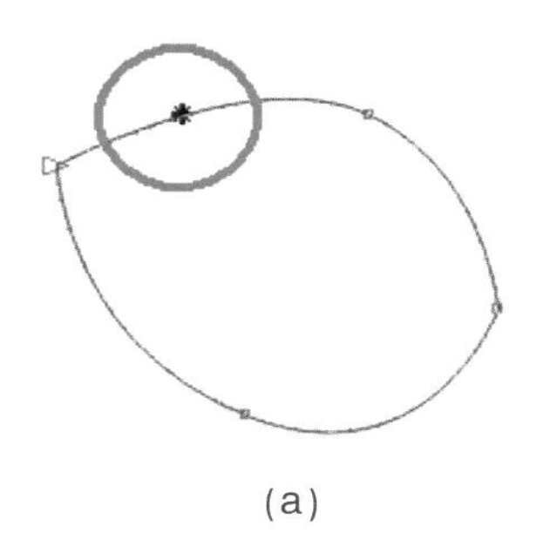
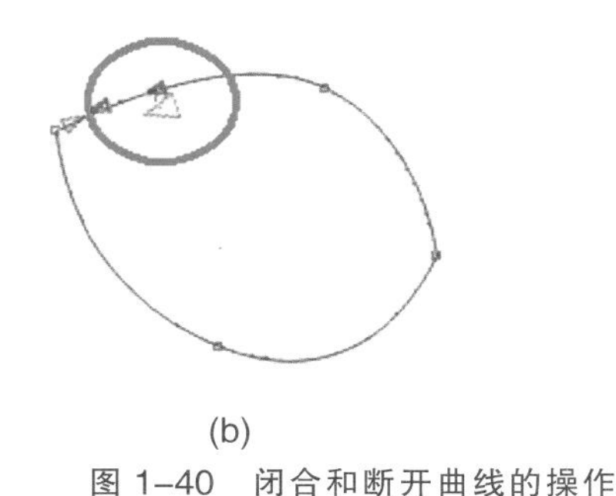
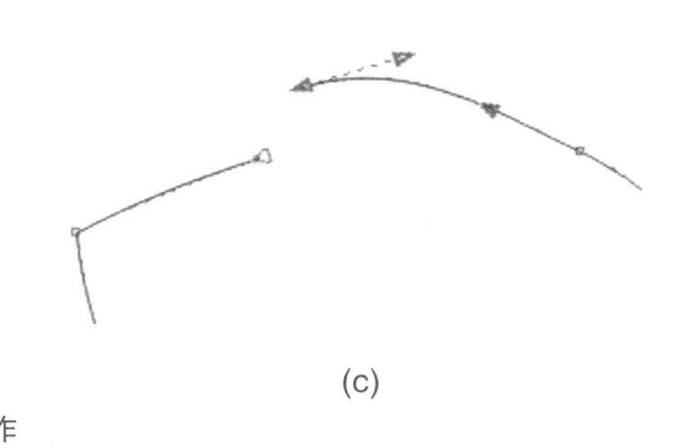

(a) (b) (c)

图 1–40 闭合和断开曲线的操作

7. 图形的修整

1） 图形的焊接和相交

不管对象之间是否相互重叠，都可以将它们焊接起来。如图 1–41 所示的图形，其具体操作如下。

(1) 选择两片叶子作为来源对象。

(2) 按住 Shift 键，同时单击目标对象。

(3) 选择“排列”→“造型”→“焊接”命令。

2）对象的修剪简化

修剪通过移除重叠的对象区域来创建形状不规则的对象，如图 1–42 所示。

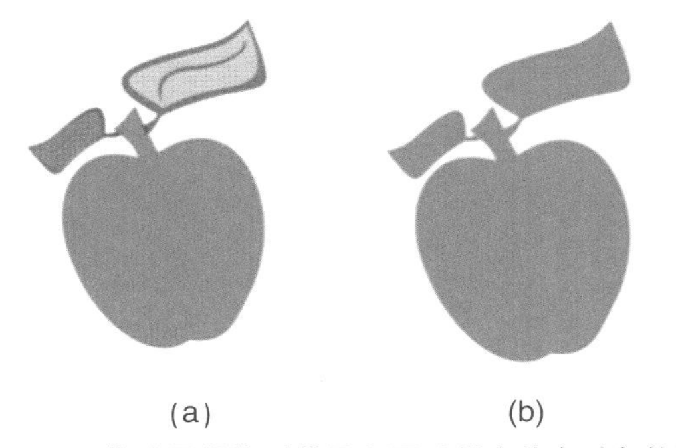

(a) (b)

图 1–41 将叶子焊接到苹果上可以创建单个对象轮廓

(a) (b)

图 1–42 利用字母 A 剪掉了字母后面的对象

8. 对象的操作和管理

1）对象的选择和复制

在工具箱中选择挑选工具，再单击操作界面中的对象，即可选中对象。几乎所有 Windows 操作系统平台下的软件，复制的快捷键都是 Ctrl+C，CorelDRAW 也是如此。复制时在操作系统的剪贴板中会存有复制的对象，以备随时粘贴使用。

2）对象的再制和旋转

再制对象可以在绘图窗口中直接放置一个副本，而不使用剪贴板。再制的速度比复制和粘贴的快。同时，再制对象时，可以沿着 X 轴 和 Y 轴指定副本和原始对象之间的距离， 此距离称为偏移。软件默认的 X 轴的和 Y 轴的再制距离是 5 mm。

选择一个已经绘制好的图形，可以直接按 Ctrl+D 快捷键来进行再制，如图 1–43 所示。

3）对象的群组和解组

在操作区域内用鼠标框选多个对象，在对象上面右击，在弹出的快捷菜单中选择“群组”命令，如图 1–44 所示。

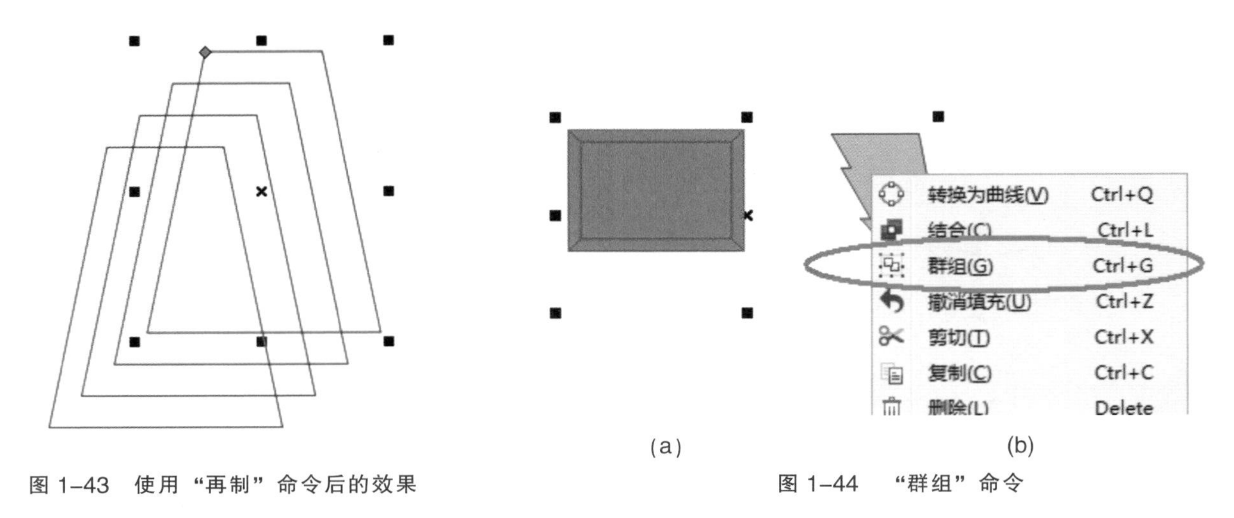

图 1-43　使用“再制”命令后的效果

图 1-44　“群组”命令

要想把已群组的对象拆开，只需在对象上右击，在弹出的快捷菜单中选择“取消群组”命令即可，如图 1-45 所示。

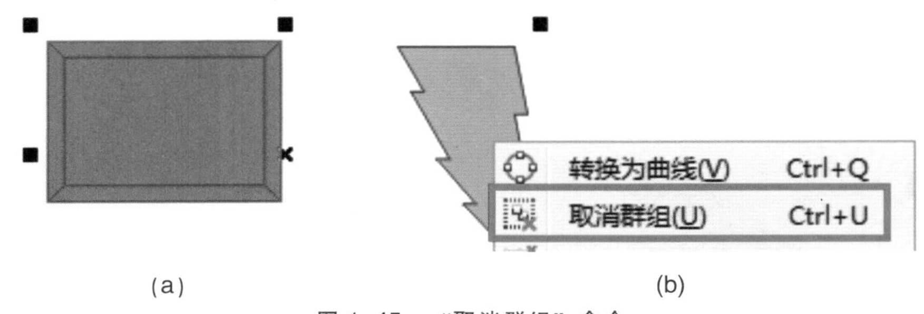

图 1-45　“取消群组”命令

4）对象的结合和拆分

合并了的对象可以拆散，群组了的对象可以取消群组。对象合并后是一个对象，其属性是一个对象的属性；对象群组后，属性是分开的，等于还是两个对象。

【实际操作】学习了那么多知识，下面我们可以动手操作啦！

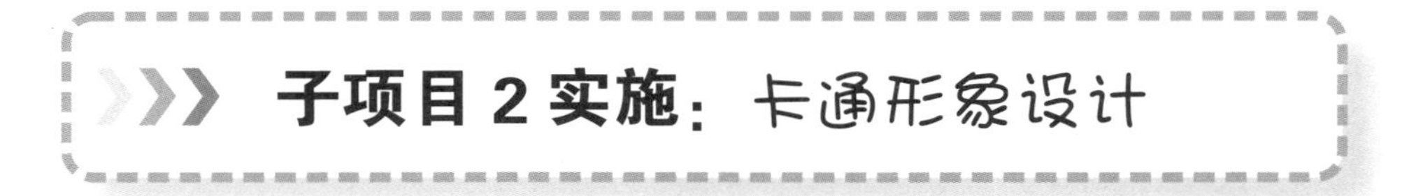

子项目 2 实施：卡通形象设计

首先查看完成的作品（见图 1-46）。

下面分步骤来制作这个卡通形象。

（1）使用贝塞尔工具绘制猫头的外轮廓，并且设置轮廓线为黑色，轮廓线宽度为 0.4 mm。

（2）绘制一个猫耳朵，然后用其复制出另一个，并且做出对称的效果。绘制两个大小相等的正圆形，取消描边并将它们填充为黑色。使用钢笔工具绘制一个眉毛，描边宽度为 0.4 mm，复制出另一个猫耳朵后将其摆放到合理的位置，如图 1-47（a）所示。

（3）对猫头的不同部位分别进行填色。耳朵内部的颜色设置为（C：0，M：30，Y：50，K：20）；脸部背景颜色设置为（C：0，M：15，Y：44，K：10），效果见图 1–47（b）所示。

图 1–46　完成图

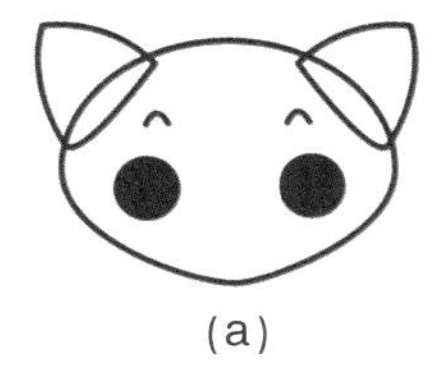

(a)

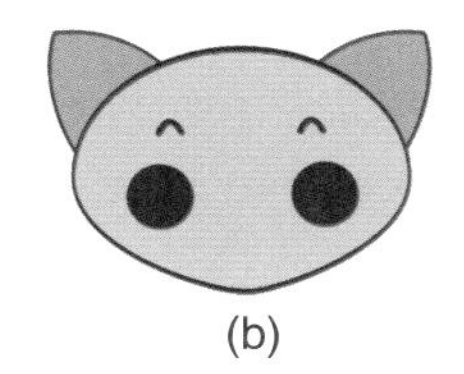

(b)

图 1–47　用贝塞尔工具绘制猫头并填色

（4）使用贝塞尔工具在脸部勾画出轮廓，填充颜色设置为（C：0，M：10，Y：44，K：0），无描边效果，如图 1–48 所示。

⑸ 完善眼睛的细节。使用钢笔工具绘制一个扇形并添加颜色，颜色设置为（C：0，M：10，Y：44，K：0），如图1–49（a）所示，复制出另一个扇形后分别把两个扇形放置到两只眼睛的左侧。完成后的效果如图 1–49（b）所示。

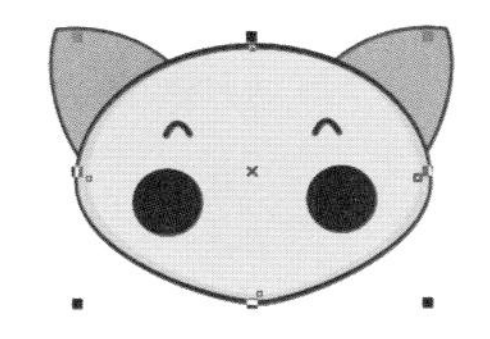

图 1–48　用贝塞尔工具继续绘制脸部轮廓，表现出层次感

(a)　(b)

图 1–49　完善眼睛细节

（6）使用贝塞尔工具绘制脸部的细节。为了表现耳朵的层次感，在两个耳朵的内部绘制代表内耳的色块，颜色设置为（C：0，M：30，Y：50，K：46）。还要绘制眼白和鼻梁骨红晕（见图 1–50（a）），以及鼻子和牙齿。在眼白中填充白色，无描边效果；设置鼻梁骨的红晕颜色为（C：0，M：21，Y：44，K：3），无描边效果；鼻子填充为黑色，无描边效果；在牙齿中填充白色，其描边宽度为 0.4 mm，绘制完成后的效果如图 1–50（b）所示。

（7）绘制鼻头轮廓并填色。使用贝塞尔工具绘制出鼻头的轮廓，描边宽度可设置为 0.6 mm，如图 1–51（a）所示。然后绘制出一个椭圆并复制出另一个，将两个椭圆平行放置，填充颜色设置为（C：0，M：0，Y：10，K：0），无描边效果，效果如图 1–51（b）所示。注意两个椭圆摆放的位置是在黑色轮廓线的上方。

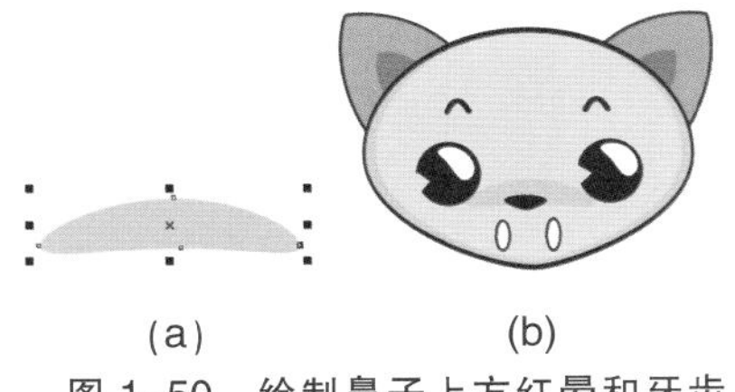

(a)　(b)

图 1–50　绘制鼻子上方红晕和牙齿并继续完善眼睛细节

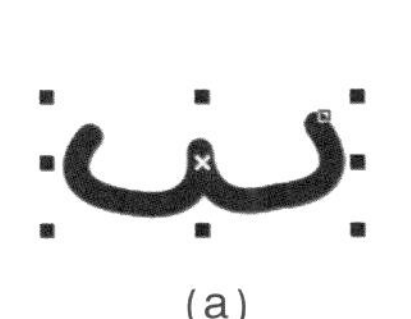

(a)

(b)

图 1–51　用贝塞尔工具绘制鼻头的阴影效果，并用椭圆工具绘制鼻头及填色

（8）使用贝塞尔工具绘制头顶的花纹并填充颜色，填充颜色设置为（C：0，M：30，Y：50，K：20），无描边效果。注意绘制时花纹不要超出头部范围，如图 1–52 所示。

然后把脸部花纹也绘制出来，脸部花纹颜色同内耳色块颜色。最终效果如图 1–53 所示。

（9）制作嘴部细节。使用贝塞尔工具绘制嘴的外轮廓，设置轮廓线宽度为 0.4 mm，不填充颜色，复制这个曲线得到第二个轮廓，再将其放置到嘴部轮廓的中心，颜色设置为（C：0，M：10，Y：44，K：0），其最终效果如图 1–54（a）所示。

把摆放好的嘴部轮廓放置到恰当的位置，如图 1–54（b）所示。

图 1–52　绘制猫头部的花纹，注意摆放位置

图 1–53　头部完成效果图

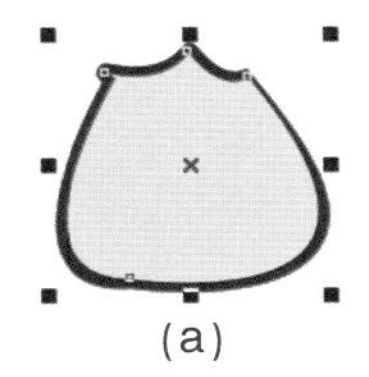

(a)

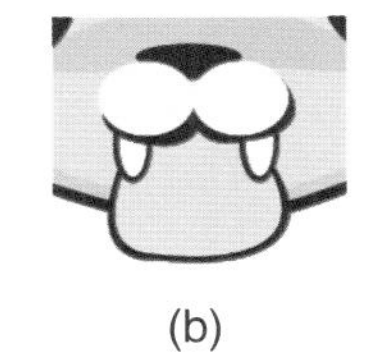

(b)

图 1–54　绘制嘴部细节

➡注意：

如果发现嘴部的外轮廓不是在牙齿的后方，则只需在图形上右击，在弹出的快捷菜单中选择“顺序”→“向后一层”命令，如图 1–55 所示，即可把图形放置到牙齿的后面。

勾画嘴的内部细节并将其颜色填充为黑色，无描边效果，如图 1–56（a）所示。绘制舌头效果，其颜色设置为（C：0，M：90，Y：100，K：0），最后用贝塞尔工具在色块中画一条黑线，代表舌中缝，使舌头看起来更真实，如图 1–56（b）所示。

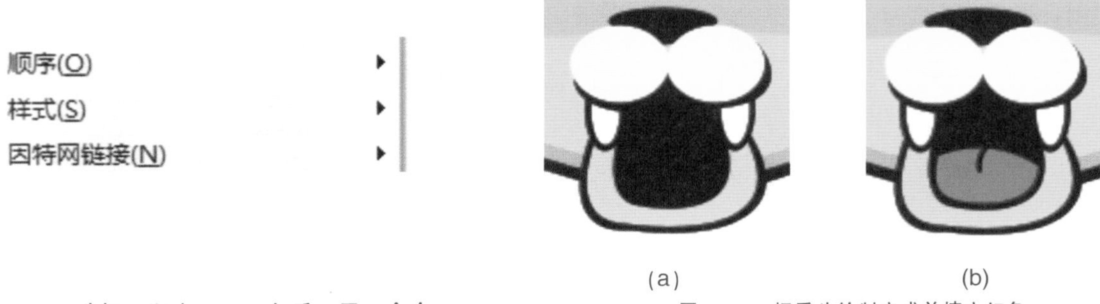

(a)　(b)

图 1–55　选择“顺序”→“向后一层”命令　　图 1–56　把舌头绘制完成并填充红色

（10）绘制的头部，如图 1–57 所示。如果觉得有不合适的部位，则可使用挑选工具选择并拖曳图形进行位置调整。

（11）绘制猫的身体。使用贝塞尔工具勾画出猫身体的轮廓，勾画后，调节曲线节点就可修改猫身形状，直至其外形轮廓正确、比例与头部协调为止。设置曲线的描边宽度为 0.4 mm，曲线颜色为黑色（见图 1–58）。

身体各部位的颜色分别设置为：身体颜色为（C：0，M：15，Y：44，K：10）；尾巴颜色为（C：0，M：30，Y：50，K：50）；前脚颜色为（C：0，M：30，Y：50，K：20）；后脚颜色为（C：0，M：30，Y：50，K：50）。颜色填充完成后，确认各部位的前后顺序，不要弄错尾巴和身体、脚部和身体的层次关系，其效果如图 1–59 所示。

图 1–57　头部完成效果，完成后可以仔细检查一遍看是否有遗漏

图 1–58　按照图样，仔细地绘制猫身体轮廓

图 1–59　绘制完颜色的效果

（12）绘制身体和尾巴内部的轮廓，将身体颜色设置为（C：0，M：10，Y：44，K：0），尾巴填充颜色设置为（C：0，M：30，Y：50，K：60），如图 1–60 所示。

（13）绘制猫的胳膊。绘制胳膊的外轮廓，设置轮廓线的宽度为 0.4 mm，两个胳膊内部的填充颜色均设置为（C：0，M：10，Y：44，K：0），如图1–61（a）所示。然后调整胳膊与身体之间的前后关系，如图 1–61（b）所示。

（14）绘制铃铛和大腿。在工具箱中选择椭圆工具绘制三个正圆形，如图 1–62（a）所示，填充颜色设置为黑色，并取消描边，其中两个是放在脖子处，第三个是放在大腿部位，如图 1–62（b）所示。

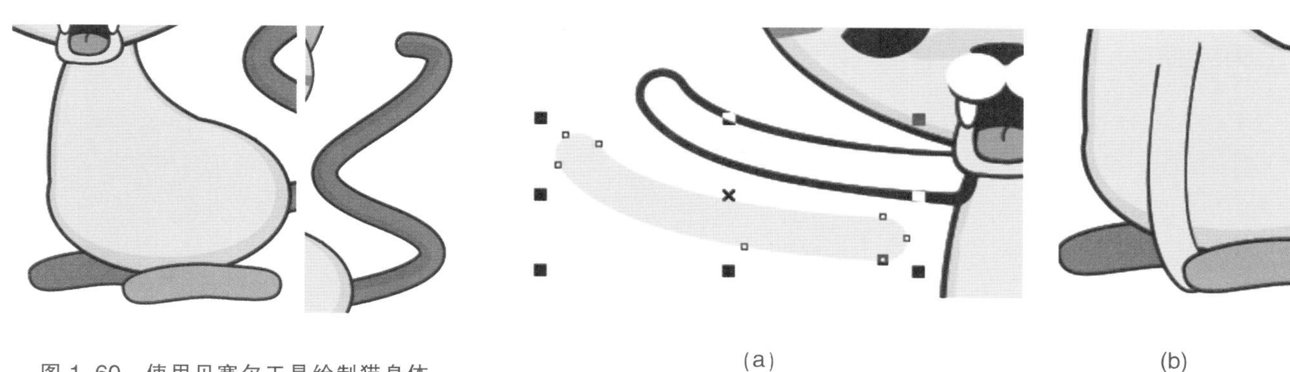

图 1-60　使用贝塞尔工具绘制猫身体和尾巴的内部轮廓并填色

(a)　(b)

图 1-61　为猫的两只前爪填色

继续绘制正圆，将其叠加在黑色正圆上面并填充颜色。铃铛的填充颜色设置为（C：0，M：0，Y：0，K：29）；腿部的填充颜色设置为（C：0，M：15，Y：44，K：10）。然后调整圆形的位置，如图 1-63 所示。

(a)　(b)

图 1-62　绘制铃铛和大腿

(a)　(b)

图 1-63　为铃铛和腿部填充颜色，使腿部更有立体感

继续叠加圆形并填充颜色。腿部的填充颜色设置为（C：0，M：10，Y：44，K：0）；铃铛里的浅灰色圆的填充颜色设置为（C：0，M：0，Y：0，K：15）。其效果如图 1-64 所示，注意图中各圆之间的顺序。

最后用椭圆工具完善铃铛的内部结构的绘制。铃铛缝隙的颜色设置为（C：0，M：0，Y：0，K：70）。最终完成后的效果就如图 1-64 所示。

如果还觉得细节应该再完善，可以填充前臂的颜色。两个前臂的颜色相同，都设置为（C：0，M：30，Y：50，K：20）。图 1-65 所示就是最后完成的效果图。

图 1-64　最后绘制铃铛内部细节

图 1-65　最终完成效果图

项目小结

本章通过两个项目的制作，学习了基本工具的使用，其基本操作内容有页面的设置、软件参数的调整、预置属性和保存文件相关操作；其中对于绘图类工具，主要是掌握钢笔工具和贝塞尔工具的使用。学习完本章除了要掌握基本工具的使用之外，还应注意图形与图形之间的层次关系，在绘制之前应计划好绘制的先后顺序，这样就能尽量避免后期再调整，从而可提高制作效率。

习题 1

一、选择题

1. CorelDraw 的备份文件格式是（　）。

   A.bak　　B.cdr　　C.cpt　　D.gho

2. 如果想要绘制圆形，应如何操作？（　）

   A.在按住 Shift 键的同时用椭圆工具绘制　　B.在按住 Alt 键的同时用椭圆工具绘制

   C.在按住 Ctrl 键的同时用椭圆工具绘制　　D.以上都不正确

3. 交互式变形工具包含几种变形方式？（　）

   A.3　　B.4　　C.6　　D.8

4. 当我们有多个对象选择时，要取消部分选定对象，则按（　）键。

   A.F8　　B.F1　　C.G　　D.Shift

5. 若想制作光滑曲线，就用（　）工具。

   A.贝塞尔曲线　　B.铅笔工具　　C.文字工具　　D.矩形工具

二、填空题

1. CorelDRAW 是由＿＿＿＿（国家）＿＿＿＿（公司）于＿＿＿＿年推出。
2. 使用＿＿＿＿工具可以给对象添加阴影效果，加强图形和对象的立体感。
3. 在 CorelDRAW 中，文本可以分为＿＿＿＿文本和＿＿＿＿文本。
4. CorelDRAW 中，移动标尺对焦点没有影响，但对标尺在页面中＿＿＿＿有影响 。
5. 使用油漆桶工具时，按下＿＿＿＿键可以切换到吸管工具。

插画设计

CHAHUA SHEJI

项目描述

着色是平面设计或绘图中极其重要的组成部分。一幅艺术作品的成败在很大程度上取决于颜色的选择和搭配是否合理。使用 CorelDRAW X4 时，正确设置颜色及使用颜色填充工具，在作品创作中显得非常重要。本项目学习的重点是运用填充渐变色、图样填充、底纹填充、交互式调和工具进行主题插画设计，难点在于对渐变色的设置、填充图案颜色的设置和画面色调的搭配使用。在使用填充工具时，要根据画面来选择应使用哪种颜色填充的方式，要考虑颜色与画面的和谐关系，考虑如何才能使画面产生最佳的美感。

学习目标

- 了解插画的形式及审美特征
- 使用填充工具填充标准色
- 掌握图样填充和底纹填充的方法
- 掌握调色板的使用方法
- 使用填充工具填充渐变色
- 掌握交互式调和工具的使用方法

相关知识

插画最早来源于招贴海报，是一种艺术形式。在人们平常所看的报纸、杂志或儿童图画书等的文字间所插的图画统称为插画。作为现代设计中的一种重要的视觉传达形式，插画以其直观的形象性、真实的生活感和美的感染力，在现代设计中占有重要的位置。时至今日，插画已经被广泛地应用于社会的各个领域，如图书、海报、动画、游戏、包装、影视等各个方面。插画不但能突出作品的主题思想，而且还能增强其艺术感染力。插画艺术不仅扩展了人们的视野，丰富了人们的头脑，给人们以无限的想象空间，而且还可以启迪人们的心智。

项目导入

子项目 1　“春天”插画设计

完成如图 2-1 所示的“春天”插画设计。在开始绘制插画前，应先根据题意在脑海里构思一幅春天的画面。春天是个春暖花开的季节，一年之计在于春，说明春天是新的开始。主色调可选用绿色，再搭配暖色调。画面中嫩绿的草地，鸟儿从天空中轻轻掠过，花朵盛开，万物复苏，一幅春意盎然的景象浮现在我们眼前，展现出春天美丽的景色。子项目 1 主要使用了 CorelDRAW X4 软件中的填充工具和绘图工具。

子项目 2　“蓝色恋情”插画设计

完成如图 2-2 所示的“蓝色恋情”插画设计。画面中运用暖色调和冷色调的对比，借娇艳的蓝色玫瑰花将含蓄的情感表达得淋漓尽致，一种含蓄而悠长的思绪油然而生。子项目 2 主要使用了 CorelDRAW X4 软件中的交互式调和工具和设置轮廓线工具。

图 2-1　“春天”插画

图 2-2　“蓝色恋情”插画

任务 1 插画基础知识

1. 插画的形式

现代插画的形式多种多样，可按传播媒体进行分类，亦可按功能进行分类。以传播媒体进行分类，插画基本上可以分为印刷媒体插画与影视媒体插画两大部分。印刷媒体插画包括招贴广告插画、报纸插画、杂志书籍插画、产品包装插画、企业形象宣传品插画等。影视媒体插画包括电影插画、电视插画、计算机显示屏插画等。

(1) 招贴广告插画。招贴广告插画也称为宣传画、海报。在广告还主要依赖于印刷媒体传递信息的时代，可以说它是广告发布的主要渠道。但随着影视媒体的出现，其应用范围有所缩小。

(2) 报纸插画。报纸是信息传递的最佳媒介之一。它最为大众化，具有成本低廉、发行量大、传播面广、速度快、制作周期短等特点。

(3) 杂志书籍插画。杂志书籍插画包括封面的设计、封底的设计和正文的插画，广泛应用于各类书籍，如文学书籍、少儿书籍、科技书籍等。这种插画的使用正在逐渐减少，但仍将会在电子书籍、电子报刊中大量存在。

(4) 产品包装插画。产品包装使插画的应用更为广泛。产品包装设计包含标志、图形、文字三个要素，它有双重使命：一是介绍产品，二是树立品牌形象。其最为突出的特点在于它介于平面设计与立体设计之间。

(5) 企业形象宣传品插画。企业形象宣传品插画即企业的 VI 设计，它包含在企业形象设计的基础系统和应用系统的两大部分之中。

(6) 影视插画。影视插画是指电影、电视中出现的插画，一般在广告片中出现得较多。影视插画也包括计算机显示屏插画，计算机显示屏插画如今成了商业插画的表现空间，众多的图形库动画、游戏节目、图形表格等都成了商业插画的一员。

(7) 插画的表现形式。插画的表现形式多种多样，如人物、自由形式、写实手法、黑白的、彩色的、运用材料的、照片的、电脑制作的等，只要是能形成“图形”的，都可以运用到插画的制作中去。

2. 插画的审美特征

插画设计作为视觉艺术的一种形式，具体地说，是实用美术中的一种，有着自身的审美特征。其中，最为显而易见的特征有以下几种。

(1) 目的性与制约性。

(2) 实用性与通俗性。

(3) 形象性与直观性。

(4) 审美性与趣味性。

(5) 创造性与艺术想象。

(6) 多样化、多元化。

现代插画的传播媒体、内容、表现手法、诉求对象的多样性，使其审美标准也具有多样化、多元化的特征。

任务 2 CorelDRAW 常用的工具

1. 填充工具简介

1）常用颜色模式

在 CorelDRAW 中，常用的颜色模式主要有 RGB 模式、CMYK 模式、HSB 模式和 Lab 模式等四种。其中 RGB 模式和 CMYK 模式是众多颜色模式中最常用的两种，尤其适合于各种数字化设计和印刷系统。

(1) RGB 模式。在计算机显示器上显示的成千上万种颜色是由 red（红）、green（绿）、blue（蓝）三种颜色组合而成的。这三种颜色是 RGB 模式的基本颜色。在 RGB 模式中，所有的颜色都由红、绿、蓝三种颜色按照一定的比例组合而成。每一种颜色都由 1 个字节（8 位）来表示，取值范围为 0～255。RGB 的值越大，所表示的颜色就越浅；RGB 的值越小，所表示的颜色就越深。RGB 模式是一种发光物体的加色模式，依赖于光线。

(2) CMYK 模式。当把显示器上显示的图形输出打印到纸张或其他材料上时，其颜色将通过颜料来显示。最常用的方法是把 cyan（青色）、magenta（品红色）、yellow（黄色）、black（黑色）四种颜料混合起来形成各种颜色。这四种颜色就是 CMYK 模式的基本颜色。CMYK 模式将四种颜色以百分比的形式来表示，每一种颜色所占的百分比越高，其对应的颜色就越深。CMYK 模式是一种颜料反光的印刷用减色模式，依赖于颜料。

(3) HSB 模式。HSB 模式用色度、饱和度和亮度来描述颜色。色度是指基本的颜色，饱和度是指颜色的鲜明程度或者说颜色的浓度，亮度表示颜色中包含白色的多少。亮度为 0 时表示黑色，亮度为 100 时表示白色；当饱和度为 0 时，表示灰色。

(4) Lab 模式。Lab 模式是由国际照明委员会（CIE）于 1976 年公布的一种色彩模式。Lab 模式由三个通道组成，一个通道是亮度，即 L，另外两个通道是颜色通道，分别用 a 和 b 来表示。Lab 模式是一种既不依赖于光线，也不依赖于颜料，由 CIE 组织确定的一个理论上包括了人眼可见的所有颜色的颜色模式，它弥补了 RGB 模式与 CMYK 模式两种模式的不足。因此，Lab 模式被公认为标准颜色模式。

小提示

如果只在数码显像设备上显示，作品可以使用 RGB 模式来定义颜色。如果作品需要通过印刷方式输出，就必须用 CMYK 模式。

2）色相

色相是指颜色的相貌，是一种颜色区别于其他颜色的最基本和最显著的特征。一个物体的色相取决于这个物体对可见光进行选择性的吸收和反射后的结果。一般在 0～360 度的标准色轮上，按位置度量色相。在使用中，色相使用颜色名称来标识，如红色、黄色、绿色等。

3）饱和度

饱和度是指颜色的纯洁度，即某种颜色含该颜色的量值。当饱和度变化时，颜色有两个变化趋势：饱和度增加，颜色变亮，相当于在颜色中加入了白色成分；饱和度降低，颜色变暗，相当于在颜色中加入了灰色或黑色成分。具体来说，饱和度表示色相中灰色分量所占的比例，饱和度为 0 的颜色是灰色。它在标准色轮上的分布，是从中心到边缘递增的。

4）亮度

亮度是指颜色相对的明暗程度，即颜色中包含白色的成分的多少。亮度为 0 时的颜色是黑色，亮度为 100 时的颜色是白色。

2. 调色板的应用

调色板是最常用的颜色组件，调色板一般显示在 CorelDRAW X4 窗口的右侧。调色板每次可显示 30 种色块，单击上、下移动按钮，可以滚动显示其中未显示出来的色块。当鼠标光标放在调色板的色块上时，会显示颜色名称。CorelDRAW X4 提供的调色板多达 18 种，系统默认的调色板为 CMYK 模式调色板，如图 2–3 所示。也可以通过选择“窗口”→“调色板 ”命令来选择调色板，如图 2–4 所示。

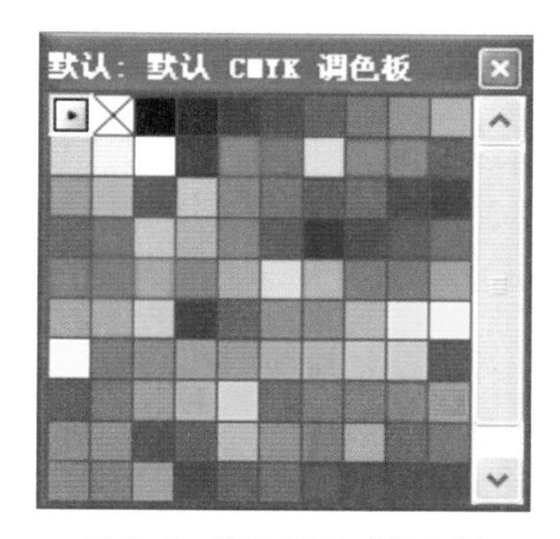

图 2–3　CMYK 模式调色板

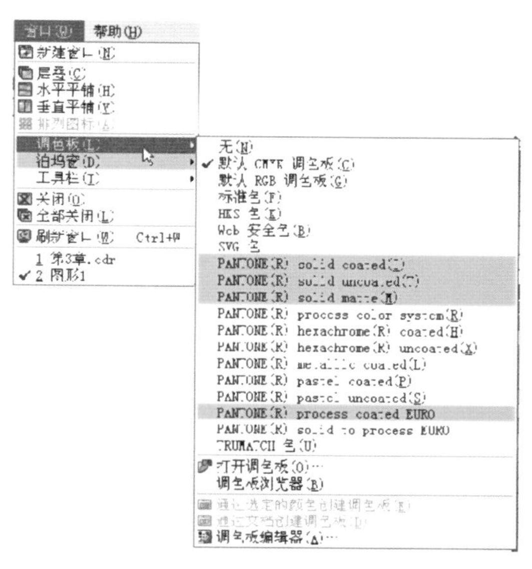

图 2–4　调色板菜单栏

3. 填充工具的使用方法

在 CorelDRAW X4 中，填充的内容可以是单一的颜色、渐变的颜色，也可以是图样和底纹。填充方式主要有“均匀填充”、“渐变填充”、“图样填充”、“底纹填充”和“PostScript”填充，这些填充按钮均隐藏在填充工具的工具条中。在工具箱中，单击填充工具按钮即可在展开的填充工具条中选择填充的样式，如图 2–5 所示。

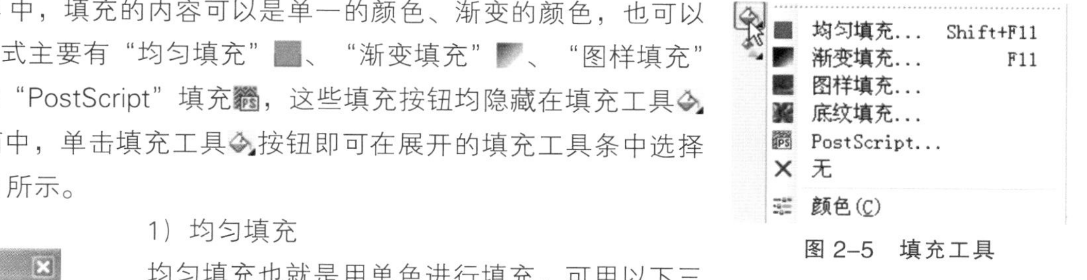

图 2–5　填充工具

1）均匀填充

均匀填充也就是用单色进行填充，可用以下三种方法进行填充。

(1) 使用调色板填充颜色。选中要填充的图形对象，在 CorelDRAW X4 窗口右侧的调色板上单击颜色块，就可为图形内部进行填充。调色板每次可显示 30 种色块，单击按钮，可以展开未显示出来的色块。系统默认的调色板为 CMYK 模式调色板，如图 2–6 所示。

图 2–6　CMYK 模式调色板

(2) 使用“颜色”泊坞窗对图形对象进行颜色填充。在工具箱中单击填充工具按钮，选择“颜色”泊坞窗按钮，在该窗口即可选择填充颜色，如图 2–7 所示。

(3) 使用“均匀填充”对话框进行颜色填充。选择要填充的对象，单击填充工

具 图标，选择“均匀填充” 按钮，在此对话框中拖曳小方框确定所选的颜色，如图 2-8 所示。也可以在文本框中直接输入 0～255 之间的数值来设置颜色，填充后的效果如图 2-9 所示。

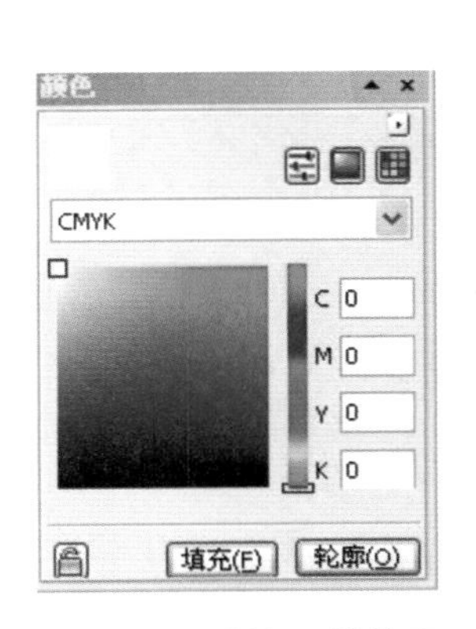

图 2-7　“颜色”泊坞窗

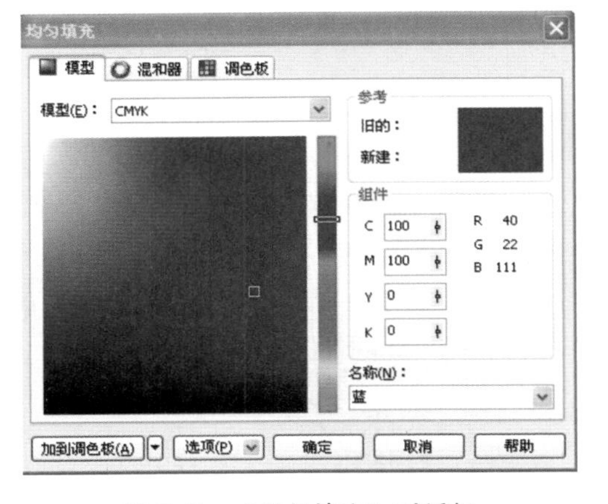

图 2-8　“均匀填充”对话框

图 2-9　均匀填充效果

2）渐变填充

渐变填充有线性、射线、圆锥和方形四种填充模式，每种模式下都有双色填充和自定义填充两种形式。在使用“渐变填充”时，填充色可以由一种颜色变化到另一种颜色。

(1) 选取填充对象后，在工具箱中单击填充工具 按钮，在弹出的工具条中再单击“渐变填充” 按钮，从而弹出“渐变填充”对话框，可设置填充对象的渐变式填充参数，如图 2-10 所示。

(2) 在“渐变填充”对话框的“类型”下拉列表中，选择渐变填充方式的类型，有线性、射线、圆锥和方形四种，这几种渐变填充模式的效果分别如图 2-11 所示。

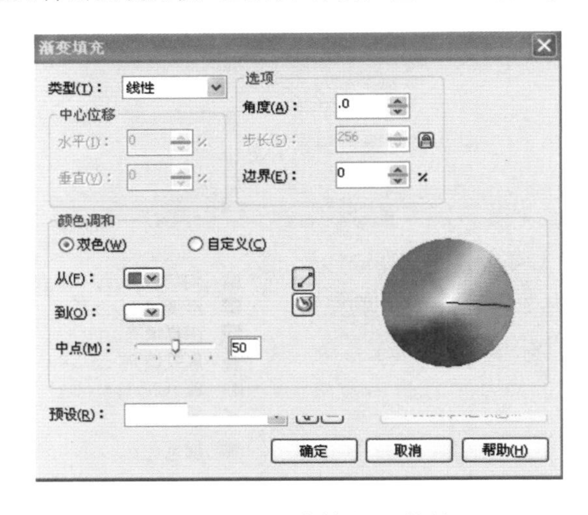

图 2-10　“渐变填充”对话框

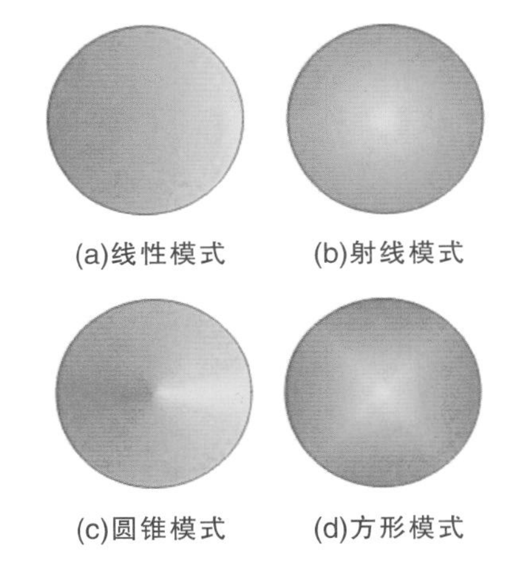

图 2-11　几种渐变填充模式

(3) 选择射线、圆锥和方形的渐变式填充时，可在“渐变填充”对话框的“中心位移”栏的“水平”和“垂直”框中设置渐变填充的中心位移值。也可在预览框中单击，以确定渐变填充的中心位移，如图 2-12 所示。

(4) 在“渐变填充”对话框的“选项”栏中，可设置渐变填充的“角度”、“步长值”及“边界”，用于改变渐变色的角度和颜色变化的梯度。颜色变化梯度越大，颜色变化越平滑，如图 2-13 所示。

(5) 在“渐变填充”对话框的“颜色调和”栏中，可以设置“双色”和“自定义”两种填充形式。选中“双色”复选框，可以选择渐变式填充的起始颜色和结束颜色，调整“中点”滑块可以设置颜色变化的中点，如图 2-14 所示。选择“自定义”复选框，可以在起始颜色和结束颜色之间添加中间色，使颜色变化更加丰富，如图 2-15 所示。

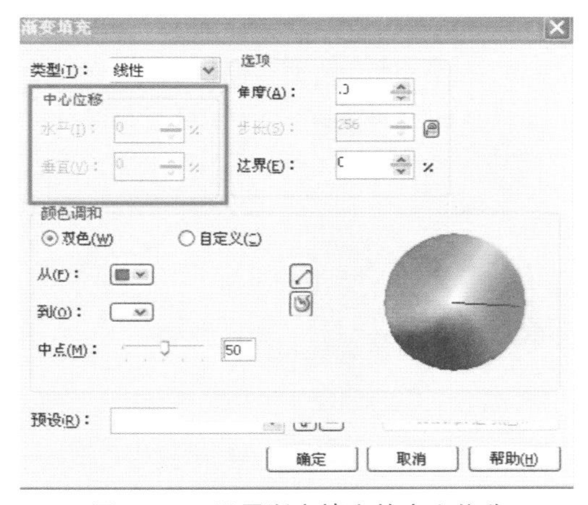

图 2–12 设置渐变填充的中心位移

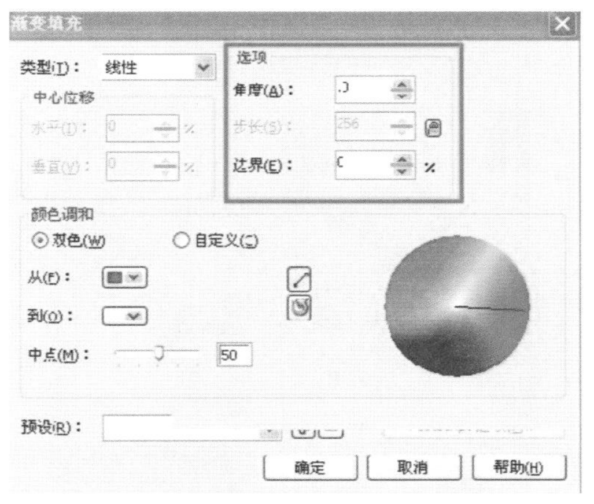

图 2–13 “选项”设置

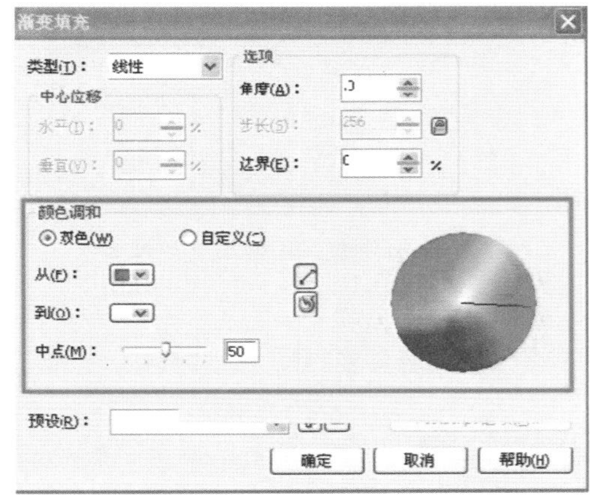

图 2–14 “双色”渐变填充

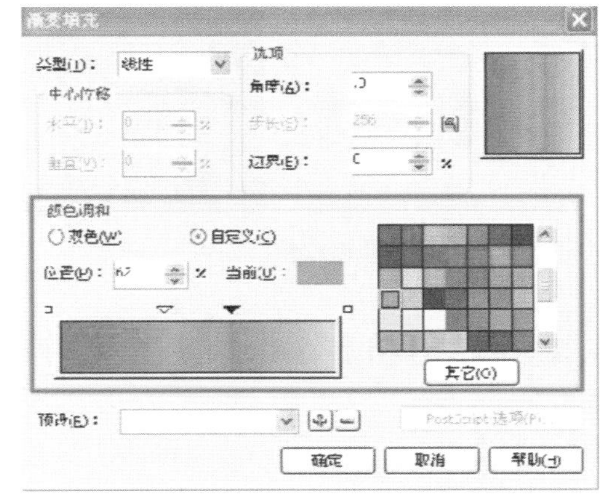

图 2–15 “自定义”渐变填充

3）图样填充

图样填充是使用预先生成的图案填充所选择的对象的填充方式，它包括“双色图案填充”、“全色图案填充”和“位图图案填充”等。“双色图案填充”是由前景色和背景色组成的简单图案进行填充的方式。具体操作方法如下。

(1) 单击工具箱中填充工具按钮，在弹出的工具条中单击“图样填充”按钮，弹出的“图样填充”对话框，如图 2–16 所示。

(2) 在“图样填充”对话框中选择“双色”复选框，即可在双色图案列表中选择填充图案。在“前部”和“后部”颜色列表中，可以为双色图案设置前景色和背景色，如图 2–17 所示。

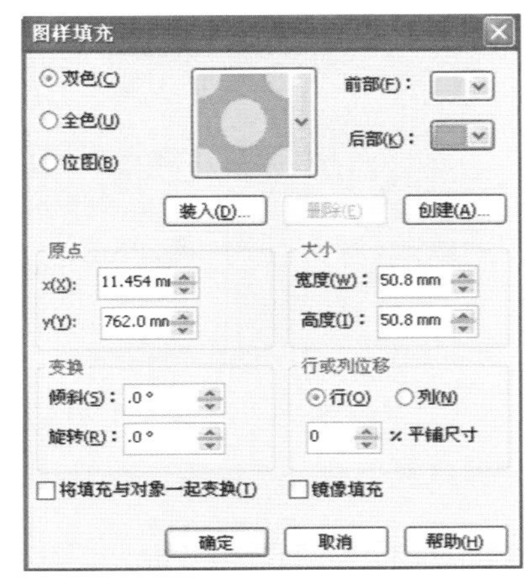

图 2–16 “图样填充”对话框

图 2–17 几种双色图案填充后的效果

(3) 在“图样填充”对话框中选择“全色”，即可在全色图案列表中选择填充图案，如图 2-18 所示。

(4) 在“图样填充”对话框中选择“位图”，即可在位图图案列表中选择填充图案，如图 2-19 所示。

图 2-18　几种全色图案填充后的效果　　图 2-19　几种位图图案填充后的效果

4) 底纹填充

底纹填充是以随机的小块位图作为对象的填充图案的填充方式，它能逼真地再现天然材料的外观。具体操作方法如下。

(1) 选中要设置底纹填充的对象，单击工具箱的填充工具按钮，在弹出的工具条中单击“底纹填充”按钮，弹出“底纹填充”对话框，如图 2-20 所示。在“底纹库”下拉列表框中有多个底纹库，每个底纹库中都包含若干底纹样式，如图 2-21 所示。

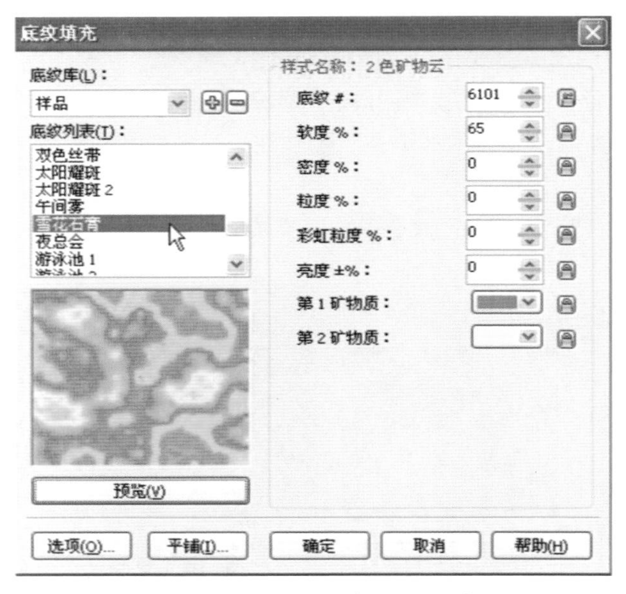

图 2-20　“底纹填充”对话框

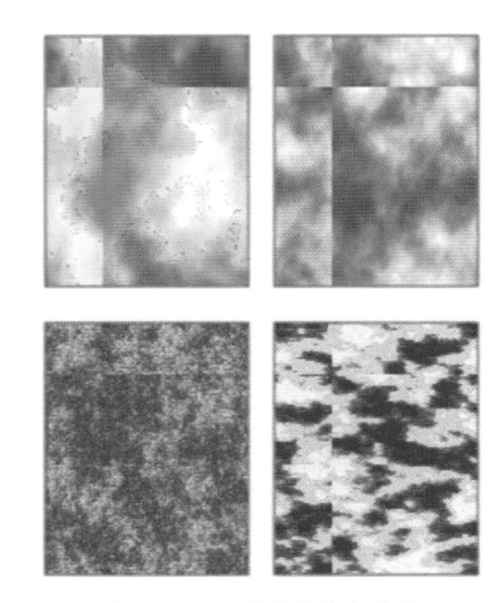

图 2-21　几种底纹填充效果

“PostScript”填充是用 PostScript 语言设计的一种特殊的底纹填充方式，其打印和处理所需要的时间很长，需要占用较多的系统资源。

(2) 选中要设置底纹填充的对象，单击工具箱填充工具按钮，在弹出的工具条中单击“PostScript”按钮，弹出“PostScript 底纹”对话框，如图 2-22 所示。在该对话框中，可在左上角的列表框中选择一种 PostScript 填充图案，选中“预览填充”复选框，即可预览 PostScript 填充的效果，如图 2-23 所示。

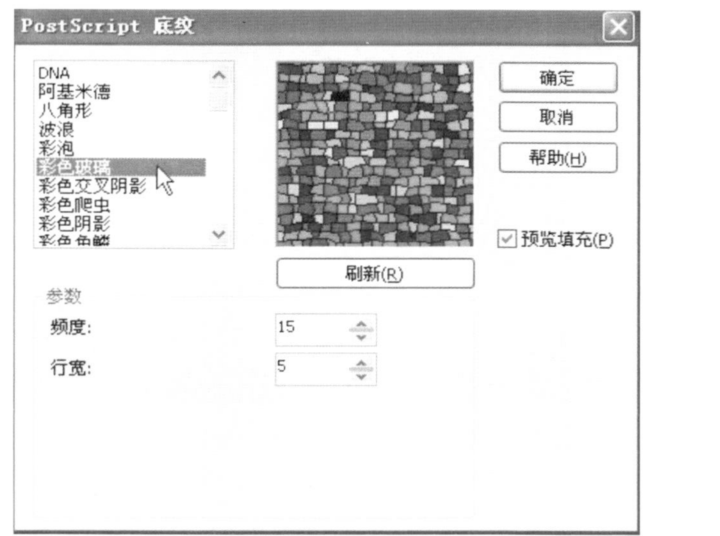

图 2-22　“PostScript 底纹”对话框

图 2-23　几种 PostScript 底纹填充效果

5) 删除填充色和填充纹样

删除填充色和删除填充纹样的方法为：使用挑选工具选中要删除的填充色或填充纹样的图形对象，然后单击工作页面右方调色板上方的⊠图标，即可删除填充色或填充纹样。

【实际操作】学习了那么多知识，下面我们可以动手操作啦！

子项目 1 实施：“春天”插画设计

前面我们对插画有了一定了解，现在让我们共同来完成“春天”插画的具体制作吧。

1) 创建新文档并保存

(1) 启动 CorelDRAW X4 后，新建一个文档，默认纸张大小为 A4。

(2) 选择“文件”→“另存为”命令。以“春天插画”为文件名将文件保存到计算机中。

2) 绘制背景

(1) 在工具箱中，双击矩形工具按钮，可得到一个和纸张大小一样的矩形。使用挑选工具选择该矩形，打开“渐变填充”对话框，选择“类型”为线性，分别设置“角度”为 90，“边界”为 0，“颜色调和”项勾选为双色，设置颜色“从（F）”为(C：64，M：1，Y：3，K：0)“到（O）”(C：22，M：4，Y：7，K：0)，“中点（M）”为 50，单击“确定”按钮，完成参数设置。删除边框，渐变填充底色效果如图 2-24 所示。

(2) 选择手绘工具的贝塞尔工具，绘制出云朵的外形，分别设置均匀填充颜色为（C：0，M：0，Y：0，K：0）、（C：13，M：2，Y：6，K：0）。将云朵放置在画面中适当位置，如图 2-25 所示。

图 2-24　渐变填充底色

图 2-25　绘制云朵

3）绘制草地和树木

（1）选择手绘工具的贝塞尔工具，绘制出草地的轮廓，如图 2-26 所示。使用挑选工具选择前面的草地图形，打开“渐变填充”对话框，选择“类型”为线性，分别设置“角度”为 90，“边界”为 0，“颜色调和”项勾选为双色，设置颜色“从（F）”(C：41，M：0，Y：97，K：0)“到（O）”(C：18，M：0，Y：91,K：0)，“中点（M）”为 50，单击“确定”按钮，完成参数设置，删除边框。再使用挑选工具选择后面的草地图形，打开“渐变填充”对话框，选择“类型”为线性，分别设置“角度”为 -90，“边界”为 0，“颜色调和”项勾选为双色，设置颜色“从（F）”(C：76，M：0，Y：100，K：0)“到（O）”(C：32，M：0，Y：95，K：0)，“中点（M）”为 27，单击“确定”按钮，完成参数设置，删除边框，如图 2-27 所示。

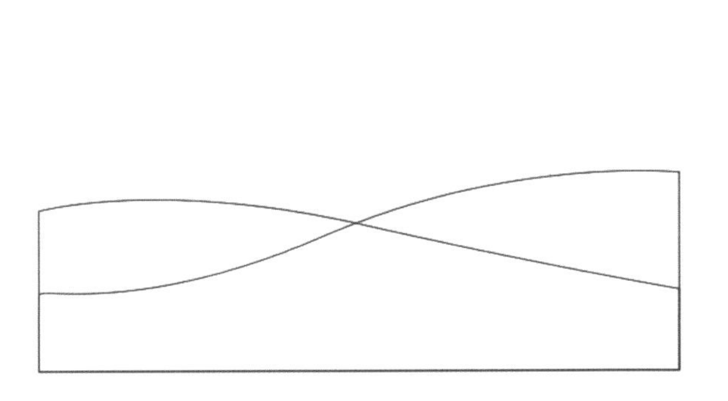

图 2-26　绘制草地（一）

图 2-27　渐变填充草地

小提示

如果“双色”渐变填充不能满足需要，还可以使用“自定义”渐变填充。在“自定义”渐变填充中，最多可以添加 99 种中间色。在“自定义”下方的颜色条上双击，如图 2-15 所示，即可添加多种颜色进行渐变填充。

图 2-28　小路

（2）使用贝塞尔工具绘制出小路，如图 2-28 所示。单击工具箱填充工具按钮，在弹出的工具条中单击图样填充按钮，即弹出“图样填充”对话框。在“图样填充”对话框中选择“双色”，在双色图案列表中选择第二排中间的图案进行图样填充，如图 2-29 所示。设置“前部”颜色为（C：20，

M：0，Y：60，K：0)，“后部”颜色为（C：11，M：2，Y：91，K：0)，删除边框。图样填充效果如图 2-30 所示。

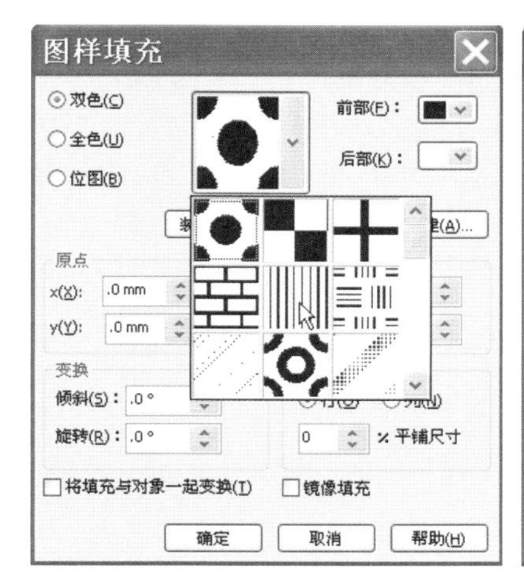

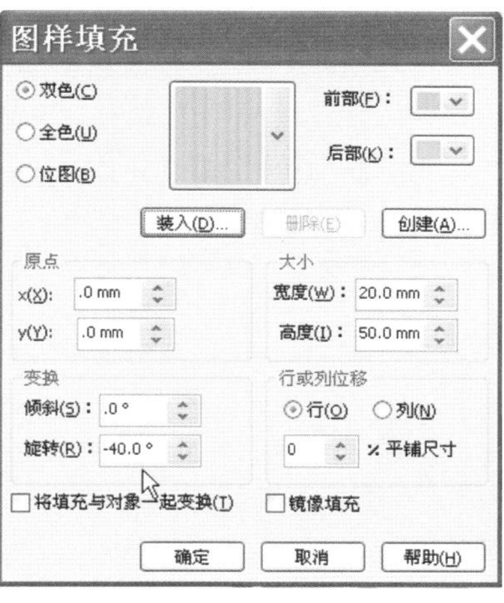

图 2-29 “图样填充”对话框

图 2-30 图样填充效果

（3）用贝塞尔工具 绘制出图 2-31 所示小草外形，选择后面的小草图形，在其中设置填充颜色为(C：11，M：2，Y：91，K：0)，删除边框。选择前面的小草图形，单击工具箱的填充工具按钮，在弹出的工具条中单击底纹填充按钮，弹出“底纹填充”对话框，选择“植被”底纹填充，如图 2-32 所示。“色调”颜色设置为（C：42，M：3，Y：98，K：0)，“亮度”颜色设置为（C：19，M：2，Y：93，K：0)，删除边框。底纹填充效果如图 2-33 所示。

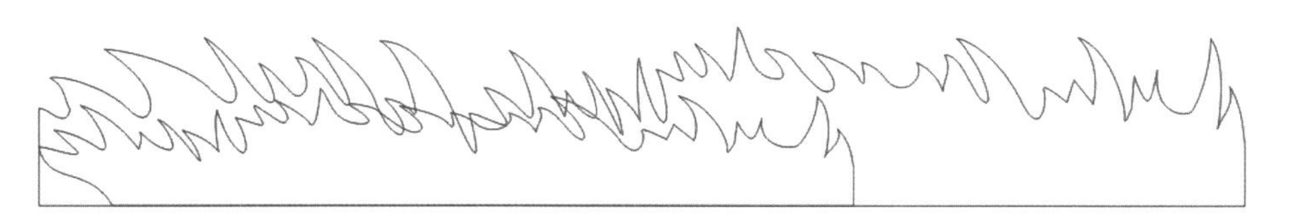

图 2-31 绘制草地（二）

图 2-32 “底纹填充”对话框

图 2-33 底纹填充效果

（4）使用贝塞尔工具，绘制树木外形。使用挑选工具选择圆形树木，打开“渐变填充”对话框，选择“类型”为射线，分别设置中心位移“水平”为 -1，“垂直”为 35，“边界”为 0，“颜色调和”项勾选为双色，设置颜色“从（F）”为(C：96，M：45，Y：98，K：13)“到（O）”(C：47，M：0，Y：91，K：0)，“中点

(M)”为 50，单击“确定”按钮，完成参数设置。最后删除轮廓线，此时圆形树木如图 2–34 所示。使用挑选工具选择椭圆形树木，打开“渐变填充”对话框，选择“类型”为线性，分别设置“角度”为 –90，“边界”为 8，“颜色调和”项勾选为双色，设置颜色“从（F)”(C：20，M：0，Y：60，K：0)“到（O)”(C：50，M：1，Y：96，K：0)，“中点（M)”为 50，单击“确定”按钮，完成参数设置。最后删除轮廓线，此时椭圆形树木如图 2–35 所示。树干部分均选择线性渐变填充，分别设置“角度”为 0，“边界”为 0，“颜色调和”项勾选为双色，设置颜色“从（F)”为(C：60，M：88，Y：93，K：18)“到（O)”(C：0，M：60，Y：80，K：20)，“中点（M)”为 50，单击“确定”按钮，完成参数设置，删除轮廓线。

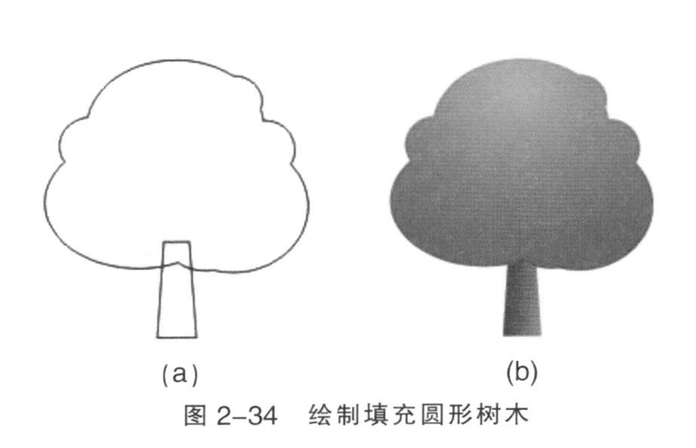
(a)　(b)
图 2–34　绘制填充圆形树木

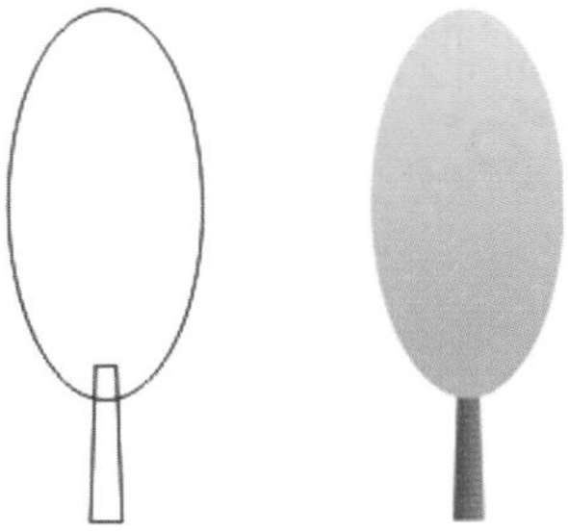

(a)　(b)
图 2–35　绘制填充椭圆形树木

小提示

“渐变填充”对话框中的“中心位移”栏中，当数值为正时，渐变填充的中心将向右或向上移动；当数值为负时，渐变填充的中心将向左或向下移动。

4）绘制房屋和小鸟

（1）使用贝塞尔工具，绘制房屋的外形。打开“填充”对话框，为屋顶填充颜色为（C：2，M：99，Y：75，K：0）和（C：1，M：54，Y：18，K：0)，单击“确定”按钮。墙面填充颜色为（C：0，M：0，Y：0，K：0）和（C：4，M：3，Y：3，K：0)，单击“确定”按钮。门窗填充颜色为（C：1，M：54，Y：18，K：0）和（C：13，M：10，Y：10，K：0)，单击“确定”按钮。使用挑选工具将图形全部选取，删除轮廓线，如图 2–36 所示。

（2）使用贝塞尔工具，绘制小鸟的外形。打开“填充”对话框，小鸟填充颜色设置为（C：16，M：96，Y：9，K：0）和（C：0，M：0，Y：0，K：0)，单击“确定”按钮。使用挑选工具将图形全部选取，单击轮廓工具打开“轮廓笔”对话框，设置轮廓颜色为黑色，宽度为 0.25 mm，单击“确定”按钮，如图 2–37 所示。将房屋和小鸟分别放置于图 2–38 所示画面的位置。

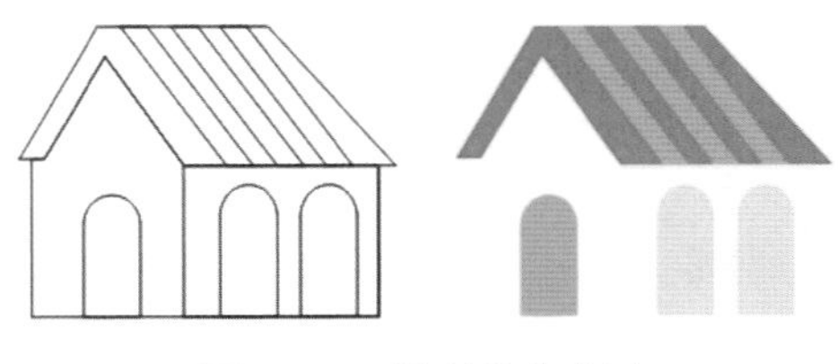
图 2–36　绘制填充房屋

图 2–37　绘制填充小鸟

图 2–38　将房屋和小鸟分别放置画面中

5）绘制花朵

（1）使用贝塞尔工具，绘制花朵外形，如图 2–39 所示。使用挑选工具选中花瓣，打开“渐变填充”对话框，选择“类型”为射线，设置“中心位移”栏中“水平”为 –12，“垂直”为 –11，“边界”为 0，“颜色调和”项勾选为双色，设置颜色“从（F）”为(C：4，M：85，Y：71，K：0)“到（O）”（C：2，M：23，Y：56，K：0)，“中点（M）”为 43，单击“确定”按钮，最终效果如图 2–40 所示。

（2）使用挑选工具选中其他花瓣，打开“渐变填充”对话框，选择“类型”为线性，分别设置“角度”为 –90，“边界”为 0，“颜色调和”项勾选为双色，设置颜色“从（F）”为(C：1，M：80，Y：63，K：0)“到（O）”(C：1，M：42，Y：96，K：0)，“中点（M）”为 50，单击“确定”按钮，最终效果如图 2–41 所示。使用挑选工具选中花心，填充颜色为(C：0，M：100，Y：60，K：0)，最终效果如图 2–42 所示。

图 2–39　绘制花朵一

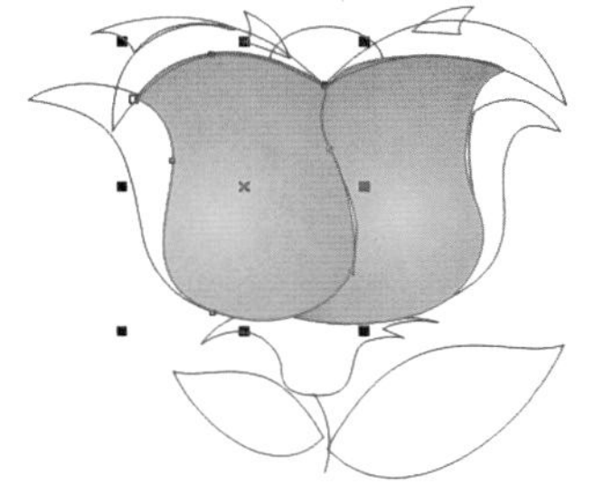
图 2–40　填充花瓣一

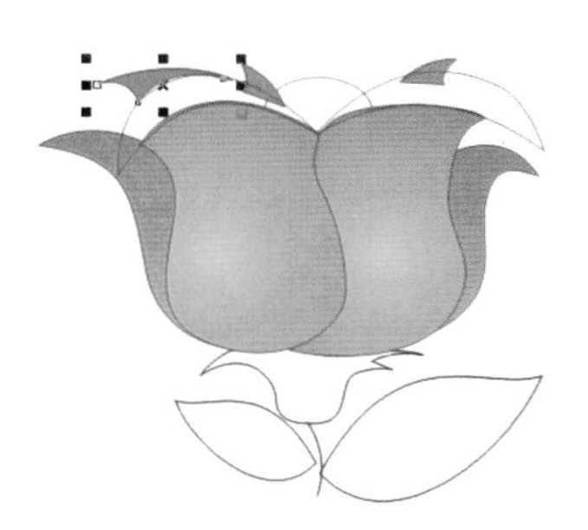
图 2–41　填充花瓣二

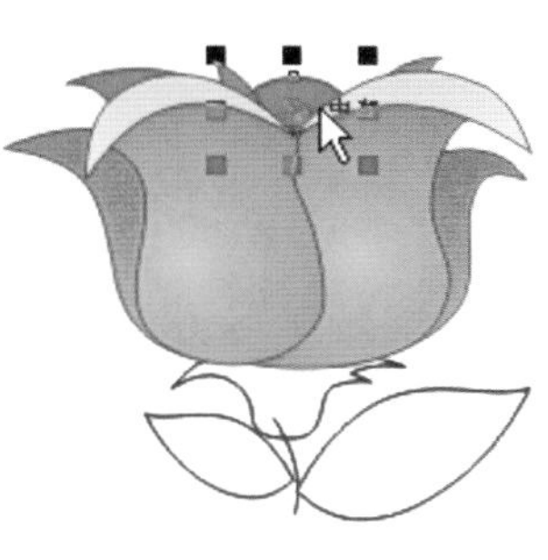
图 2–42　填充花朵一

（3）使用挑选工具选中枝叶，打开“渐变填充”对话框，选择“类型”为线性，分别设置“角度”为 –90，“边界”为 0，“颜色调和”项勾选为双色，设置颜色“从（F）”为(C：36，M：0，Y：94，K：0)“到（O）”(C：83，M：18，Y：95，K：0)，“中点（M）”为 50，单击“确定”按钮。选中花朵后删除边框线，最终效果如图 2–43 所示。

（4）使用贝塞尔工具绘制另一花朵，如图 2–44 所示。使用挑选工具选中花瓣，打开“渐变填充”对话框，选择“类型”为射线，分别设置“中心位移”栏中的“水平”为 18，“垂直”为 –5，“边界”为 0，“颜色调和”项勾选为双色，设置颜色“从（F）”为(C：2，M：69，Y：96，K：0)“到（O）”（C：2，M：17，Y：91，K：0)，“中点（M）”为 43，单击“确定”按钮。选中枝叶，打开“渐变填充”对话框，选择“类型”为线性，分别设置“角度”为 –90，“边界”为 0，“颜色调和”项勾选为双色，设置颜色“从（F）”为(C：36，M：0，Y：94，K：0)“到（O）”(C：83，M：18，Y：95，K：0)，“中点（M）”为 50，单击“确定”按钮。删除边框线后的效果如图 2–45 所示。

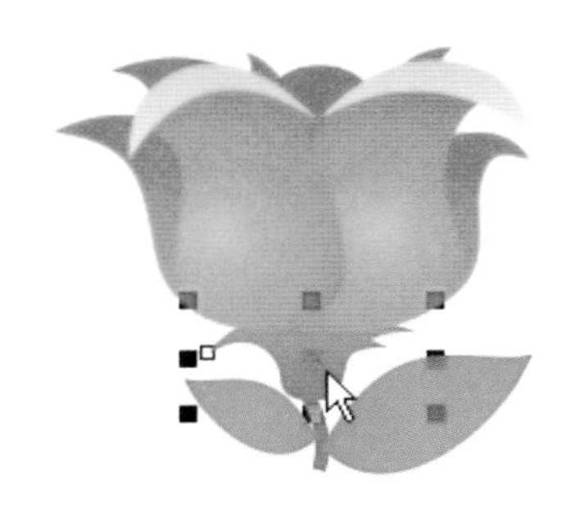
图 2–43　填充枝叶

图 2–44　绘制花朵二

图 2–45　填充花朵二

（5）使用贝塞尔工具绘制第三朵花，如图 2–46 所示。使用挑选工具选中花瓣，打开“渐变填充”对话框，选择“类型”为射线，分别设置“中心位移”栏中的“水平”为 –19，“垂直”为 –7，“边界”为 0，“颜色调和”项勾选为双色，设置颜色“从（F）”为(C：2，M：82，Y：16，K：0)“到（O）”（C：1，M：27，Y：21，K：0)，“中点（M）”为 43，单击“确定”按钮。选中枝叶，打开“渐变填充”对话框，选择“类型”为线性，分别设置“角度”为 -90，“边界”为 0，“颜色调和”项勾选为双色，设置颜色“从（F）”为(C：36，M：0，Y：94，K：0)“到（O）”(C：83，M：18，Y：95，K：0)，“中点（M）”为 50，单击“确定”按钮。删除边框线后的效果如图 2-47 所示。

（6）将花朵分别群组后排列成图 2-48 所示的形式。

图 2-46　绘制花朵三

图 2-47　填充花朵三

图 2-48　排列花朵

小提示

在绘制过程中，要注意调整图形与图形间排列的顺序位置。

6）后期调节与文件的保存

（1）将前面绘制好的树木、房子、小鸟和花朵进行大小调整，有的要进行复制、粘贴，然后分别放置于画面的合适位置，如图 2-49 所示。

（2）观察画面整体色调，再进行细微的调节。

（3）选择“文件”→“保存”命令，即可保存文件，完成插画的绘制工作。

图 2-49　插画——“春天”的最终效果图

4. 交互式调和工具

调和是将一个图形对象经过形状和颜色的逐渐变化过渡到另外一个图形对象，并在两个图形对象之间生成一系列的中间图形的过程，这些图形显示了原始的两个图形对象在调和过程中形状和颜色的渐变过程，如图 2-50 所示。

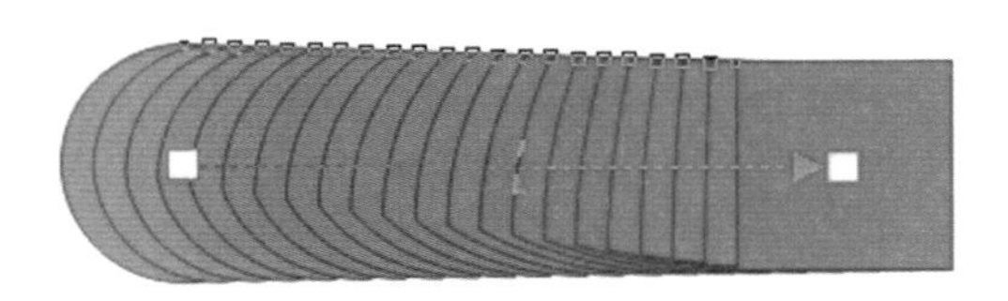

图 2-50　调和效果

在工具栏中选择交互式调和工具，将显示交互式调和工具属性栏，如图 2-51 所示。

绘制出两个图形对象，单击选中第一个图形对象，按住鼠标左键拖曳到第二个图形对象处，当在两个图形对象间出现调和效果时松开鼠标左键，即可完成调和效果的设置，如图 2–52 所示。

图 2–51　交互式调和工具属性栏

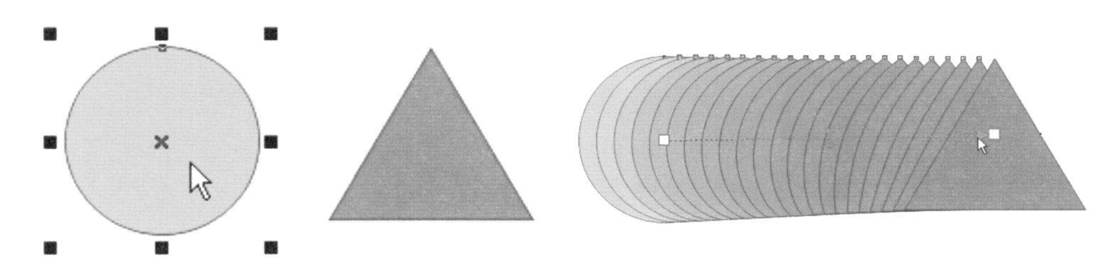

图 2–52　创建调和

5. 调和类型

调和类型有三种，即直线调和、沿路径调和及复合调和。下面分别进行介绍。

（1）直线调和。直线调和是 CorelDRAW 默认的调和形式，是指产生在两个调和对象之间的调和图形的形状、大小和颜色在两个调和对象之间进行直接的、直线路径的调和，如图 2–53 所示。

（2）沿路径调和。沿路径调和是指产生在两个调和对象之间的调和图形的形状、大小和颜色在两个调和对象之间按设置的路径进行调和的方式。其路径可以是曲线、图形或文本，既可以是整条路径，也可以是部分路径，如图 2–54 所示。

（3）复合调和。复合调和是指由两个或两个以上相互连接的调和所组成的调和形式，如图 2–55 所示。

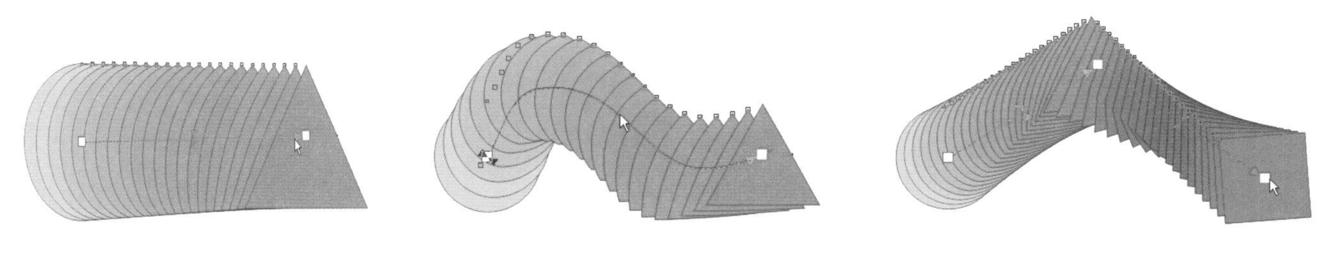

图 2–53　直线调和　　图 2–54　沿路径调和　　图 2–55　复合调和

6. 设置调和中间对象的距离

在交互式调和工具属性栏中，可以在“步长或调和形状之间的偏移量”设置区设置在两个调和对象之间产生的中间调和图形的数目，以及在调和方向设置区设置调和图形的旋转角度，对于不同的设置值会有不同的效果。同时，拖曳两个调和对象之间的节点，可以调整两对象之间中间对象的距离，如图 2–56 所示。

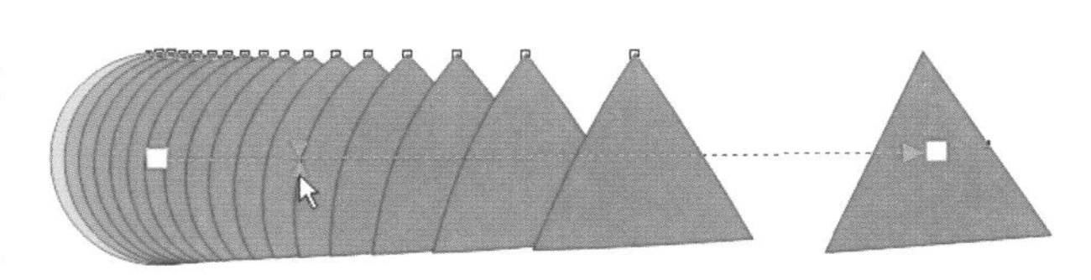

图 2–56　改变调和中间对象的距离

7. 换矢量图为位图

选中矢量图后，选择“位图”→“转换为位图”命令，在“转换为位图”对话框中设置选项，单击“确定”

按钮即可，如图 2–57 所示。

图 2–57 “转换为位图”对话框

8. 位图颜色模式

在 CorelDRAW 中处理的图像颜色以颜色模式为基础，颜色模式定义图像的颜色特征。具体的颜色模式如下。

（1）RGB 颜色模式。该颜色模式的位深度是 24 位，采用该颜色模式可以更逼真地显示图像的颜色。

（2）CMYK 颜色模式。该颜色模式主要用于印刷行业，在印刷的图像中，每种颜色都是由青色、品红色、黄色和黑色的油墨通过调和而产生的。每种颜色都有一个色板，经过叠加就产生了图片所需要的颜色。但这些颜色与专色不同，对于图像作品中需要的特殊颜色还必须从颜料供应商那里获取纯色油墨来完成。CMYK 颜色模式与其他颜色模式不同，它与硬件设备是紧密相关的。

（3）黑白（1 位）颜色模式。该颜色模式的位深度是 1 位，系统为每个像素只分配 1 位，像素要么是黑色，要么是白色，没有颜色层次的变化。其效果如图 2–58 所示。

（a）原图 （b）黑白

图 2–58 黑白颜色模式

（4）灰度（8 位）颜色模式。该颜色模式的图像中的每个像素都有一个亮度值，其取值范围为 0～255。当亮度值为 0 时，像素为黑色；当亮度值为 255 时，像素为白色。转换为灰阶颜色模式的位图将以 256 级灰度显示图像。其效果如图 2–59 所示。

（a）原图 （b）灰度

图 2–59 灰度颜色模式

（5）16 色（4 位）颜色模式。位深度为 4 位的颜色又称为 16 色，使用该颜色模式的图像中的每一种颜色都由灰阶来表示，这时只能看到灰度变化，而没有其他颜色，但图像的颜色过渡较平滑。其效果如图 2-60 所示。

(a) 原图　　(b) 双色

图 2-60　16 色颜色模式

(6) 调色板（8 位）颜色模式。该颜色模式是一种 8 位颜色模式，显示 256 种颜色的图像。它可以将复杂图像转换为调色板颜色模式，可以缩小文件的大小，并能更精确地控制在转换过程中使用的各种颜色。其效果如图 2-61 所示。

(a) 原图　　(b) 调色板

图 2-61　调色板颜色模式

9. 轮廓线效果

在工具箱中单击轮廓工具，在如图 2-62 所示的展开的轮廓工具条中，选择轮廓笔、轮廓颜色等选项。

要设置轮廓的样式，可在轮廓工具条中单击轮廓笔选项，在如图 2-63 所示的"轮廓笔"对话框中选择需要的颜色、宽度和样式等。轮廓样式如图 2-64 所示。

图 2-62　展开的轮廓工具

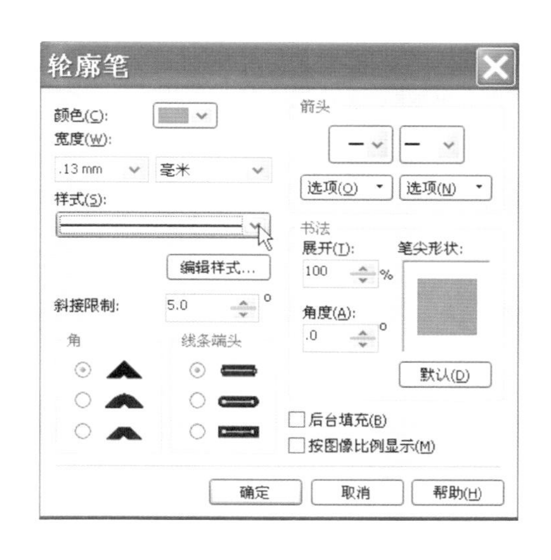

图 2-63　"轮廓笔"对话框

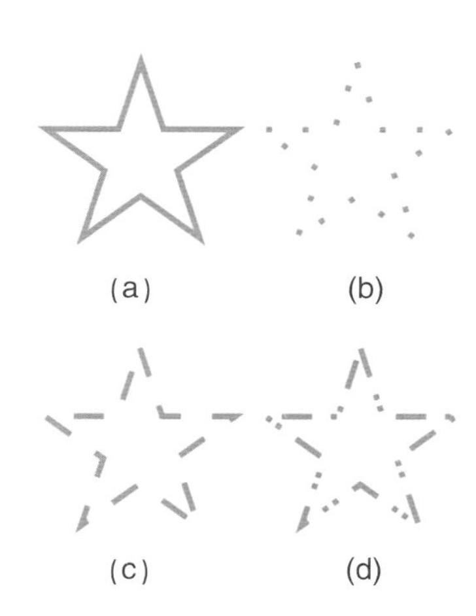

图 2-64　轮廓样式

【实际操作】学习了那么多知识，下面我们可以动手操作啦！

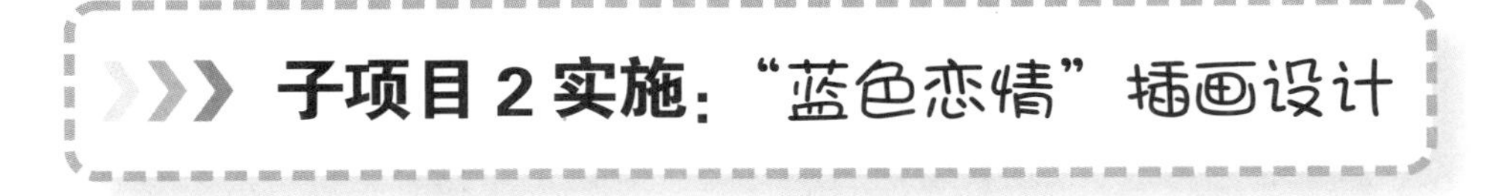

1）创建新文档并保存

（1）启动 CorelDRAW X4 后，新建一个文档，默认纸张大小为 A4，在属性栏中选择纸张方向为纵向，如图 2–65 所示。

图 2–65　属性栏中选择纸张方向为纵向

（2）选择"文件"→"另存为"命令，以"蓝色恋情插画"为文件名保存该文件。

2）绘制背景

在工具箱中，单击矩形工具按钮，得到一个和纸张大小一样的矩形。使用挑选工具选取该矩形，打开"渐变填充"对话框，选择"类型"为射线，分别设置中心位移"水平"为 0，"垂直"为 0，"边界"为 0，"颜色调和"项勾选为自定义，具体设置如图 2–66 所示。从左到右的颜色分别设置为(C：28，M：99，Y：0，K：0)、(C：18，M：97，Y：0，K：0)、(C：2，M：69，Y：11，K：0)、(C：2，M：21，Y：43，K：0)、(C：2，M：2，Y：11，K：0)，渐变填充效果如图 2–67 所示。

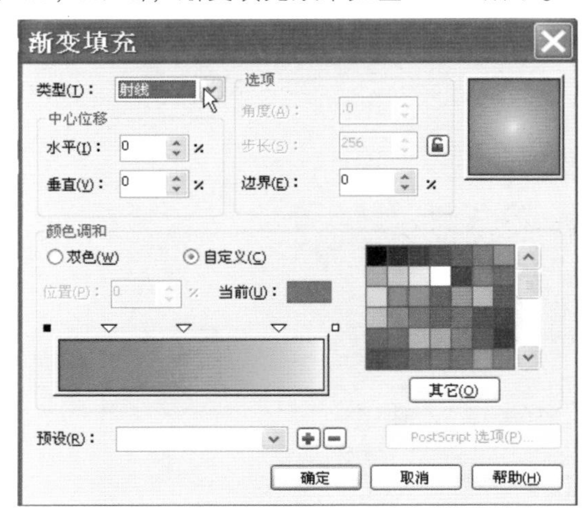

图 2–66　设置多种渐变色

图 2–67　渐变填充底色

3）绘制人物

（1）使用贝塞尔工具和椭圆形工具绘制人物外形，如图 2–68 所示。使用挑选工具选中要填充颜色的部分，进行均匀填充。头发的颜色填充为(C：27，M：94，Y：94，K：26)，脸蛋的颜色填充为(C：3，M：14，Y：20，K：0)，裙子的颜色填充为(C：68，M：1，Y：13，K：0)，单击"确定"按钮，删除边框线后的效果如图 2–69 所示。

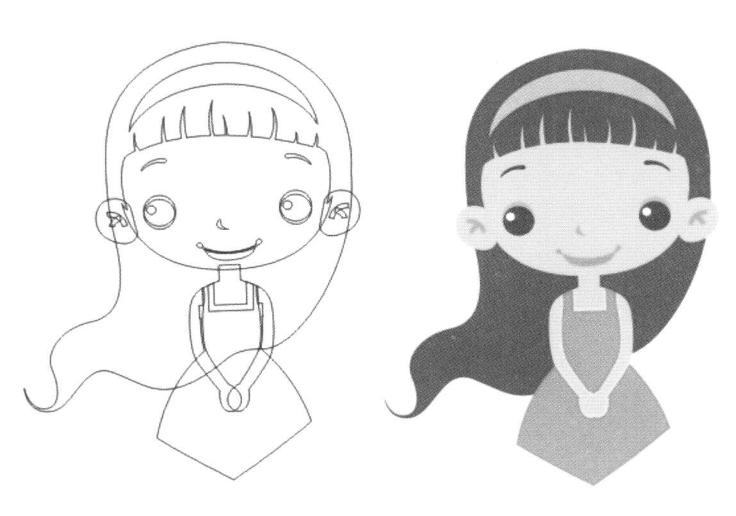

图 2–68　绘制人物

图 2–69　填充颜色

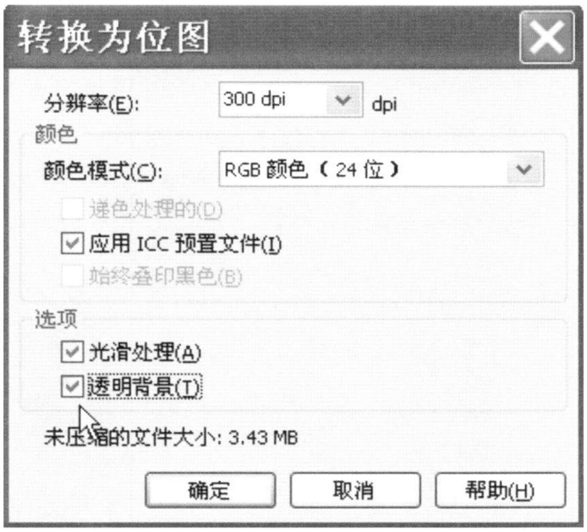

转换为位图
分辨率(E):
300 dpi
dpi
颜色
颜色模式(C):
RGB 颜色（24 位）
递色处理的(D)
应用 ICC 预置文件(I)
始终叠印黑色(B)
选项
光滑处理(A)
透明背景(T)
未压缩的文件大小: 3.43 MB
确定
取消
帮助(H)

图 2–70　“转换为位图”对话框

（2）使用挑选工具全选“人物”，选择“位图”→“转换为位图”命令，将矢量图转换为位图。在“转换为位图”对话框中设置选项，具体设置如图 2–70 所示。单击“确定”按钮，转换后的效果如图 2–71 所示。

（3）使用贝塞尔工具绘制心形，如图 2–72 所示。使用挑选工具选中心形，在工具箱中单击轮廓工具按钮，在弹出的“轮廓笔”对话框中选择轮廓样式，分别设置颜色为(C：0，M：20，Y：40，K：0)、宽度为 1.0 mm。轮廓样式如图 2–73 所示，轮廓效果如图 2–74 所示。

（4）使用多边形工具和星形工具分别绘制星星，颜色分别填充为(C：0，M：0，Y：20，K：0)、(C：2，M：21，Y：21，K：0)。将人物、心形、星星分别放置于图 2–75 所示的位置。

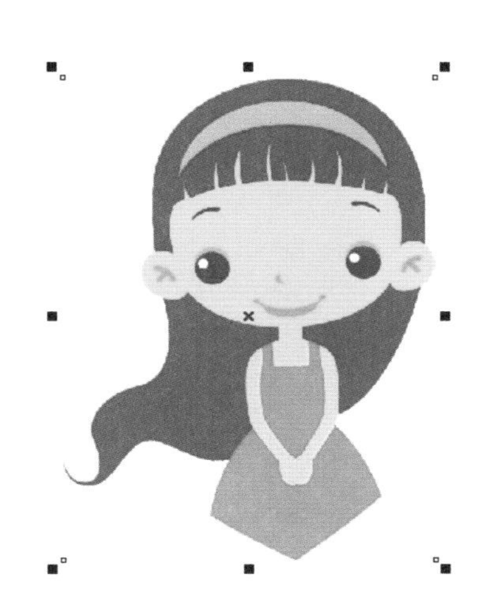

图 2–71　转换为位图后的效果

图 2–72　绘制心形

轮廓笔
颜色(C):
宽度(W):
1.0 mm
毫米
样式(S):
箭头
选项(O)
选项(N)
书法
展开(T):
笔尖形状:
100
%
角度(A):
.0
默认(D)
后台填充(B)
按图像比例显示(M)
确定
取消
帮助(H)

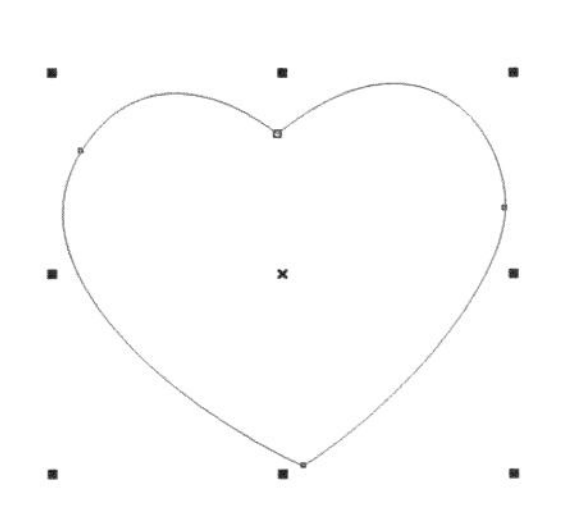

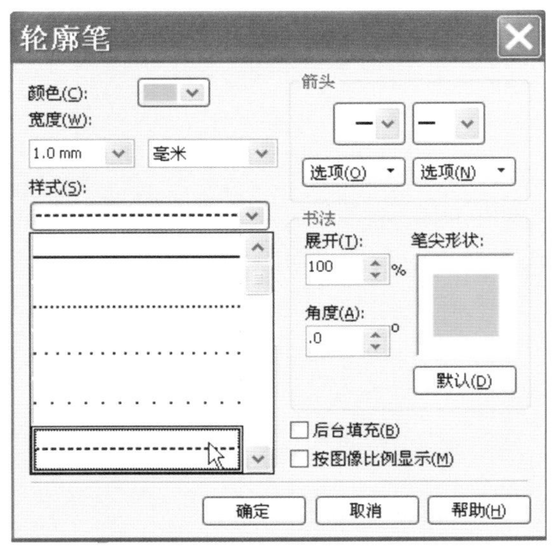

图 2–73　选择轮廓样式

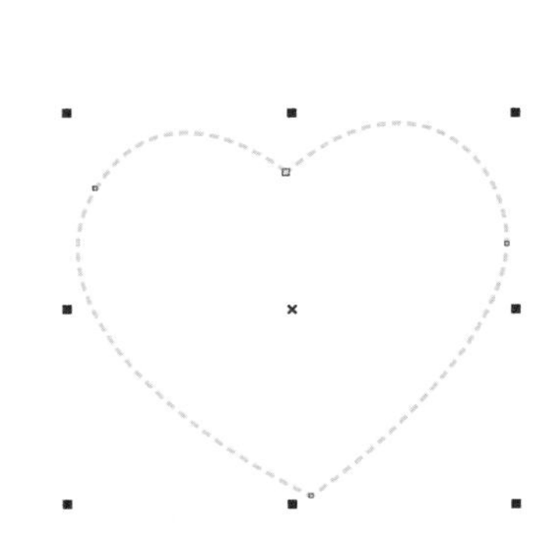

图 2–74　轮廓效果

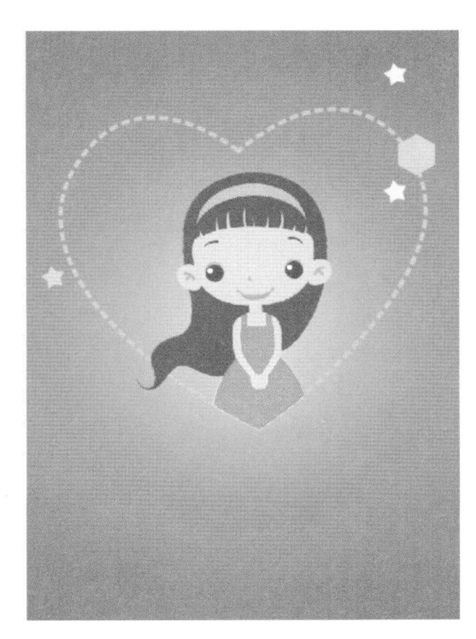

图 2–75　调整位置后的效果

4）绘制玫瑰花

（1）使用贝塞尔工具，绘制玫瑰花外形，如图 2-76 所示。使用挑选工具选中花瓣，填充颜色设置为(C：98，M：84，Y：3，K：0)，单击“确定”按钮，其效果如图 2-77 所示。

（2）使用挑选工具选中其他花瓣，填充颜色分别为(C：69，M：22，Y：4，K：0)和(C：27，M：3，Y：9，K：0)，单击“确定”按钮。删除边框线后的效果如图 2-78 所示。

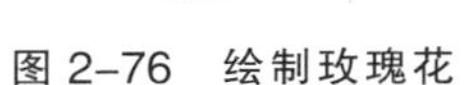

图 2-76　绘制玫瑰花

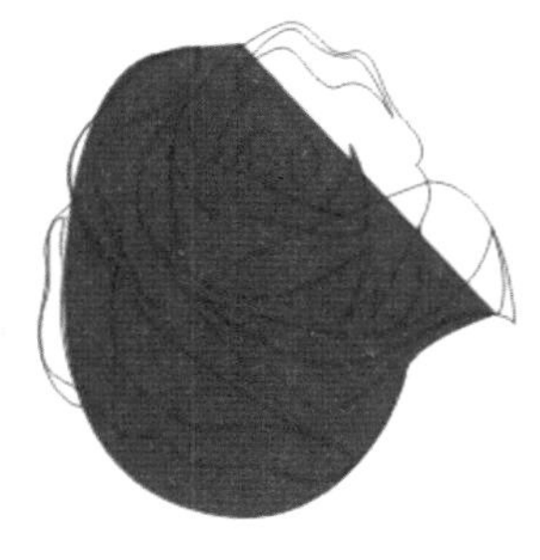

图 2-77　填充颜色一

图 2-78　填充颜色二

（3）使用贝塞尔工具绘制枝叶，如图 2-79 所示。打开“渐变填充”对话框，选择“类型”为线性，分别设置“角度”为 110.3，“边界”为 4，“颜色调和”项勾选为双色，设置颜色为“从（F）”(C：68，M：0，Y：99，K：0)“到（O）”(C：20，M：14，Y：96，K：0)，“中点（M）”为 50，单击“确定”按钮，如图 2-80 所示。删除边框后的效果如图 2-81 所示。

图 2-79　绘制枝叶

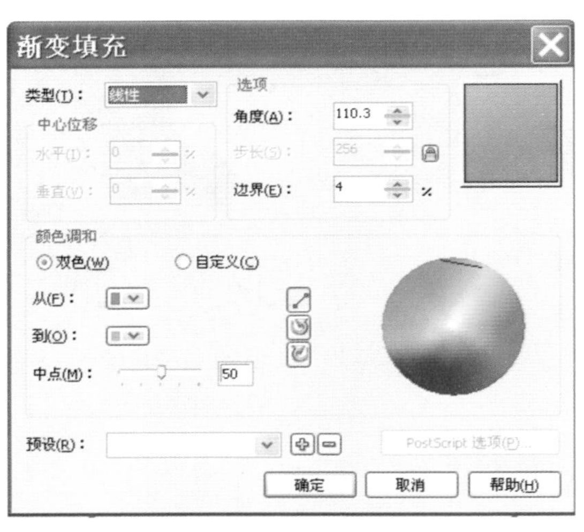

图 2-80　线性渐变填充

图 2-81　填充叶子一

（4）先使用挑选工具选中小叶子，填充颜色设置为(C：68，M：0，Y：99，K：0)；再选中大叶子，填充颜色设置为(C：40，M：0，Y：100，K：0)。在工具栏中选择交互式调和工具，选中小叶子，按住鼠标左键将其拖曳到大叶子处，两个图形对象间出现调和效果，如图 2-82 所示。玫瑰花的最终效果如图 2-83 所示。

(a)　　(b)

图 2-82　调和效果

小提示

设置调和效果时，可在按 Alt 键的同时拖动鼠标，则会沿手绘线条出现调和效果。

（5）选择玫瑰花进行复制、粘贴，调整其大小，将玫瑰花全部选中后进行群组。使用钢笔工具绘制星形，选中该图形，打开“渐变填充”对话框，选择“类型”为射线，分别设置中心位移“水平”为 0，“垂直”为 0，“边界”为 0，“颜色调和”项勾选为双色，设置颜色为“从（F）”(C：40，M：0，Y：0，K：0)“到（O）”（C：0，M：0，Y：0，K：0)，“中点（M）”为 50，单击“确定”按钮。删除边框线后的效果如图 2-84 所示。

（6）将绘制好的星形进行复制、粘贴，调整其大小，放置于图 2-85 所示的位置，给玫瑰花增添点缀效果。

图 2-83 填充叶子二

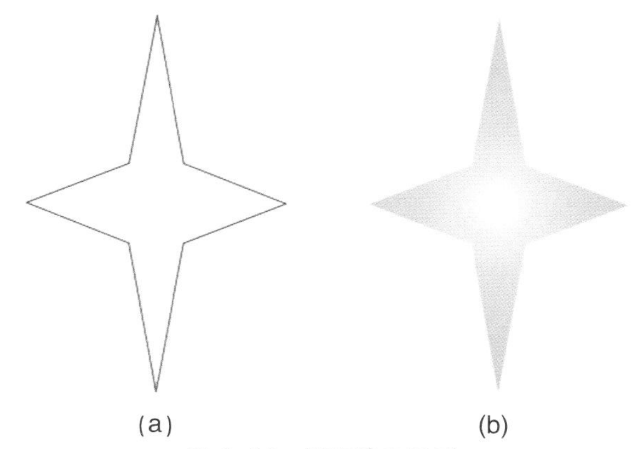

(a) (b)

图 2-84 渐变填充星形

5）绘制桃心形

使用贝塞尔工具绘制桃心形，打开“渐变填充”对话框，选择“类型”为射线，分别设置中心位移“水平”为 -4，“垂直”为 8，“边界”为 4，“颜色调和”项勾选为双色，设置颜色为“从（F）”(C：26，M：99，Y：0，K：0)“到（O）”（C：1，M：58，Y：12，K：0)，“中点（M）”为 50，单击“确定”按钮。删除轮廓线后的效果如图 2-86 所示。将绘制好的桃心形进行复制、粘贴，调整其大小，组合排列成如图 2-87 所示的形式。

图 2-85 点缀玫瑰花

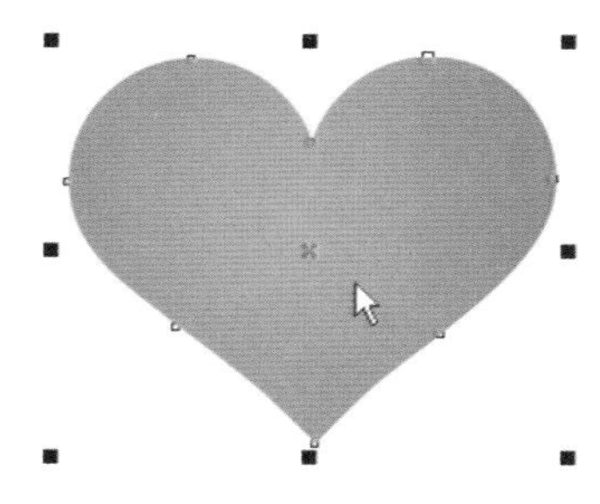

图 2-86 绘制桃心形

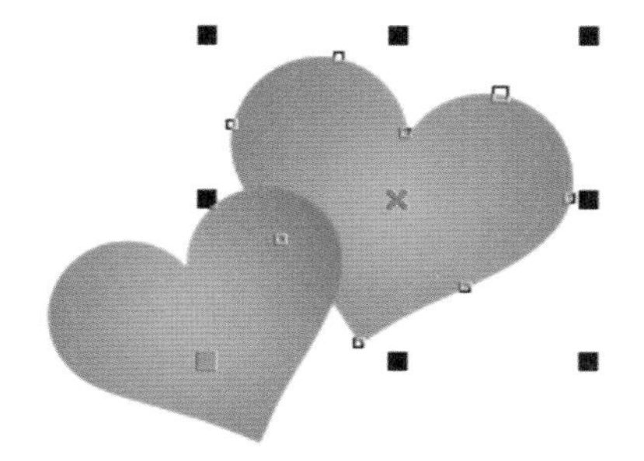

图 2-87 组合排列效果

6）生成最终效果

（1）观察画面的整体色调，再进行细微的调节。

（2）选择“文件”→“保存”命令，即可完成插画的绘制工作。“蓝色恋情”插画的最终效果如图 2-88 所示。

图 2-88 “蓝色恋情”插画的最终效果

项目小结

本项目通过插画“春天”和“蓝色恋情”两个精彩项目的制作，主要学习了使用填充工具进行均匀填充、渐变填充、图样填充、底纹填充等操作。除此之外，也学习了交互式调和工具、设置轮廓线及去除轮廓线等知识。在进行填充颜色时要学会根据不同的对象，选用不同的填充方式，例如，渐变填充方式会使颜色更丰富，交互式调和工具能使色彩过渡自然。颜色搭配是否协调会对画面效果的好坏产生直接影响。要掌握好色彩的搭配，需要不断提高自身的艺术修养和审美情趣，在创作前多看、多想，把对色彩的理解和感受融入作品中，这样创作出来的作品才能呈现出较好的视觉效果。

习题 2

一、填空题

1. 色相是指色彩的__________，是一种颜色区别于其他颜色的最基本和最显著的特征。
2. 填充方式主要有“均匀填充”、“__________”、“图样填充”、“底纹填充”和“PostScript 填充”。
3. “图样填充”是使用预先生成的图案填充所选的对象。它包括“__________”、“全色图案填充”和“位图图案填充”。

二、选择题

1. 以下属于射线渐变填充类型的是（ ）。

   A.　B.　C.　D.

2. 渐变填充有（ ）种填充模式。

   A.两　B.三　C. 四　D.五

3. CMYK 模式是由青色、品红色、（ ）、黑色四种颜料混合起来从而形成各种颜色。

   A.蓝色　B.绿色　C.紫色　D.黄色

4. “双色图案填充”是由（ ）和背景色组成的简单图案。

   A.前景色　B.黑色　C.白色　D.蓝色

三、简答题

1. 简述插画的定义。
2. 简述插画的审美特征。
3. 简述 CorelDraw 中常用颜色模式。

广告设计

GUANGGAO
SHEJI

项目描述

本项目共有两个子项目，子项目 1 是设计一则在报纸中整版刊登的 “香榭雅园” 楼盘广告，子项目 2 是 “节约能源” 的灯箱广告。

在讲解子项目 1 之前先制作一个简单的小型横版 “香榭雅园” 广告。该广告主要放在报纸的小幅空白区域，广告内容较简单，文字较精练，目的就是让读者能够更快地关注该广告，又不会占据很大的报纸版面，不仅不浪费报纸空间，而且有效地利用报纸的版面。在这个小任务中使用到了交互式填充工具和底纹填充工具，适当地使用了钢笔工具或贝塞尔工具。

本项目（子项目 1 和子项目 2）的主要内容是掌握交互式填充工具、填充颜色工具等的使用方法（在子项目 1 中已经使用到了）。作品的成功除了与创意、构图有关之外，还和颜色的选取有很大关系。在设计版面的同时，要时刻保持清醒的头脑，应注意画面的图片、图形、文字及颜色的相互关系，并且一定要符合项目主题。

学习目标

- 交互式填充工具的使用方法
- 复制颜色和填充颜色的方法
- 填充底纹
- 了解广告设计的基本任务和原则

相关知识

对于印刷行业和平面设计行业，使用矢量软件设计制作并印刷广告是很流行的形式。这种形式的优点是入门简单、成本低廉、整体流程易于控制，所以很多公司越来越认可这种设计形式。

项目导入

图 3-1　地产广告

子项目 1　“香榭雅园” 地产报纸广告

完成图 3-1 所示的广告制作。在开始制作之前，先要根据客户或设计师的要求完成基本结构的设计，然后再具体绘制各部分的细节。例如，文字的位置和字体要求、背景颜色、图片的选用是否合适等。最后调整整体画面，如文字的摆放位置是否合理、图片是否过大等。

总之，在制作过程中要时刻保持清醒的头脑，即思路要清晰，不能为了某一个小细节而放弃整体的画面布局。

为了能更好地完成这个地产广告，可以首先制作一个小横幅地产广告（见图 3-2）。这种类型的广告在报纸中经常能见到，它既能填补版面中的空白位置，不浪费空间，又能为报业创造价值。对于读者来说，这种广告的内容简单，图片不复杂，可以直接表达广告的主题，使读者清晰快速地了解广告的内容。

子项目 2　“节约能源” 灯箱广告设计

完成图 3-3 所示的灯箱广告设计。其中，灯箱完全是用 CorelDRAW 绘制出来的，主要是用交互式立体化工具完成的，然后再对箱体使用渐变填充。在绘制

图 3-2　小横幅地产广告

图 3-3　灯箱广告

的过程中应注意，立体化的效果要真实，不能违背透视的真实性。

任务 1 广告知识

1. 广告概述

1996 年美国亚特兰大奥运会期间，可口可乐公司凭借着雄厚的资金支持，耗资 6000 万美元买下了全国广播媒体黄金时段的广告播放权，其间播出了 70 多个不同的商业广告，这在当时来说是无人能及的。同时，可口可乐公司还在零售市场的现场促销环节向消费者透露的信息是“热烈的奥运之夏”。在这个典型案例中，可口可乐公司将大众传媒与传统营销方式结合，形成新的整合营销方式。在这种整合营销方式中，广告占据着重要的作用，下面详细介绍一下什么是广告。

1）广告的概念

广告是一种付酬的、关于一个组织、非人际的传播信息的方式，通过大众传媒如电视、广播、报纸、杂志或户外广告牌等传播途径将产品信息传递给社会大众，图 3-4 所示的是美国 20 世纪 60 年代的餐桌布广告。进入 21 世纪之后，广告信息还可以通过新的媒介（特别是互联网）进行传播。

图 3-4　美国 20 世纪 60 年代的餐桌布广告

2）广告设计的任务

广义上理解，广告设计的任务是指按照客户或策划阶段制订的宣传目标和指标要求，预先确定宣传方法、广告图样及广告词等的过程。狭义上理解，广告设计的任务是指创作广告画面来表现广告主题、意境和文案的过程，它相对于广告的创意与策划而存在，其核心任务就是设计广告画面。

从当代市场经济的角度看，广告设计的对象包含了创意与策划的理性要求，其主要工作是设计师参与创意、策划及设计广告画面，甚至是与其他设计人员互动的全过程，这就是“广告设计”的完整内涵。

3）广告设计的原则

广告设计是一种应用视知觉的美学技能，既遵循人类视知觉的科学性，又包括视知觉造型的艺术性。所以，进行设计之前必须知道设计的一些基本原则。

（1）视知觉科学性。广告主要通过刺激消费者的视知觉感官系统来达到宣传产品的目的。因此，在设计过程中，应该学会运用人的视觉规律、听觉规律和心理暗示、联想机制，使广告的画面设计、色彩搭配等符合人的感知规律，提高广告作品的视觉强度。

（2）人文精神。广告作品的设计也是一种艺术创作，因此，在广告设计过程中，应该借鉴美术艺术流派的形式、历史、哲学观念等，提高作品的艺术底蕴和审美品位，以强化广告的市场效果。

（3）创意独到。广告的独创特色主要体现在两个方面，一是意境、背景内容的特色，二是作品视觉形象的特色。在广告设计中，从字体的选用、画面构成到情节设计等都应该能形成独特的风格，以特色化的视觉形象提高广告的影响力，图 3–5 所示的是一种牙膏产品的户外广告。

（4）信息突出。当今社会的工作节奏和生活节奏都很快，信息流动量也很大，公众停留在一个广告作品前的时间很有限，那么在设计之初就应该从公众最感兴趣的内容入手，使视觉语言进一步形象化，以便将其宣传的核心内容更有效率地传递给公众。

（5）符合大众审美。广告是针对某一商品的目标公众而创作的，不同的商品拥有不同的目标群体，而不同目标群体之间的审美是不同的，这是进行策划广告、设计广告必须要留意的。而所谓的大众审美，就是在设计广告时准确分析目标公众的价值观、审美情趣等问题，根据大众的审美需要来设计广告作品，图 3–6 所示的是美国某汽车品牌在 20 世纪 60 年代投放的广告。

图 3–5　非常有创意的户外广告

图 3–6　美国 20 世纪 60 年代的汽车广告

4）广告设计的构成要素

广告构成，又称为广告构图，是指在一定规格、尺寸的版面内，把广告作品的设计要点进行创意性的编排组合，以取得最佳的广告宣传效果。广告构成设计技能的高低直接影响着广告作品创意的成功与否，影响着广告主题表达是否明确，对于宣传效果的强弱起着关键性作用。

将文字、图形按照其形态的大小、色调、结构和肌理等关系在平面上均衡地进行布局，是广告构成设计最基本的构图要素之一，就是在不对等的关系下求得均衡的设计方法。常见的均衡分为以下三种。

（1）位置均衡。这是最普遍的均衡样式，利用文字图形的左右、上下等空间的位置来进行平衡。可以采用水平排列，也可以采用倾斜排列等。

（2）大小均衡。利用文字、图形形态上的大小获得视觉上的平衡。

（3）色调均衡。运用色彩构成既有对比又有统一的均衡色调。

2. 色彩在广告设计中的功能

提及颜色，就不能不提色相环（以下简称色环）。作为一种了解色彩理论的工具，色环能帮助设计者设计和搭配出多种色彩方案。

图 3–7 所示的是以不能被调制出的红、黄、蓝三色为起点，等距离地将三原色分配在色环中，三原色两两混

合成为间色，间色和原色混合成为复色，分布在原色和间色之间的色环。色环中的复色共有 6 种颜色，分别是橙黄色、橙红色、红紫色、蓝紫色、蓝绿色和黄绿色。标准的三原色色环共有 12 种颜色。色环中两个相邻的颜色最为协调，两两相对的颜色，即互补色对比最强烈。

对于平面广告设计来说，最简单也是最有效的方法就是先在色环上选定一种颜色，把这种颜色的补色和与补色相邻的约 30° 范围的颜色排除，剩下的可供挑选的颜色便能搭配出整体最为协调的配色。

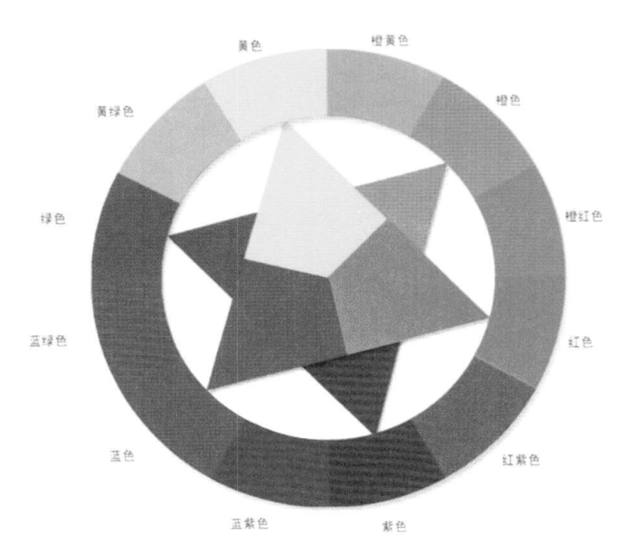

图 3–7　依据三原色组合而成的色环

查看色环就能直观地知道，色彩设计是需要讲究色彩搭配的，色彩除了表达主题、情感之外，还需讲究美感。所以，在设计色彩时，一种颜色可以形容为一个单词，几种颜色搭配在一起就是一句短语了。掌握了色彩的搭配技巧，设计起来就能随心所欲，所以平时的记录和积累对于配色还是有好处的，这样在实际使用中就可根据实际情况修改色彩。

下面通过举例来说明色彩的功能。

(1) 红色。红色是表现食物不可缺少的颜色，它可以表现出健康的活力。作为重点色，红色可以代表健康，特别是鲜艳色调的红色非常明朗，可以很直接地表现出健康的感觉。当然，红色还能表现诸如热烈、火热、刺激、兴奋等。图 3–8 所示的红茶饮品的红色能带给人美味的感觉，但如果改变了颜色，效果就会大打折扣。

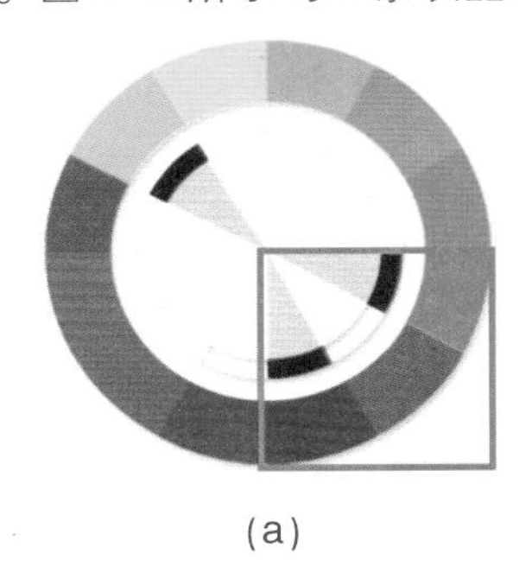

(a)

(b)

(c)

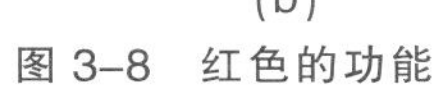

图 3–8　红色的功能

(2) 橙色。橙色是有着舒适感觉的颜色，可以表现出日常生活的快乐。它没有红色的刺激感，但可以体现出相对稳定而明快的家庭感，让观者产生幸福感。图 3–9 所示的纸尿裤的外包装颜色就使用了典型的橙色。

(3) 黄色。黄色可以让人联想到阳光、柠檬等，可用于形容朝气、健康、动感、年轻等，还可用于儿童服装颜色的搭配、家庭装饰领域等。图 3–10 所示的暖色调的衣服就比冷色调的衣服有亲和力，黄色可以体现出孩子的阳光、无忧无虑的感觉，若换成蓝色，素雅、安静的感觉就更明显了。

图 3–9　纸尿裤的外包装

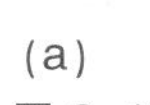

(a)

(b)

图 3–10　儿童服装的颜色搭配

无论是平面印刷广告设计，还是室内装修设计，颜色都是不可或缺的要素。计算机软件已经可以非常科学地表达出各种色彩，以现有的技术，可以表现出的色彩有 1658 万种，比过去的色彩体系更加完善了。

过去，人们认识、学习到的色彩是感性的、不可预知的，而计算机软件使得色彩成为可辨识的、数字化的、可调整的。不过，除了广告画面中的图形和文字搭配以外，色彩的使用与搭配是另一个重要的应用。可以说，公众看广告在很大程度上是在看色彩，而色彩感觉的培养需要大量的学习和练习才能达到专业化的程度。

3. 报纸广告的设计原则

在美国的历史上，报纸一直是广告的最大阵地。虽然实际上现在的电视，特别是网络等新兴媒体的广告收入早已超过了报纸，但是广告商还是喜欢在报纸上投入很多精力。1997 年的时候，美国的一个调查机构为美国报纸协会进行调查后发现，超过 60% 的成年人会选择至少一种报纸来阅读，即使到了 2011 年，调查结果显示还有超过 56% 的成年人会选择至少一种报纸来阅读。这是电视媒体和网络媒体所不能比拟的。

在中国，报纸在各种媒体中也占据主要地位。虽然在电视、网络（甚至手机网络）中，广告商都有涉足，但公众早已习惯报纸这种传统媒体，报纸这种阅读形式早已深入人心。

报纸发行的特点决定了在报纸上投放广告时应根据报纸类型的不同来设计、投放不同类型与风格的广告。在实际操作中应注意以下三个方面的内容。

（1）报纸具有广泛性和快速性的特点。因此，广告应针对具体的情况分别利用不同时间、不同类型的报纸和不同的报纸内容。

例如，商品广告一般应在销售的旺季之前投放，而不应该冬天做凉鞋、裙子的广告，夏天做毛衣、鸭绒衣的宣传。

（2）突出表现。选择报纸头版的“报眼”，广告刊登在读者关心的栏目旁边，一般都会引起读者的关注。另外，利用定位设计的原理，强调主体形象的商标、标志，加强标题和图形的面积对比和明度对比。

（3）根据报纸的连续性，可以采用在不同时间内重复刊登的方法。这样可以在读者的脑海里，不断加深印象，引导购买。另外，同一内容的广告采用不断完善的形象与读者见面，既能调动其好奇心，又能起到不断加深印象的作用。例如，杭州第二中药厂在“宁心宝”的广告宣传中，第一天推出一个“心”字，第二天加上药名和厂名，第三天才完整地出现全部形象。

4. 户外广告的类型

1）射灯广告牌

在四周装有射灯或其他照明设备的广告牌，称为射灯广告牌，如图 3–11 所示。其特点是美观，晚上照明效果极佳，并能清晰地看到广告信息。

2）霓虹灯广告牌

霓虹灯广告牌由霓虹管弯曲成文字或图案，配上不同颜色的霓虹管制成，能够表现出缤纷的色彩。如果配合闪烁灯的闪烁增加动感，则夜间的视觉冲击力更强。

3）单立柱广告牌

单立柱广告牌（简称单立柱）置于特设的支撑柱上，其立柱以“T”形或“P”形居多。广告牌常放置于高速公路、主要交通干道等地段，面向密集的车流和人流。广告牌常使用的尺寸为 6 m × 18 m，主要以射灯作照明设备。

图 3–11　典型的射灯广告牌

4）大型灯箱

大型灯箱置于建筑物外墙、楼顶或裙楼等广告位置，白天是彩色广告牌，晚上亮灯后则成为内部发光的灯箱广告，如图 3–12 所示。灯箱广告照明效果较佳，但维修起来却比射灯广告牌困难，并且其所用的灯管较易耗损。

5）候车亭广告牌

候车亭广告牌是设置于公共汽车候车亭的户外媒体，以灯箱为主要表现形式。通常在这类媒体上安排的广告以大众消费品为主，如图 3–13 所示。在进行广告宣传时，可以单独或网络式购买多个候车亭广告位以达到较高覆盖率，甚至覆盖多个城市的效果。

6）地铁广告

在地铁范围内设置的各种广告统称地铁广告，其形式有十二封灯箱、四封通道海报、特殊位灯箱、扶梯、车厢内海报等，如图 3–14 所示。其特点是人流集中、受注目程度高，能够增加产品的认知度。用此方式宣传时，可以采用单独购买或网络式购买的形式。

图 3–12　灯箱

图 3–13　候车亭广告牌

图 3–14　地铁广告

7）公交车身广告

公交车属于移动媒体，公交车身广告的表现形式为全车身彩绘及车身两侧横幅挂板等，如图 3–15 所示，其特点是接触面广，覆盖率高，可根据目标受众对象来选择路线或地区。用此方式进行宣传时，可以采用单独购买或网络式购买的形式发布广告内容。

8）电子屏

电子屏（包含所有电子类户外广告媒体）是户外广告中比较新颖的表现形式，常见于现代都市中。通常采用计算机控制，将广告图文或电视广告片输入计算机中，通过反复在画面上显示色彩纷呈的图形与文字，能在较短的时间里展示多个不同厂家、不同品牌的商品，具有动感、多变、新颖别致、反复播放等特点，能引起受众的极大兴趣，如图 3–16 所示。

图 3–15　公交车身广告

图 3–16　典型的城市广场电子屏幕

9）场地广告

场地广告可以说是电视时代的产物，主要设置于体育场馆内比赛场地周围及大型集会活动场地。场地广告实际上是通过现场观众和电视转播两种途径传递信息的，随着电视直播等大型节目日益受关注，场地广告的效益也大为提高。

10）悬挂广告

悬挂广告常设置于饭店门前、公路两侧的电线杆上，制作成灯箱广告、路旗广告等形式。这种广告形式具有制作方便、直接、信息传播广等优点，但是广告面积较小。将旗帜悬挂于街道两旁的灯柱上，称为路旗广告，亦属于悬挂广告的一种。通常在举办大型活动或是一个促销周期时，路旗广告能营造热烈的气氛及扩大企业标志和活动主题的曝光率。

任务 2 CorelDRAW 中常用的工具

1. 交互式填充工具

为了更加灵活方便地进行填充，CorelDRAW 中还提供了交互式填充工具。使用该工具及其属性栏，可以完成在对象中添加各种类型的填充。

在工具箱中单击交互式填充工具按钮，即可在绘图页面的上方看到其属性栏，如图 3-16 所示。

图 3-16　交互式填充工具的属性栏

在属性栏左侧的“填充类型”列表框中，可以选择“无填充”、“均匀填充”、“线性填充”、“射线填充”、“圆锥填充”、“方角填充”、“双色图样填充”、“全色图样填充”、“位图图样填充”、“底纹填充”或“半色调挂网填充”等选项。虽然每一个填充类型都对应着自己的属性栏选项，但其操作步骤和设置方法基本相同。

交互式填充工具的基本操作步骤如下。

（1）在工具箱中选中交互式填充工具。

（2）选中需要填充的对象。

（3）在属性栏中设置相应的填充类型及其属性选项后，即可填充该对象。

（4）建立填充后，设置“起始填充色”和“结束填充色”下拉列表框中的颜色和拖曳填充控制线及中心控制点的位置，可随意调整填充颜色的渐变效果。

（5）调节填充控制线、中心控制点及尺寸控制点的位置，可调整填充图案或材质的尺寸大小及排列效果。

2. 底纹填充

底纹填充是随机生成的填充，可用来赋予对象以自然的外观。CorelDRAW 提供预设的底纹，而且每种底纹均有一组可以更改的选项，可以使用任一颜色模式或调色板中的颜色来自定义底纹填充。底纹填充只能包含 RGB 颜色模式，但是可以将其他颜色模式和调色板用作参考来选择颜色。

CorelDRAW 中可以更改底纹填充的平铺大小。增加底纹平铺的分辨率时，会增加填充的精确度。还可以通过设置平铺原点来准确指定填充的起始位置。CorelDRAW 中允许偏移填充中的平铺。相对于对象顶部调整第一个平铺的水平或垂直位置时，会影响到其余的填充。

CorelDRAW 中可以旋转、倾斜、调整平铺大小，并且可以更改底纹中心来创建自定义填充。如果希望底纹填充根据对填充对象所做的操作不同而改变，可以设置填充随对象变化而变换。例如，如果放大填充了底纹的对象，则底纹将随之变大，而不是增加平铺的数量。

底纹填充的功能强大，可以增强绘图的效果，但是底纹填充还会增加文件的大小及延长打印时间，因此建议实际操作中只能适度使用。

底纹填充的步骤如下。

（1）选择对象。

（2）在工具箱中选择“底纹填充”按钮。

（3）从“底纹库”中选择一个底纹库。

（4）从“底纹列表”中选择一个底纹，单击“确定”按钮，即可填充，如图 3–17 所示。

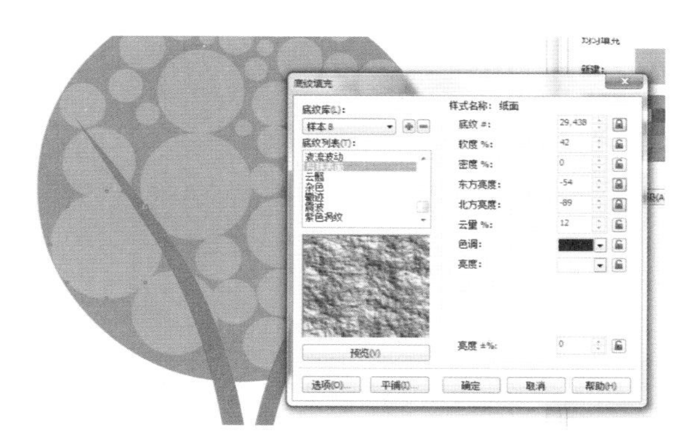

图 3–17　设置底纹填充的效果

在进行“香榭雅园”地产广告的设计之前，为了能更好地完成设计项目，可以先学习制作一个简单的在报纸上投放的小横幅广告。在设计之前，先学习一下完成稿（见图 3–18）。

在图 3–18 所示横幅中，标题使用的字体在操作系统中是没有的，在下面的步骤中会详细讲解如何把这种字体安装到操作系统中。同时还要注意的是，背景采用绘制的渐变色块和效果图相结合的处理方式。下面详细介绍制作步骤。

图 3–18　小横幅广告的完成稿

（1）使用矩形工具绘制一个矩形，填充白色，无描边，在属性栏中设置矩形尺寸为 297 mm × 85 mm，如图 3–19 所示。

（2）给矩形填色，在工具箱中选择“填充”→“均匀填充”命令，在弹出的“均匀填充”对话框中设置 CMYK 的颜色分别为 51，0，98，0。

（3）使用交互式透明工具为绿色矩形设置透明效果，如图 3–20 所示，从左至右拖动鼠标。注意，应把透明的箭头放置在矩形外面。

图 3–19　绘制矩形

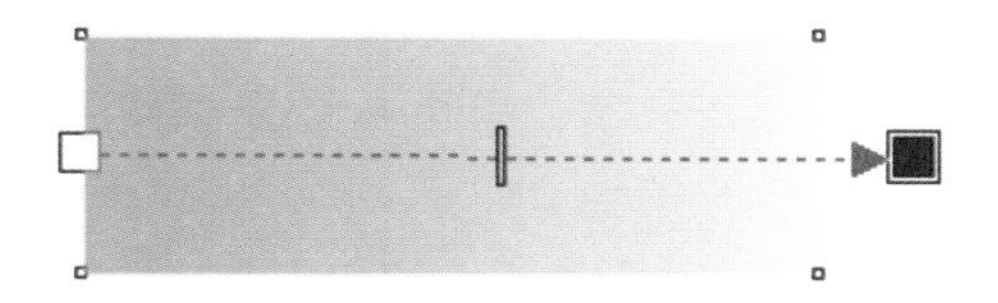

图 3–20　设置交互式透明效果

（4）用钢笔工具绘制三条曲线，都填充白色，如图 3–21 所示。按 Shift 键的同时选取这三条曲线。

（5）导入所需要的图形文件。可以使用 Ctrl+L 快捷键导入图片，如图 3–22 所示。

图 3–21　绘制曲线并填充白色

图 3–22　导入楼盘的效果图

(6) 使用挑选工具选择上一步置入的实景图片并拖曳该图片，使该图片的右侧与绿色矩形右侧相重合。注意看图 3–23 所示的红色框内，置入的图片右侧应和绿色矩形右侧重合。

(7) 单击交互式调和工具并按住左键超过半秒，该工具栏的隐藏工具就会显示出来。然后松开鼠标左键，单击交互式透明度工具，在页面中的实景图片上从右至左拖动鼠标光标，注意起始位置和结束位置，结束位置应在图片的左侧边缘处，如图 3–24 所示。

图 3–23　把效果图和背景的右侧设置重合

图 3–24　从右侧向左侧设置交互式渐变效果

(8) 输入图中的文字内容。本则广告里的楼盘名称字体选用的是“八大山人 2007 版”字体。字体样式和用该字体显示“香榭雅园”的效果如图 3–25 所示。

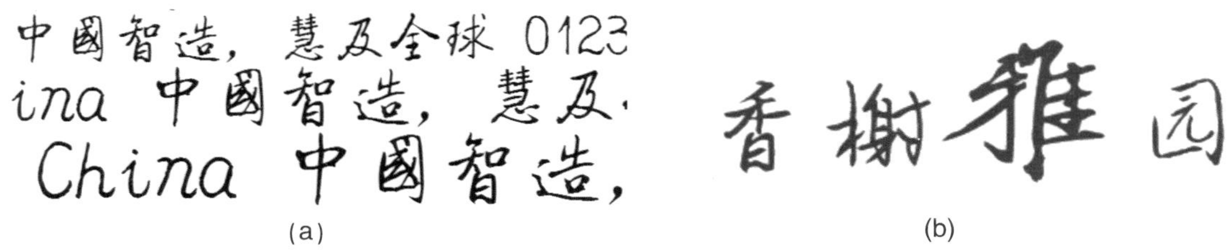

图 3–25　本项目中使用的“八大山人 2007 版”字体

➡注意：

如果计算机中没有需要的字体，可另行安装字体文件（部分字体可以从网络免费下载，还可以从专业的机构购买完整版的正版字库光盘进行安装），字体文件的格式一般为“.ttf”（或“.TTF”）。例如，要安装“八大山人毛笔体.ttf”，其安装方法如下。

(1) 准备好字体文件。

(2) 找到字体文件在计算机中的存放路径。如果计算机操作系统是安装在计算机的C盘，则无论是Windows 7系统还是 Windows XP 系统，字体文件存放的路径都是“C:\Windows\Fonts”。文件夹的图标如图3–26 所示。

(3) 找到要安装的字体文件，复制字体文件，把该字体文件粘贴至“Fonts”文件夹内，如图 3–27 所示。

上述操作完成后，所需的字体就安装进 Windows 操作系统中了。安装完成后可在 CorelDRAW 中查看字体列表中能否查找到该字体，如果没有，则需要保存正在编辑的文件后关闭 CorelDRAW，然后重新启动软件，这样就能看到刚刚安装完成的字体了。

选择文本工具**字**，在属性栏的字体选择列表中找到八大山人字体 八大山人 V2007 并选择，在弹出的“文本属性”对话框中选中“艺术效果”复选框，然后单击“确定”按钮，如图 3–28 所示。

图 3–26　字体文件夹

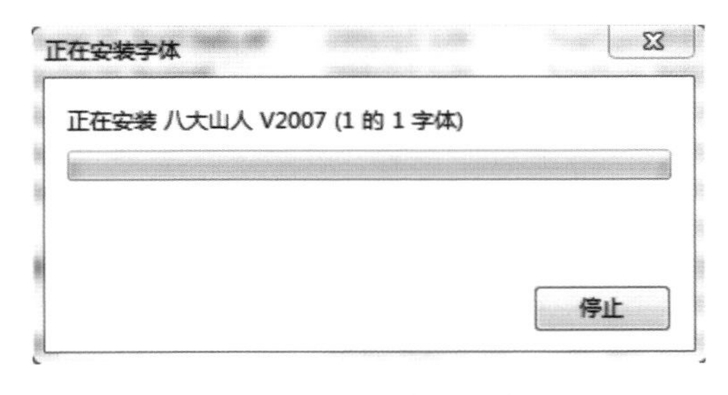

图 3–27　复制、粘贴字体文件

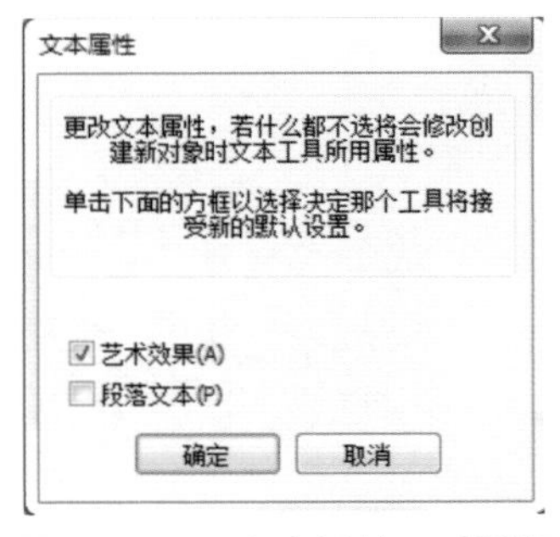

图 3–28　“文本属性”对话框

(9) 使用文本工具字绘制一个文本框，在属性栏中设置尺寸为 150 mm×37 mm，然后在文本框中输入“香榭雅园”四个字，如图 3–29 所示。

将“雅”字设置为 90 点，其他字设置为 60 点，以突出楼盘雅致的特点。将字的颜色设置为 C：96，M：50，Y：95，K：52，然后把文本框移动至广告的左上角，如图 3–30 所示。

香榭雅园

图 3–29 字体完成效果

图 3–30 基本效果完成了

(10) 单击交互式调和工具并按住左键超过半秒，该工具栏的隐藏工具就会显示出来。然后松开鼠标左键，选择交互式阴影工具，在工具属性栏中单击“预设”按钮，在弹出的下拉菜单中选择“平面右下”选项，阴影偏移量 *X* 值和 *Y* 值均设置为 0.2 mm，阴影羽化值设置为 8，如图 3–31 所示。设置完成后的效果如图 3–32 所示。

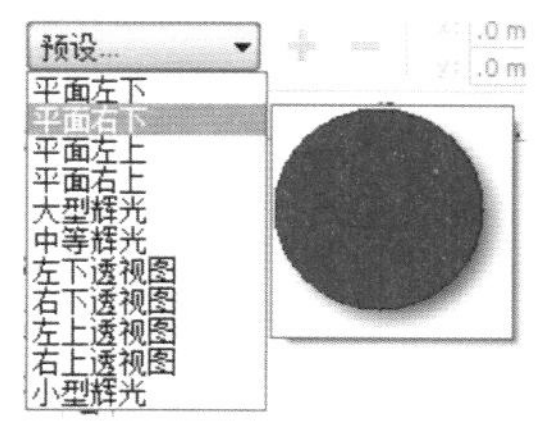

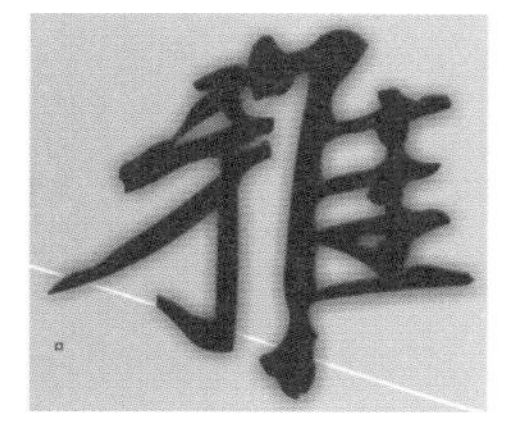

图 3–31 设置投影效果

图 3–32 设置完成后的效果

(11) 选择椭圆形工具，按 Ctrl 键的同时按住鼠标左键并拖曳就能绘制出一个正圆。在工具属性栏里设置圆的直径为 24 mm，不填充任何颜色，将描边颜色设置为 C：84，M：28，Y：93，K：1，将描边的宽度设置为2.83 mm。

➡注意：

打开项目 1 中创建的“图形 1.cdr”文件，选择文本工具字，单击工作区的任意位置，即可插入一个文本框。在属性栏里设置字体样式为“Ebrima”，设置字体大小为 170pt，在文本框中输入单词“HAPPINESS”，如图 3–33 所示。

将前面 6 个字母中的每 2 个字母设计成同一颜色，将最后 3 个字母设计成一个颜色，共 4 种颜色。设置前两个字母 HA 的颜色为 C：0，M：100，Y：0，K：0；设置字母 PP 的颜色为 C：100，M：0，Y：0，K：0；设置字母 IN的颜色为 C：0，M：0，Y：100，K：0；设置字母 ESS 的颜色为 C：100，M：0，Y：100，K：0，如图 3–34 所示。

HAPPINESS

图 3–33 在工作区插入文本框

HAPPINESS

图 3–34 设置完颜色后的效果

如图 3–35 所示，使用快捷键 Ctrl+D 再画出两个圆形。将三个圆形大致水平排列开。然后选择“对齐与分布”命令，对齐三个圆形。使用挑选工具先选中其中任意一个圆形，然后按 Shift 键的同时单击选择另外两个圆形，这样就把三个圆形都选中了，如图 3–36 所示。

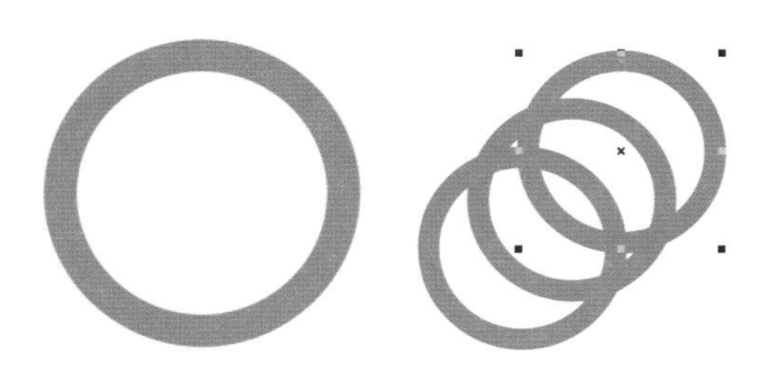

图 3–35 利用再制命令画出三个圆

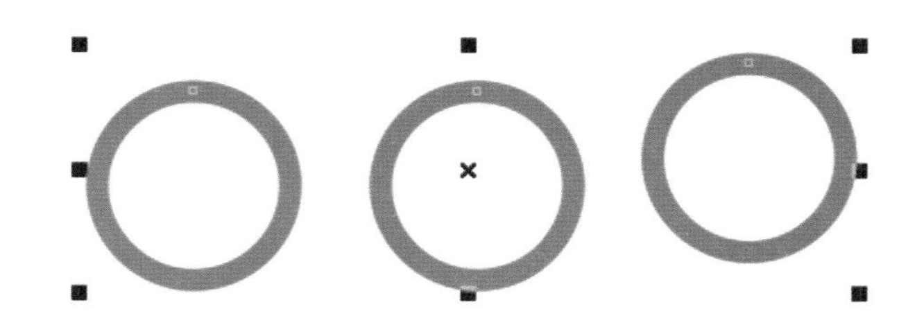

图 3–36 圆形全部被选中的效果

选择“挑选工具”→“对齐与分布”命令，在弹出的“对齐与分布”对话框的“对齐”选项卡中选择中心对齐复选框，如图3-37(a)所示，然后在“分布”选项卡中选择“中”复选框，单击“应用”按钮，查看效果，如图3-37（b）所示。

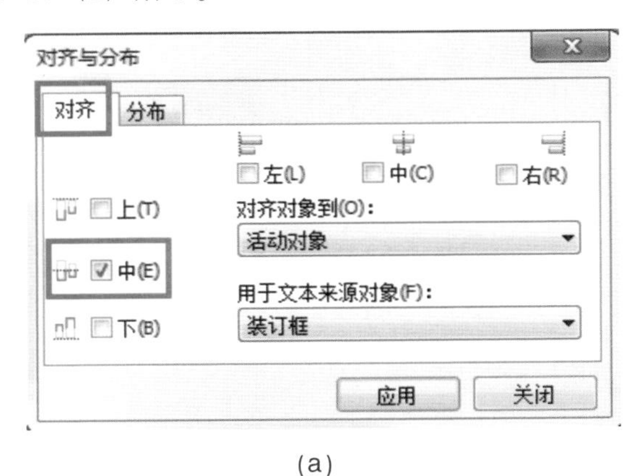

(a)

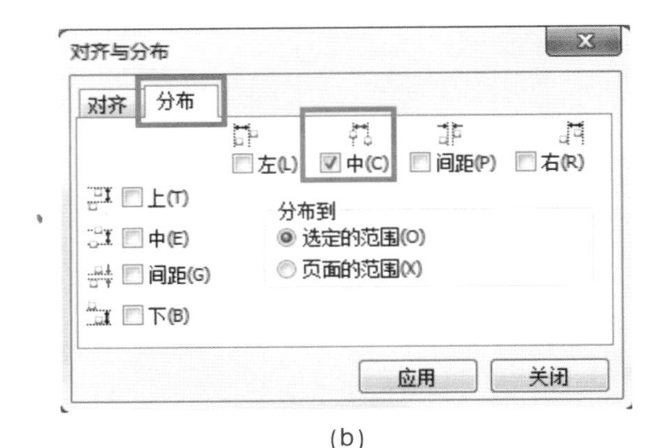

(b)

图 3-37　设置对齐与分布效果

如果三个圆形对齐了，可以单击“关闭”按钮结束当前操作即可。

（12）分别导入“连排洋房 1”和“独栋别墅”两张图片。首先使用挑选工具选中“独栋别墅”，选择“效果”→“图框精确剪裁”→“放置在容器中”命令，如图3-38（a）所示。将鼠标移动至其中一个圆形的中心，这时鼠标变成一个较大的黑色实心箭头，如图3-38（b）所示，在圆形内部单击，图片就自动被剪裁成适合圆形的效果了，如图3-38（c）所示。

(a)　(b)　(c)

图 3-38　设置“放置在容器中”的效果

保持圆形的被选状态，在按 Ctrl 键的同时单击这个圆形，软件自动切换成单独编辑状态（临时把页面中其他图片、文字等都隐藏了），如图3-39（a）所示，移动图片并改变图片的大小，使之达到如图3-39（b）所示的效果。

(a)　(b)

图 3-39　制作完成后的样子

选择“效果”→“图框精确剪裁”→“结束编辑”命令，结束编辑。用上述方法制作出另外两个圆形，如图3-40 所示。

最后，为了让画面更具立体感，可以把广告的背景色添加一种底纹效果。选择底纹填充工具，打开“底纹填充”对话框，在“底纹库”栏中选择“样本 6”，在下拉列表中选择“棉花糖”，在右下方的“天空”和“云”栏是用于设置颜色的，如图3-41 所示，分别把天空设置成绿色、浅绿色（R：204，G：247，B：188），单击“确

图 3-40　利用“放置在容器中”的命令制作另外两个圆形的效果

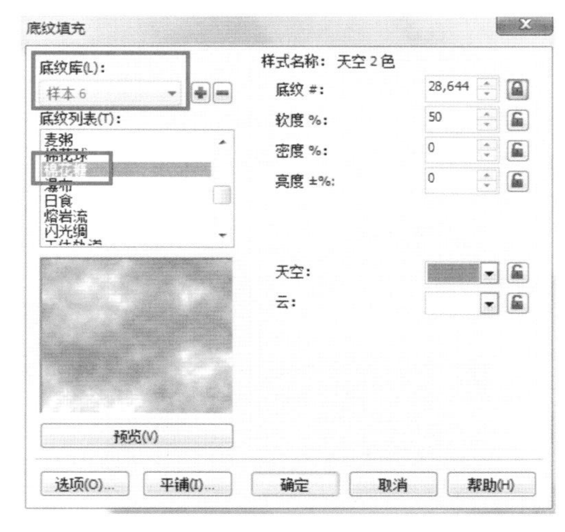

图 3-41　设置底纹填充效果

定”按钮即可。

至此，背景特殊效果就完成了，最终效果如图 3-42 所示。下面就把三个圆形图片放置在“香榭雅园”下方。整体移动这三个圆形，放置到“香榭雅园”4 个字左下方的位置，如图 3-43 所示。最后整体查看作品，确认没有其他问题之后，本项目即可结束。

图 3-42　设置完底纹填充效果

图 3-43　将圆形图片放在合适的位置

【实际操作】学习了那么多知识，下面我们可以动手操作啦！

子项目 1 实施：“香榭雅园”地产报纸广告

下面开始制作锦绣地产的“香榭雅园”地产广告。该广告主要是在报纸上投放，但因为要兼顾用于印刷成册或制作高质量 DM 宣传单的要求，所以将版面设置为竖版，尺寸规格按照 A4 幅面制作（因为是矢量文件，针对不同的发行要求来更改版面尺寸也相对简单一些）。首先查看完成稿，如图 3-44 所示。具体操作步骤详细介绍如下。

（1）打开 CorelDRAW 软件并创建一个 A3 规格的空白文档，更改当前文档的名称。选择“文件”→“另存为”命令，在弹出的“保存绘图”对话框中的“文件名”中输入“香榭雅园地产广告”，保存类型使用默认类型，版本设置为 14.0 版本，如图 3–45 所示。

（2）打开项目 1 中创建的“图形 1.cdr”文件，选择“挑选”工具，在按 Shift 键的同时选择项目 1 中创建的红色星形、彩带和本项目之前编辑的彩色文字，如图 3–46 所示。

图 3–44　最终完成稿的效果

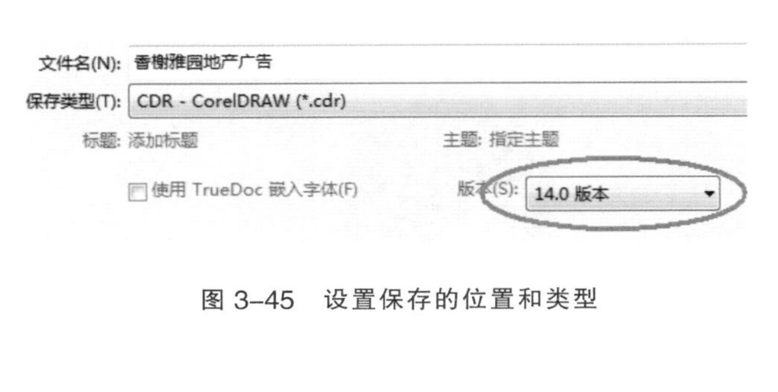

图 3–45　设置保存的位置和类型

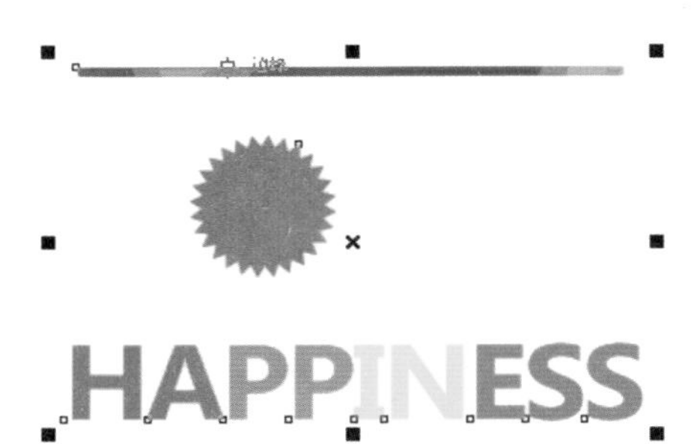

图 3–46　导入项目 1 和本项目中制作的三个图形

➡注意：

如果画面中所创建的图形较为分散，可以将其移动到合适的位置，再选择，如图 3–47 所示。

（a）图形分散　　（b）将图形移动至合适的位置

图 3–47　移动图形的位置

（3）选择“编辑”→“复制”命令，最小化当前文档，恢复“香榭雅园地产广告”文档。使用快捷键 Ctrl+V 把刚才复制的三个图形粘贴至当前文档。

粘贴完成后，可以检查这三个图形的尺寸是否发生变化，尤其是红色星形和彩带。如果尺寸发生变化，可以在挑选工具的属性栏中重新设置尺寸。将红色星形的直径设置为 80 mm，将彩带的尺寸设置为 300 mm × 6 mm，如图 3–48 所示。

（4）使用同样的方法将黄色矩形粘贴至当前文档，使用黄色矩形作为地产广告的背景颜色。可以把黄色矩形放置在画面的中央，同时把之前导入的文字和两个对象放置在旁边，稍后将会用到它们，如图 3–49 所示。

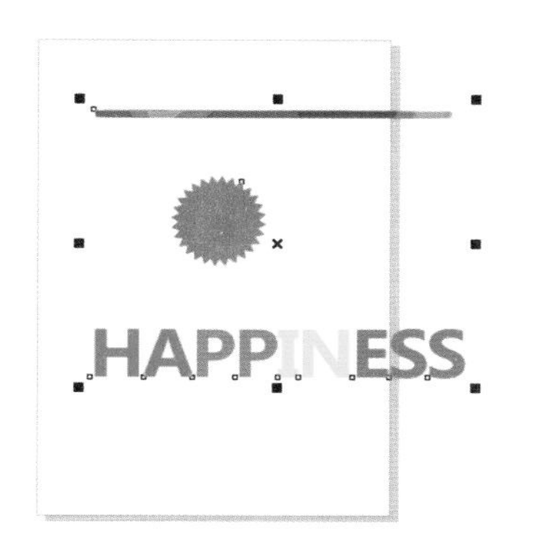

图 3-48　调整三个图形的尺寸

图 3-49　导入黄色矩形后，把上一步导入的三个图形放置旁边

（5）使用挑选工具选中单词，用鼠标右键单击单词，在右键菜单中选择“顺序”→“到图层前面”命令，使文字显示于背景上层，如图 3-50 所示。

从图 3-50 中可以发现，文字的横向宽度超出了矩形宽度，这可以在项目接近完成时再统一修改，现在只需把文字放置在背景色块的中央即可。

（6）在当前文档中输入该项目的宣传文字“动中有静 绝版珍藏”。设置字体为微软雅黑，在属性栏中设置文字粗体显示B，如图 3-51 所示。

图 3-50　使文字显示于背景上方

动中有静绝版珍藏

图 3-51　输入文字

（7）输入“香榭雅园”文字。使用“香榭雅园”作为小标题，“HAPPINESS”则是这则广告的主题。使用文本工具单击画面，设置字体为八大山人字体，设置字号为 48 点。

（8）绘制该楼盘的标志，如图 3-52（a）所示，使用贝塞尔工具绘制曲线对象。先绘制中间黄色的图形，如图 3-52（b）和（c）所示。

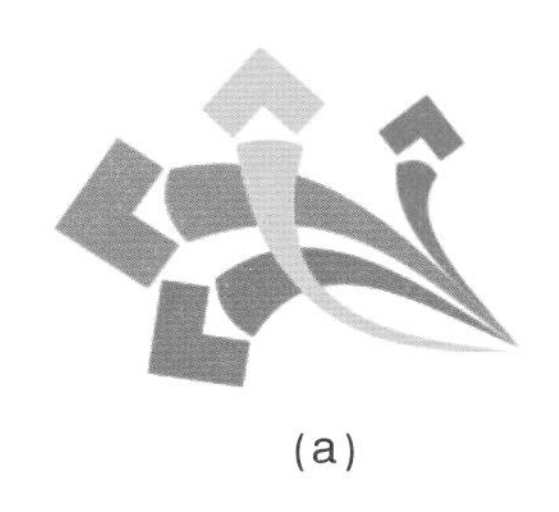

（a）

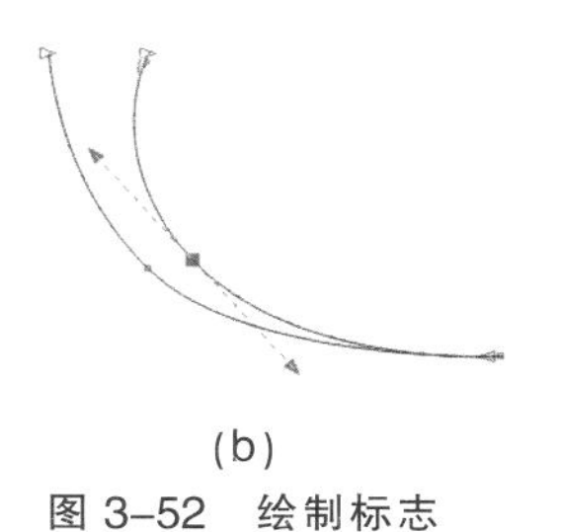

（b）

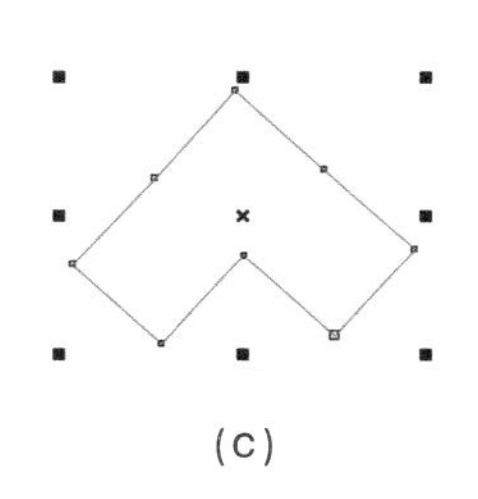

（c）

图 3-52　绘制标志

绘制完成后为该组图形填充深黄色，颜色参数设置为（C：0，M：20，Y：100，K：0），并且无描边效果。

（9）用同样的方法绘制其他的三个图形。标志中的箭头形状可以通过复制、粘贴的方式得到，而不必再次绘制，如图 3-53 所示。

（10）为剩余的三个图形添加颜色，剩余三个图形的颜色从上至下分别设置为：（C：0，M：100，Y：0，K：0），（C：100，M：0，Y：0，K：0），（C：100，M：0，Y：100，K：0），最终效果如图 3-54 所示。

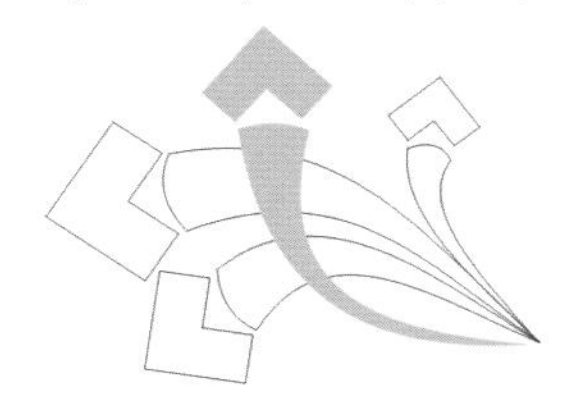

图 3-53　绘制其他三个图形

图 3-54　绘制完成

（11）取消描边效果。绘制完成后的图形放大后可以看到有描边的效果，如图 3–55 所示。使用挑选工具选择全部图形，然后单击色盘最上方的物色填充☒按钮。取消描边的效果如图 3–56 所示。

（12）保持图形的被选状态。在对象图形上面单击鼠标右键，在弹出的菜单中选择“群组”命令，把这些图形组合成一个对象，可方便以后的移动和编辑，如图 3–57 所示。

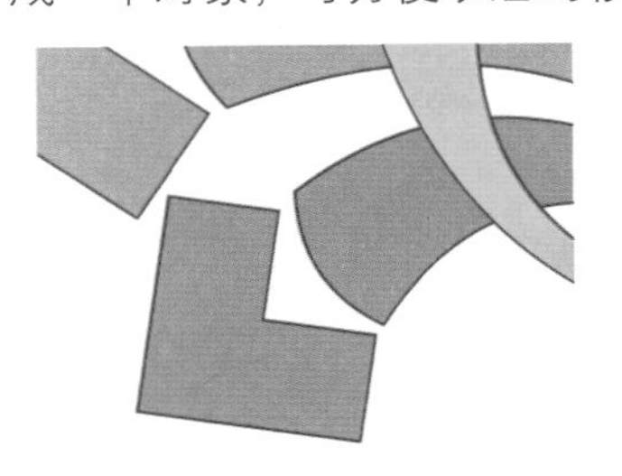

图 3–55　放大后可以看到有描边的效果

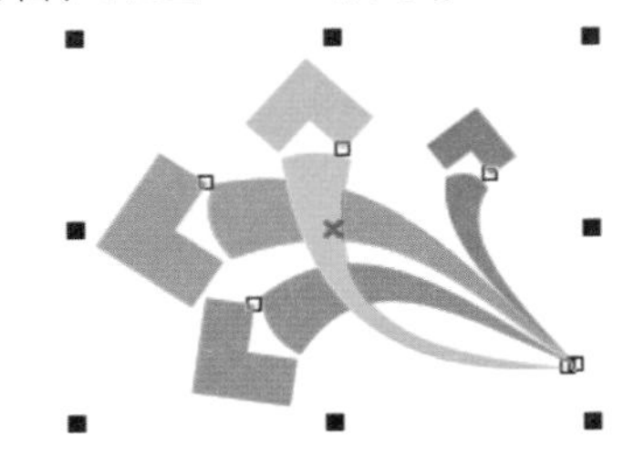

图 3–56　取消描边的效果

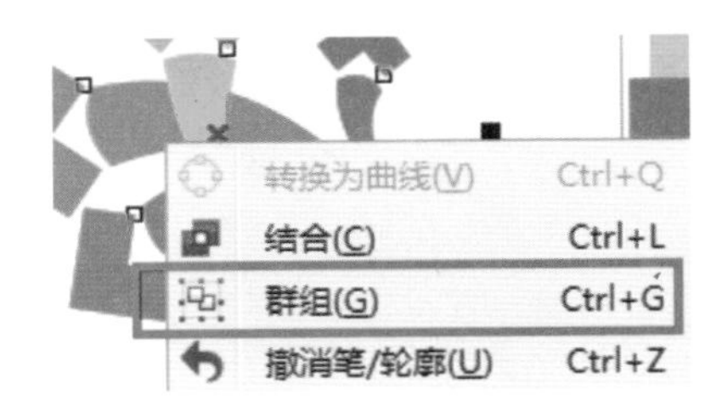

图 3–57　群组改组图形

（13）在画面上用矩形工具绘制一个矩形并填充为白色，无描边效果，设置其尺寸为 300 mm × 60 mm。由于该矩形宽度和黄色背景宽度一致，所以将该矩形与背景图形居中对齐，如图 3–58 所示。

（14）把群组后的标志和文字适当缩小，放置于白色背景上面。如果标志和文字被白色矩形盖住，那么可以使用挑选工具选中标志和文字，单击鼠标右键，在弹出的右键菜单中选择“顺序”→“到图层前面”命令，即可把对象放置在上层，如图 3–59 所示。

动中有静 绝版珍藏

图 3–58　绘制白色矩形

动中有静 绝版珍藏

香榭雅园

图 3–59　把图形摆放到合适的位置

（15）设置“香榭雅园”文字的投影效果，如图 3–60 所示。使用交互式投影工具，从文字上方拖动鼠标至文字下方，然后在属性栏中设置具体参数，如图 3–61 所示。

（16）调整白色背景、标志和文字整体的位置。

（17）导入三张素材图片，分别为“项目 3 背景素材 1.jpg”、“项目 3 背景素材 2.jpg”、“项目 3 背景素材 3.jpg”，这三张图片都是高像素的实景照片，如图 3–62 所示。

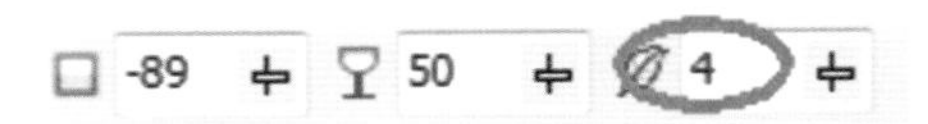

图 3–60　设置文字的投影效果

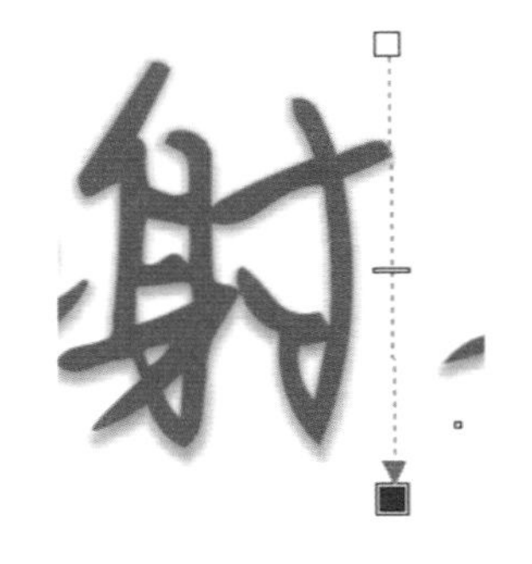

图 3–61　设置参数

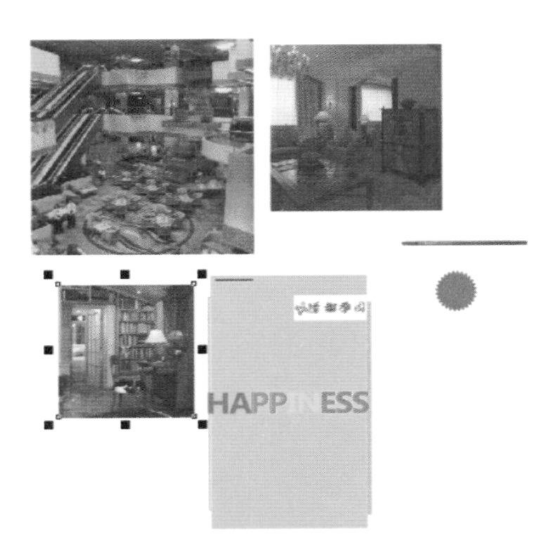

图 3–62　导入三张照片

由于照片的质量都很高，所以应该把三张照片适当缩小，放置在标题“HAPPINESS”的上方。

➡注意：

通常在设计房地产的广告和宣传单时，如果楼盘接近完工或已经完工了，宣传单上所用的图片应该是实景照片，而非效果图；如果楼盘还处于预售阶段或仅仅是刚开工，那么宣传单上的图片可以是效果图。

虽然这个要求不是绝对必要的，但如果按照这个要求设计广告和宣传单，会给消费者一个明显的心理暗示，即从广告上就能体现出来楼盘的整体进度。

（18）把每张照片缩小到 100 mm × 100 mm 的尺寸，这样，三张照片的总体宽度和背景宽度就完全一致了。首先把“项目 3 背景素材 2.jpg”放置在左侧，同时选中该照片和背景，然后在属性栏中选择“对齐与分布”命令，在弹出的对话框中选中左对齐复选框，如图 3-63 所示。

这样，图片的左边缘和背景的左边缘就完全重合了。

（19）同时选中三张照片，再次选择“对齐与分布”命令。在弹出的“对齐与分布”对话框中选中上对齐复选框，这样三张照片就横向对齐了，如图 3-64（a）所示。然后再微调照片的位置，使三张照片均匀分布，如图 3-64（b）所示。

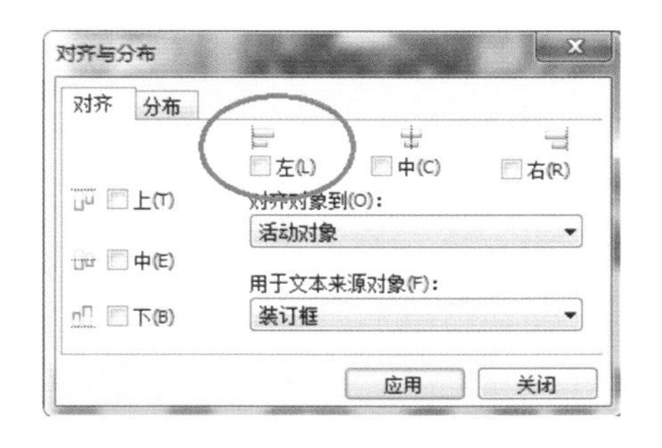

图 3-63　设置左对齐

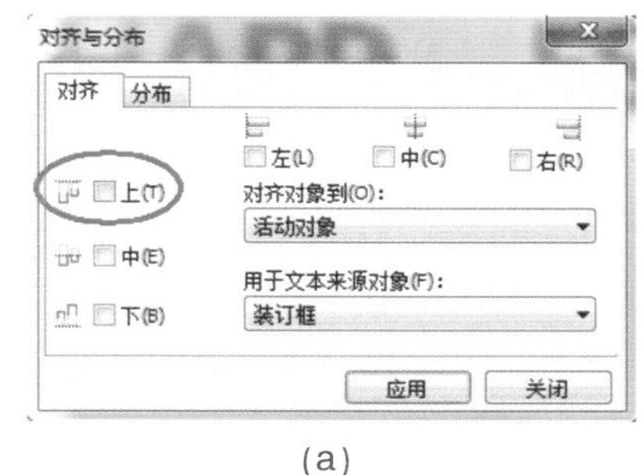

（a）

（b）

图 3-64　设置上对齐

（20）把彩带移动至图片下方。由于彩带宽度正好就是 300 mm，所以在“对齐与分布”对话框中选中中心对齐复选框（见图 3-65）即可把彩带和背景色块沿中心对齐，如图 3-66 所示。

（21）在英文标题下方输入文字“锦华广场的后现代繁华”，字号设置为 30 点，字体设置为微软雅黑字体。然后输入广告词“专享，繁华市区的华丽”，字号设置为 76 点，字体设置为八大山人字体，如图 3-67 所示。

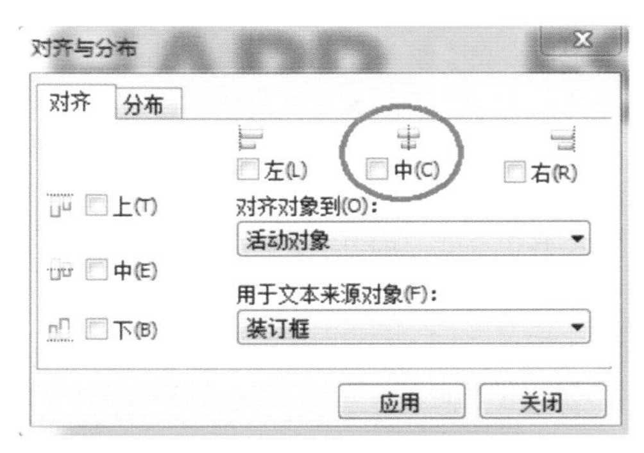

图 3-65　设置中对齐

图 3-66　对齐图形

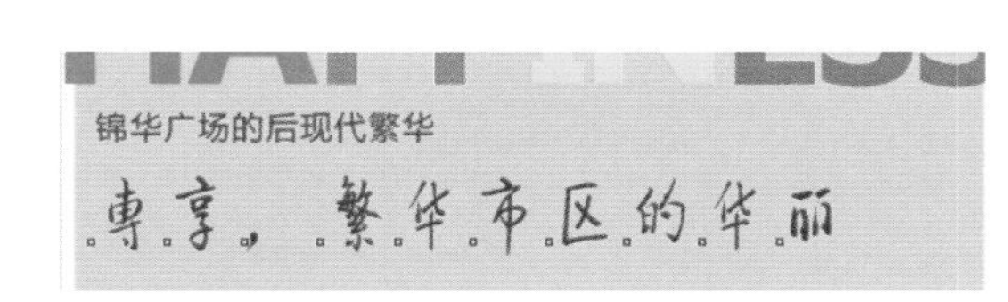

图 3-67　输入标题

（22）在广告词的下方输入以下文字，字号设置为 26 点，字体设置为迷你简体，如图 3-68 所示。

∮ 锦华广场，市中心繁华地标

∮ 超过 10 条公交线路

∮ 国家级生态公园近在咫尺，坐享天然氧吧

∮ 40%绿化覆盖率成为地区标杆

图 3-68　设置字体

（23）下面可以把红色星形放置在文字旁边，但是发现星形还是有些小，此时可以把星形直径放大至 120 mm。为星形设置交互式阴影效果，并将阴影羽化值设置为 5，如图 3–69 所示。

（24）在星形内部输入文字“美好生活，即刻拥有”，设置字号为 22 点，设置字体为微软雅黑字体，并填充为白色，然后旋转 25° 左右。设置完成后的效果如图 3–70 所示。

（25）接着输入文字“$88m^2$–138 m^2 现房发售中！！”。字体要求同上，旋转角度也和上一步的操作相同。完成后的效果如图 3–71 所示。

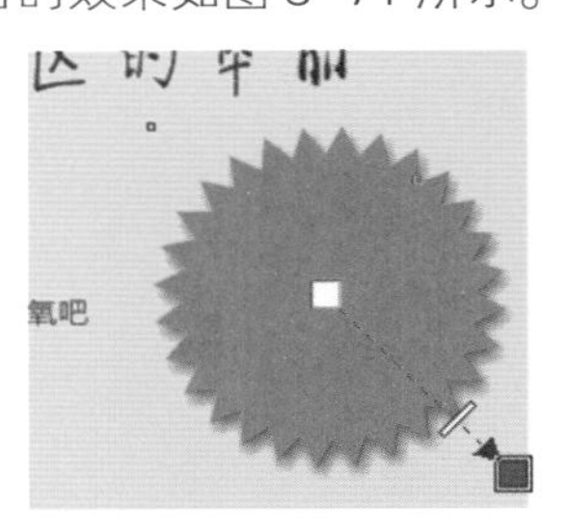

图 3–69 设置星形投影

图 3–70 输入文字

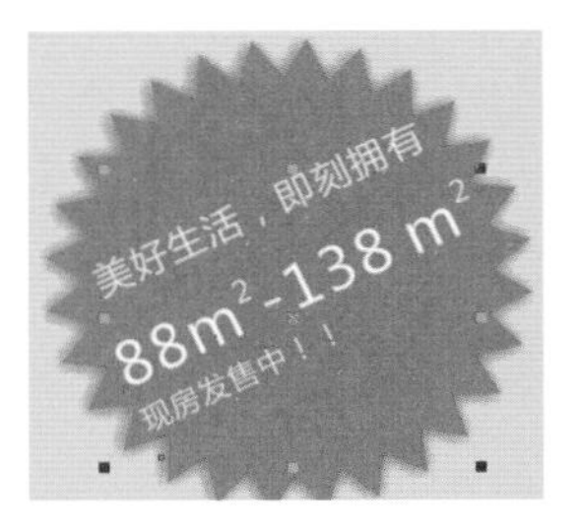

图 3–71 输入文字并旋转

（26）制作广告下方的 6 个小标签，每个标签颜色都不相同，这样可以使整体广告设计显得时尚、豪华。6 个标签的尺寸为 55 mm × 30 mm，注意颜色的数值要正确，颜色的值分别设置如下。完成后的效果如图 3–72 所示。

C：15，M：0，Y：0，K：0；
C：0，M：15，Y：0，K：0；
C：0，M：41，Y：85，K：0；
C：28，M：0，Y：32，K：0；
C：1，M：48，Y：32，K：0；
C：12，M：34，Y：4，K：0。

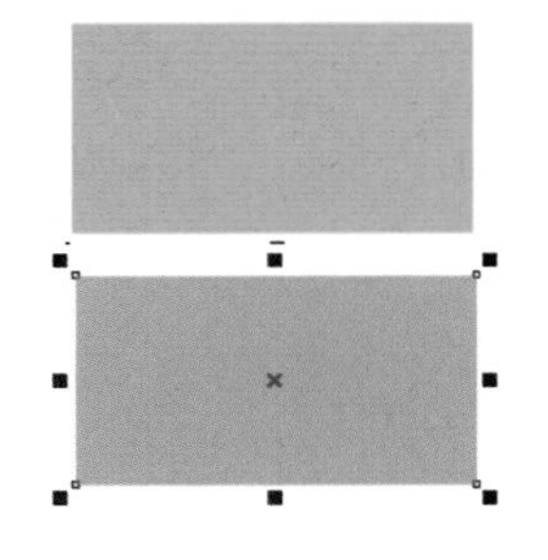
图 3–72 绘制标签

（27）在每个矩形内部添加文字内容，按照图 3–73 所示的标准来输入。其中，标题用 19 点的宋体字，段落文本用 12 点的宋体字。输入完成后的效果如图 3–74 所示。

图 3–73 在标签中输入文字

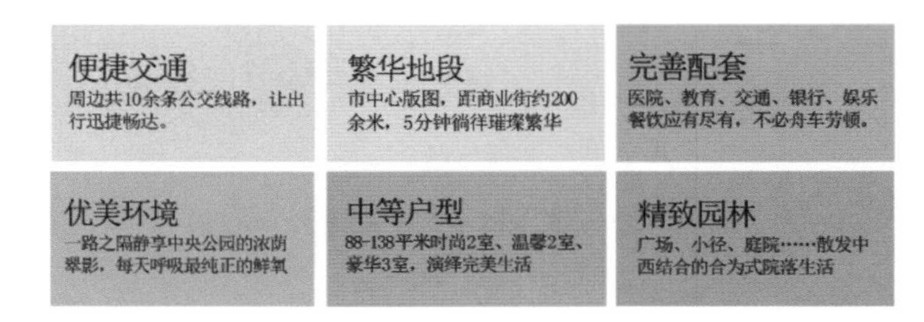

图 3–74 全部输入完成后的效果

（28）把 6 个标签放置在广告的下方，设置每个标签间的距离为 22 mm 即可，如图 3–75 所示。

（29）绘制地图中的地标。首先查看图 3–76 所示的完成效果图。

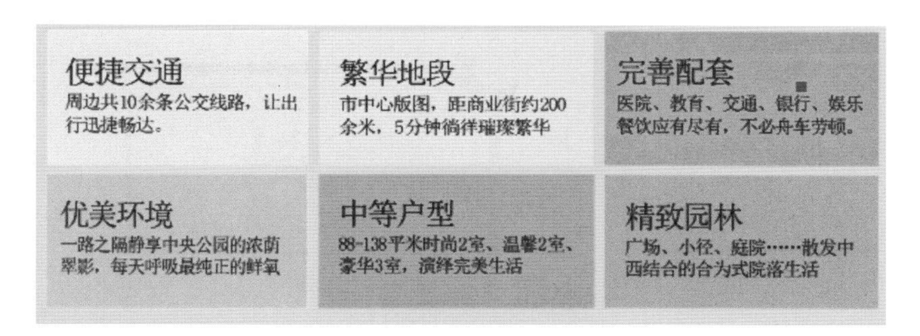

图 3–75　移动到广告幅面中的效果

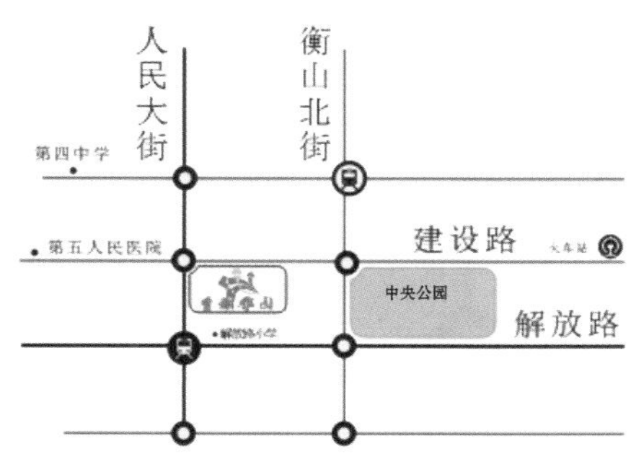

图 3–76　地图的效果

需要注意的是，表示街道的线条宽度应设置为 0.5 mm，在挑选工具的属性栏中选择“轮廓宽度” .5 mm 命令，在其中设置该值为 0.5 mm 即可。表示十字路口的装饰圆分为两层，把中间浅黄色的圆放置于黑色的圆上面，如图 3–77（a）所示。火车站标志可用椭圆工具和贝塞尔工具绘制，如图 3–77（b）所示。

标注文字时，街路的名称字号设置为 13 点，用竖排文字的方式书写，地址名字号设置为 7 点，字体均设置为宋体，如图 3–78 所示。

(a)　(b)

图 3–77　绘制路口标志和火车站标志

图 3–78　输入文字

下面绘制有轨电车站点的标志。先使用贝塞尔工具绘制出公交车正面的曲线轮廓，然后再绘制内部代表车窗和车灯的图形，并摆放好位置，如图 3–79 所示。

把这两组图形放置在合适的位置后，在对象上面单击鼠标右键，在弹出的右键菜单中选择“结合”命令，就可以出现如图 3–80 所示的效果了。

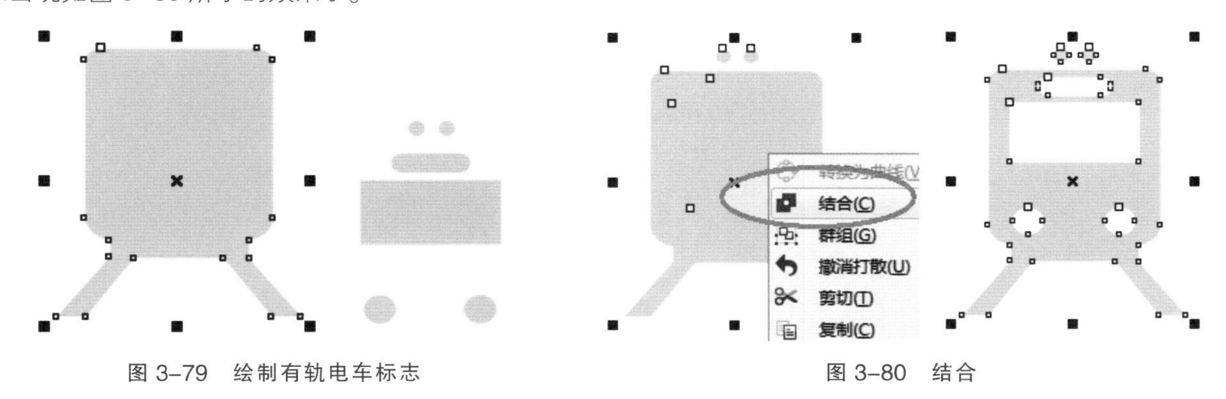

图 3–79　绘制有轨电车标志

图 3–80　结合

其中，表示有轨电车站点图标后方的黑色圆的尺寸要稍大些，其他表示路口的装饰性圆的尺寸可以小些，如图 3–81 所示。

（30）绘制表示公园的绿色图形，颜色设置为（C：20，M：0，Y：60，K：0），不描边。在图形中央输入文字“中央公园”。这个图形绘制完成后再复制一个，后面可以用作表示香榭雅园位置图形的外轮廓。

（31）把香榭雅园的文字和楼盘标志复制并移动到相应位置，如图 3–82 所示，使文字和标志适合于轮廓图形，然后将文字颜色设置为青色。

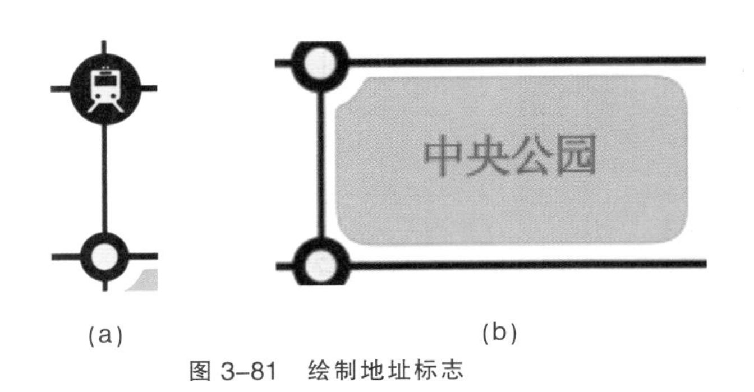

图 3-81　绘制地址标志

图 3-82　绘制楼盘地理标志

（32）下面就可以把地图完整地绘制出来了，如图 3-83 所示。

（33）把地图中所有对象全部选中，群组地图。然后放置到红色星形阴影的下方。为了能更加突出地图，可在地图下方放置一个尺寸为 87 mm×62 mm 的矩形，颜色设置为（C：2，M：4，Y：13，K：0），如图 3-84 所示。

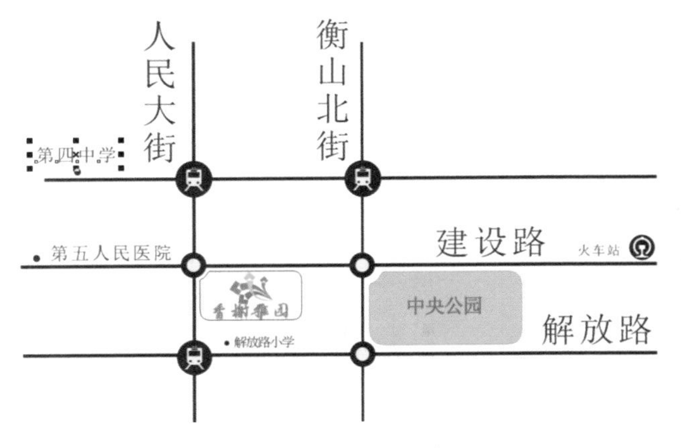

图 3-83　完成后的效果

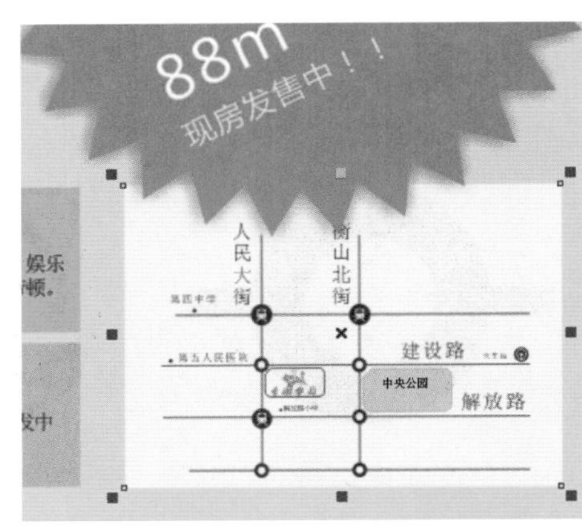

图 3-84　把地图放置在页面中并调整大小

（34）输入文字“实景现房发售，投资居住皆可”，字体设置为华文细黑，字号设置为 38 点，颜色设置为（C：52，M：72，Y：98，K：11）。将其放置于标签的上面，如图 3-85 所示。

图 3-85　输入文字

（35）最后，附上开发商的联系方式和地址。在广告的底部输入文字“庭院专享接待：67856888”，“项目地址：人民大街 256 号，人民大街和建设西路交汇处”，如图 3-86 所示。

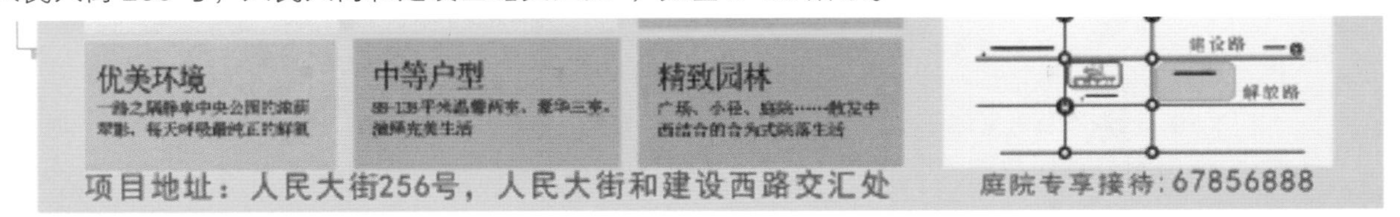

图 3-86　输入地址和联系方式

（36）处理英文标题文字太大的问题。先使用挑选工具选中英文标题，在标题外围会出现八个黑色的方形控制点，此时按 Shift 键的同时拖动右下角的一个控制点，这样就可以在文本中心缩放文本大小。调整文字大小至与背景颜色宽度一致即可，如图 3-87 所示。

（37）最后设置“香榭雅园”白色背景的底纹效果。可以先把香榭雅园和标志放到旁边，这样可以更好地查看白色矩形，编辑完成后再把文字和标志放回原处。

在工具箱中选择“填充”→“底纹填充”，弹出“底纹填充”对话框。在“底纹库”中选择“样品”，然后在对应的“底纹列表”中选择“晨云”。在右侧的颜色设置里，将天空的颜色设置为（R：227，G：247，B：255）；将大气的颜色设置为（R：245，G：25，B：255）；将云的颜色设置为（R：250，G：255，B：255），如图 3–88 所示。

图 3–87　调整英文的大小

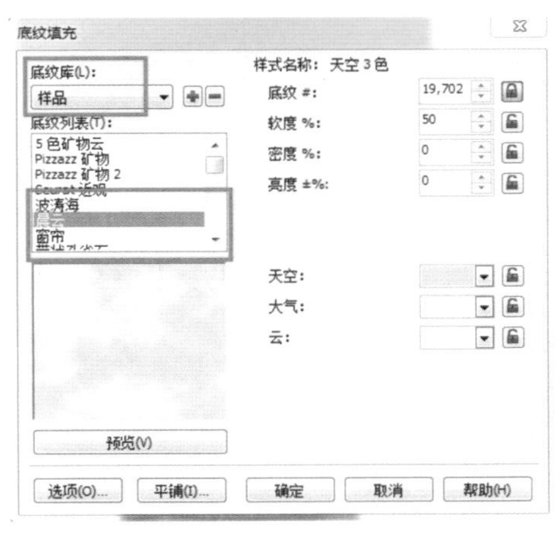

图 3–88　“底纹填充”对话框

制作完成后会发现每次执行底纹填充时，矩形内部的效果都不一样，这是因为底纹填充是随机生成的效果，每一次执行该命令所得到的效果都会不一样，如图 3–89 所示。

制作完成后，可把文字和标志放回原处，如图 3–90 所示。

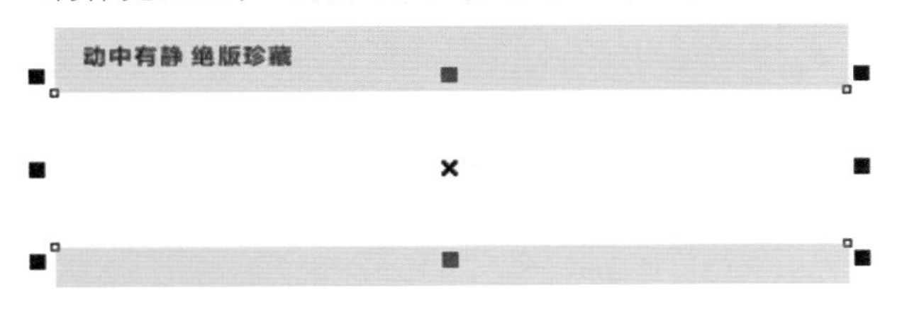

图 3–89　底纹填充完后的效果

图 3–90　把文字和标志放回原来位置

（38）将当前文档缩放至合适的比例。全局查看该项目是否还有遗漏或是不符合主题的地方，最后的校对和检查过程同样重要，如图 3–91 所示。

(a)

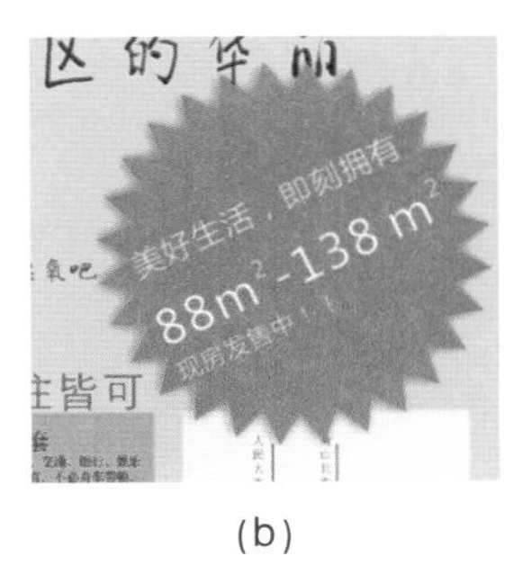

(b)

图 3–91　最后修改

（39）编辑红色星形内部的特殊效果，如图 3–92 所示，把红色的星形内部颜色绘制成渐变效果。在工具箱中选择交互式填充工具，在红色星形中间按住鼠标左键并拖动，拖动滑动条两端的方形控制点来改变渐变填充的效果，如图 3–92 所示。

可以看到，当前星形只有红色。滑动条左边红色的方框代表起始点，右边就是白色的终点，代表填充白色，而中间的细滑动条则代表着颜色过渡的位置，如图 3-93 所示。

图 3-92　调整交互式填充效果

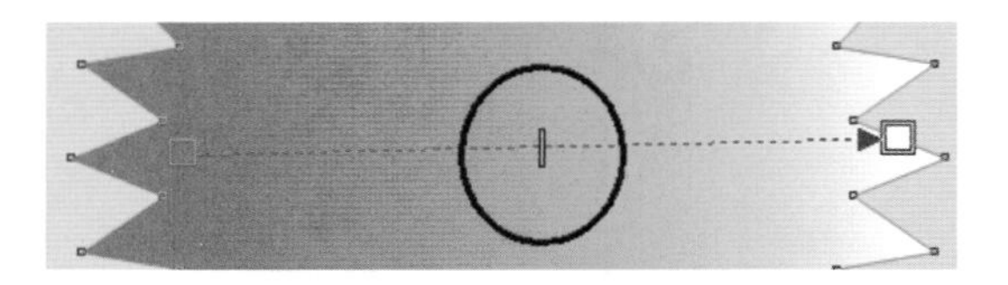

图 3-93　交互式填充手柄中间的滑动条

最后调整交互式填充的效果，如果对文字的大小不满意，可以再次修改文字大小，直至满意为止。

至此，该任务结束。保存文件至计算机磁盘中即可。

3. 网状填充工具

在对象中进行网状填充时，可以产生独特的效果。例如，可以创建任何方向的平滑的颜色过渡，而无须创建调和或轮廓图。应用网状填充时，可以指定网格的列数和行数，而且可以指定网格的交叉点。创建网状对象之后，可以通过添加和移除节点或交点来编辑网状填充网格，也可以移除网状填充，如图 3-94 所示。网状填充效果设置如图 3-95 所示。

(a) 原始图片

(b) 应用网状填充

图 3-94　网状填充的应用

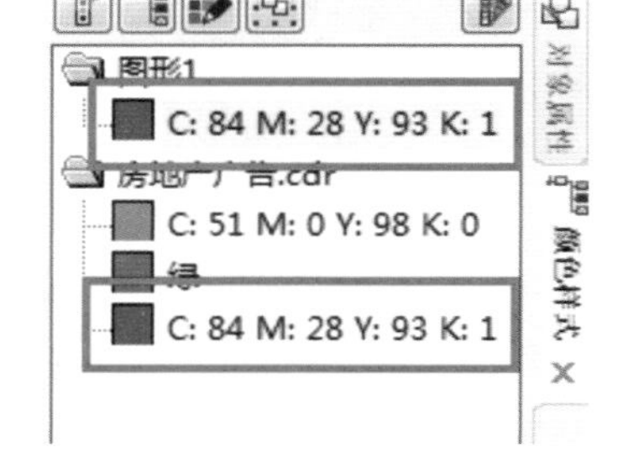

图 3-95　网状填充效果设置

网状填充只能应用于闭合对象或单条路径。如果要在复杂的对象中应用网状填充，首先必须创建网状填充的对象，然后将它与复杂对象组合成一个图框精确剪裁对象。可以将颜色添加到网状填充的一块和单个交叉节点，也可以选择混合多种颜色，以获得更为调和的外观，如图 3-96 所示。

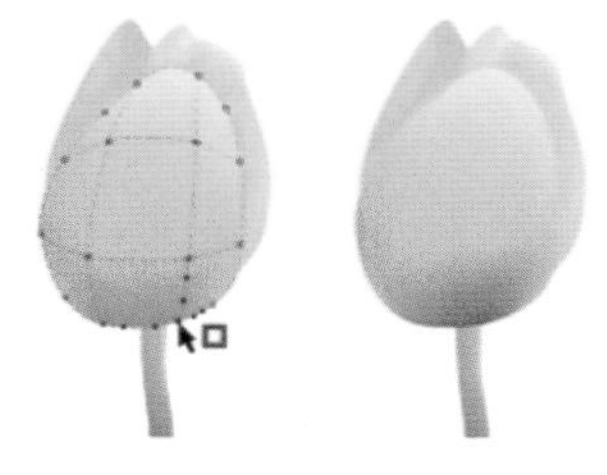

(a) 将颜色添加至网状填充

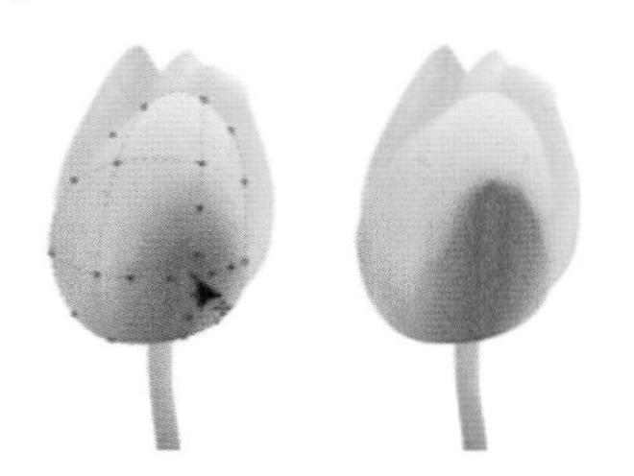

(b) 移动交叉节点调整渐变序列颜色

图 3-96　使用网状填充添加和调整颜色

网状填充的具体操作方法如下。

(1)　选择对象。

(2) 在工具箱中选择网状填充工具。

(3) 在属性栏上的“网格大小”框顶部输入列数。

(4) 在属性栏上的“网格大小”框底部输入行数，然后按回车键。

(5) 调整对象上的网格节点。

4. 复制颜色、填充颜色

一个绘图中的颜色是可以复制和移动的，即可以将颜色从一个绘图复制到另一个绘图。例如，可进行如下操作。

(1) 打开“香榭雅园地产广告”。

(2) 新建一个绘图，默认名称为“图形 1”。

(3) 选择“窗口”→“垂直平铺”命令，把两个文件在工作区中以垂直方式同时显示。

(4) 选择“工具”→“颜色样式”。

(5) 单击“香榭雅园地产广告”里的背景颜色，在“颜色样式”泊坞窗中显示出该颜色，把该颜色拖动至“图形 1”文件夹中，那么“香榭雅园地产广告”里的背景颜色（黄色）就加载至“图形 1”中了，如图 3–97 所示。

该方法在多任务同时编辑，或者把当前编辑的颜色留存到其他文档的时候非常有效。而填充颜色有多种方法，最常用的方式就是在绘制完图形后，直接选择色盘中的颜色即可。

图 3–97 复制颜色

【实际操作】学习了那么多知识，下面我们可以动手操作啦！

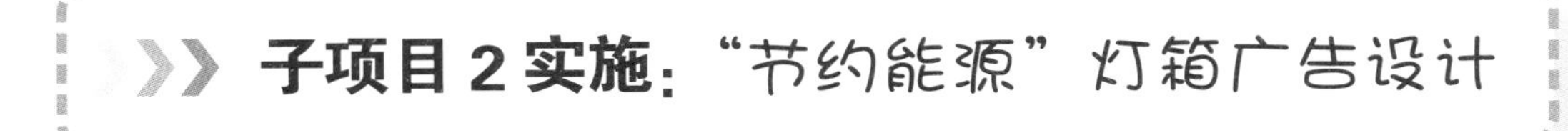

子项目 2 实施：“节约能源”灯箱广告设计

图 3–98 灯箱广告的完成图

首先查看完成作品，如图 3–98 所示。

制作出图 3–98 所示的效果，需要用到矩形工具、交互式立体化工具、文本工具、组合效果等。下面分步骤进行讲解。

(1) 使用矩形工具绘制一个矩形，尺寸设置为 85 mm × 125 mm。

(2) 选择“渐变填充”工具，在弹出的对话框中设置渐变色为线性，设置角度为 79°，颜色调和设置为自定义，在渐变条中依次设置冰蓝、白、冰蓝、白、冰蓝、白。在图 3–99 中的红圈范围内双击鼠标左键即可添加颜色标。

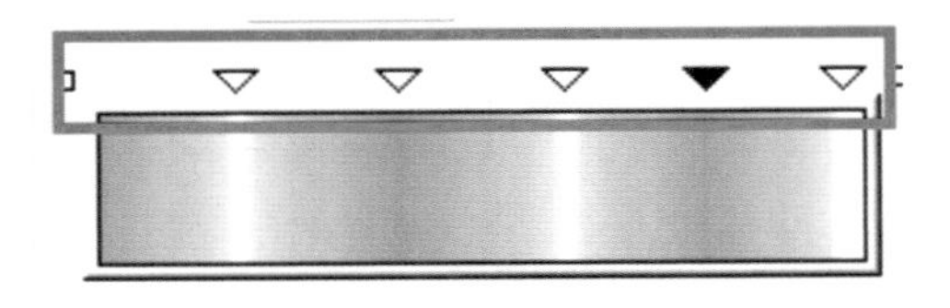

图 3–99 渐变填充效果

(3) 单击“确定”按钮，即可把矩形填充完成。

(4) 使用矩形工具在当前页面绘制一个比现有矩形更小的矩形，然后选择“排列”→“顺序”→“在后面”命令，把鼠标移至渐变色矩形上面，当鼠标变为箭头标志➡时单击矩形，那么小矩形就放置在渐变矩形后面了，如图 3–100 所示。

(5) 选中小矩形，选择“渐变填充”工具，在“渐变填充”对话框中的“类型”处选择线性，角度设置为 0，颜色调和设置为自定义，颜色分别设置为蓝、白、白、蓝、白、蓝、白，如图 3–100 (b) 所示。

(6) 单击“确定”按钮完成填充。

(7) 使用交互式立体化工具，在上一步绘制的矩形上拖动设置立体效果，如图 3–101 所示。

(8) 使用同样的方法把大矩形也绘制出立体化效果。这样，灯箱的外轮廓就完成了。

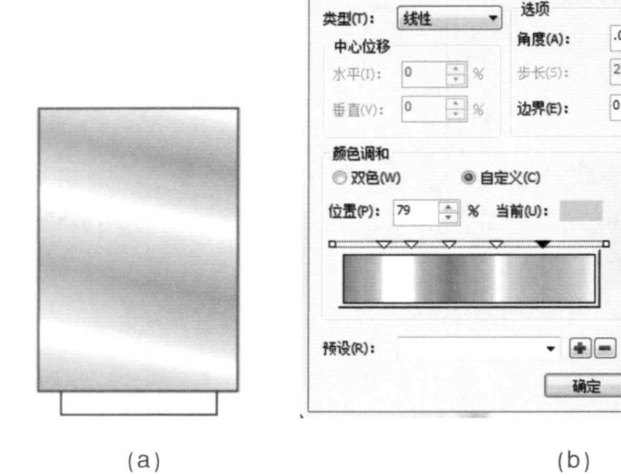

(a) (b)

图 3–100 渐变填充效果

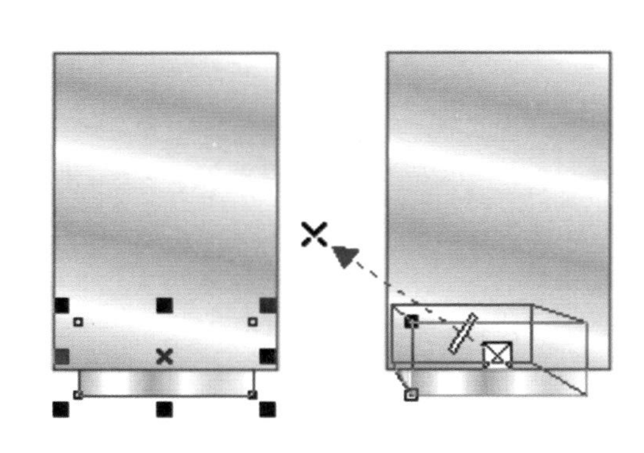

图 3–101 应用交互式立体化工具

(9) 在灯箱的上面绘制一个矩形，并保持该矩形处于被选中状态，如图 3–102 所示。

(10) 在工具箱中选择“渐变填充”工具，在弹出的“渐变填充”对话框中设置“类型”为线性，角度设置为 –175° ，颜色调和设置为双色，颜色设置为由蓝到白的渐变，如图 3–103 (a) 所示。

(11) 去除这个矩形的轮廓线（无描边），复制这个矩形，将两个矩形摆放到灯箱上边缘的对称位置，如图 3–103 (b) 所示。精确调整时可使用键盘上的方向键来仔细调整。

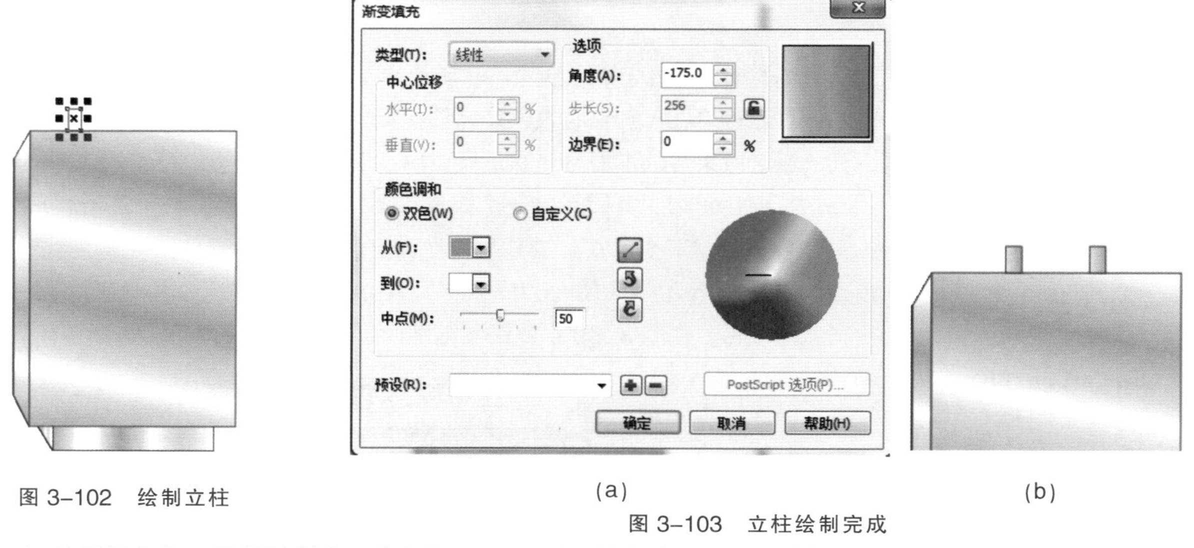

图 3–102 绘制立柱

(a) (b)

图 3–103 立柱绘制完成

(12) 使用贝塞尔工具绘制出一个如图 3–104 所示的多边形，这是路标指示牌。

（13）使用“渐变填充”工具设置填充类型为线性，自定义颜色设置为蓝、蓝、灰、蓝、青、蓝、灰。填充完后单击“确定”按钮。

（14）同样使用交互式立体化工具做出立体化效果，如图 3–105 所示。把两个小立柱放置在路标指示牌上方并调整其大小。

（15）使用挑选工具选择上一步的图形，然后复制出一个相同的图形，填充为白色，无描边效果。使用挑选工具选中白色图形，在按 Shift 键的同时拖动图形边框的锚点（图 3–106 中红圈内部实心点）来按比例缩放白色图形，效果如图 3–106 所示。

（16）选择文本工具，在白色图形框内部单击鼠标左键，在文本框中输入“新工一条方向”，如图 3–107 所示。

（17）使用鼠标左键选中全部文本，然后在文本工具属性栏的字体下拉式列表中选择黑体，设置字号为 15 点，颜色保持黑色，最后调整文字显示的位置即可，如图 3–108 所示。

（18）使用箭头工具绘制一个箭头放置在文字的右侧，箭头的尺寸和文字高度保持一致即可。绘制完成后仔细调整箭头的位置，如图 3–109 所示。

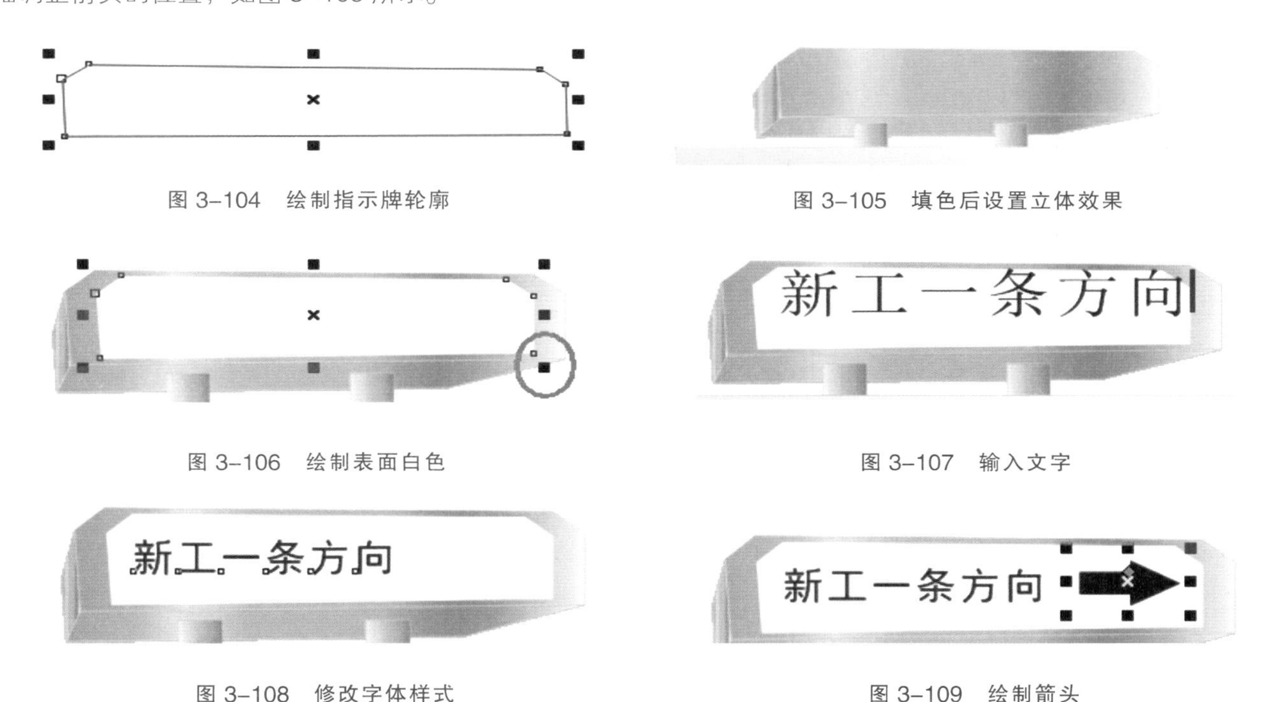

图 3–104　绘制指示牌轮廓

图 3–105　填色后设置立体效果

图 3–106　绘制表面白色

图 3–107　输入文字

图 3–108　修改字体样式

图 3–109　绘制箭头

（19）把箭头图形填充为黑色，取消描边。灯箱的路标部分就制作完成了。

（20）选择灯箱广告板，复制出一个相同的图形，按照步骤（15）的方法按比例缩小矩形，然后填充为白色，无描边效果，如图 3–110 所示。

（21）导入素材“ECOBIO 幅面.png”图片。该图片是 POD Energy 公司的倡导低碳、清洁能源的宣传主题。导入后发现图片很大，把图片缩小至灯箱能容纳的范围即可，还需导入一个小图标“POD ICON.jpg”。输入文字内容“low carbon/BIO”，字体设置为 Segoe UI Semibold，字号为 26 点，颜色值设置为 C：3，M：58，Y：85，K：0。再次输入一行文字“POD ENERGY”，放置在画面的右下角，设置字体为 Arial，字号设置为 11 点，把图标“POD ICON.jpg”缩小，放置在文字的右下角，效果如图 3–111 所示。

至此，总体效果设置完成了。但是为了进一步加强导入的图片中绿色叶子的视觉效果，需要重新编辑一片叶子，然后覆盖到原图叶子的位置，如图 3–112 所示。

若想绘制出图 3–112 所示的效果，首先使用钢笔工具或贝塞尔工具绘制一片叶子，如图 3–113 所示。

图 3-110　完成图

图 3-111　导入素材并调整大小

图 3-112　修改后的效果

然后选择工具箱中的网状填充工具，叶子内部就会出现 3×3 的小格，表示软件自动把叶子按照 3×3 的格局分成了 9 个部分，如图 3-114 所示。此时可以调整节点位置，也可以保持默认效果。本任务中保持默认效果即可。

使用色盘中的 3 个颜色填充这片叶子：绿、酒绿和月光绿。

把绿色用鼠标左键拖放至图 3-115 中的红色圆圈中，把酒绿色拖放至图 3-116 中的红色圆圈中。

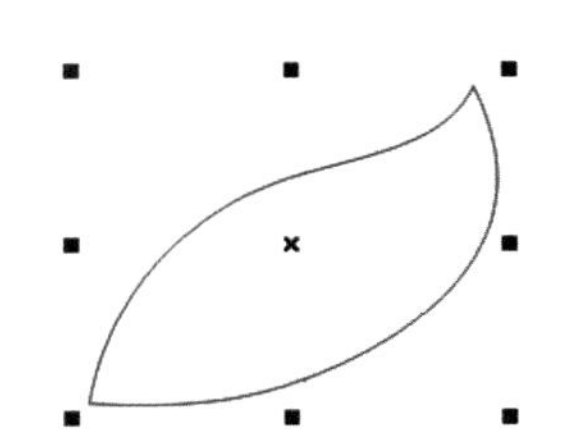
图 3-113　绘制一片叶子

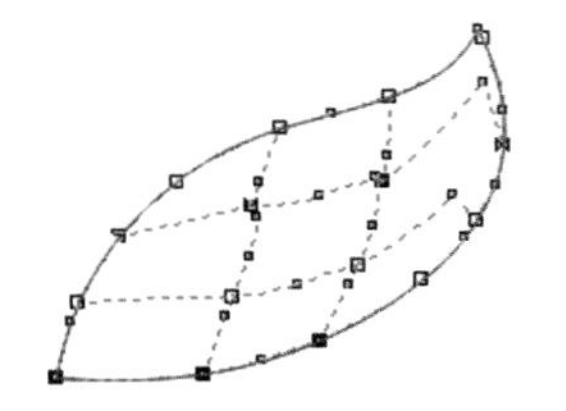
图 3-114　使用网状填充工具

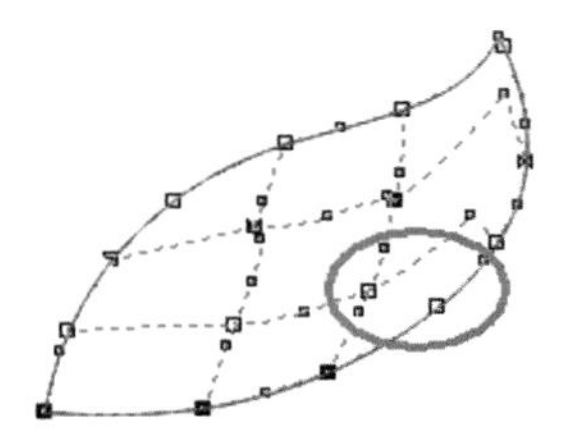
图 3-115　把绿色拖放至此处

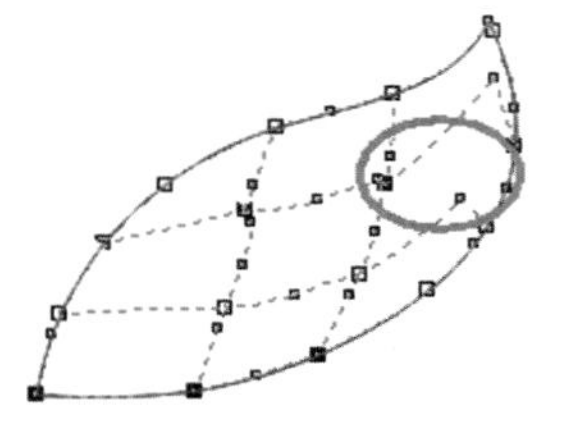
图 3-116　把酒绿色拖放至此处

最终效果如图 3-117 所示。

再次把酒绿色拖放至图 3-118 中标注的红色圆圈中，把月光绿色拖放至图 3-119 所示的红色圆圈中。

最上方的三个格子中不添加任何颜色，这样就能表现出柔和过渡的效果了，如图 3-120 中红色箭头标明的格子。

最后移动这片叶子至相应的位置并调整大小，把原图的绿色叶子覆盖即可。至此，灯箱广告就制作完成了，如图 3-121 所示。

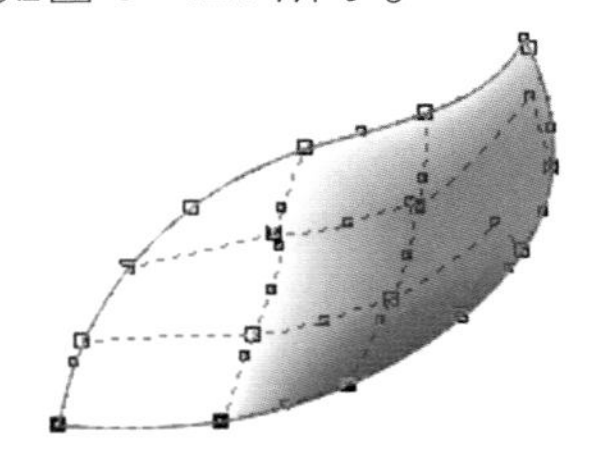
图 3-117　最终效果

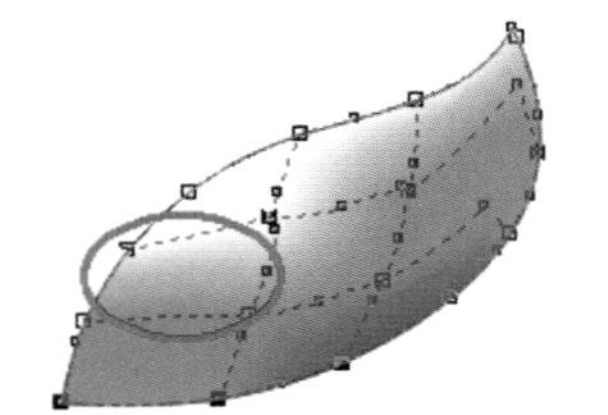
图 3-118　把酒绿色拖放到红色圆圈中

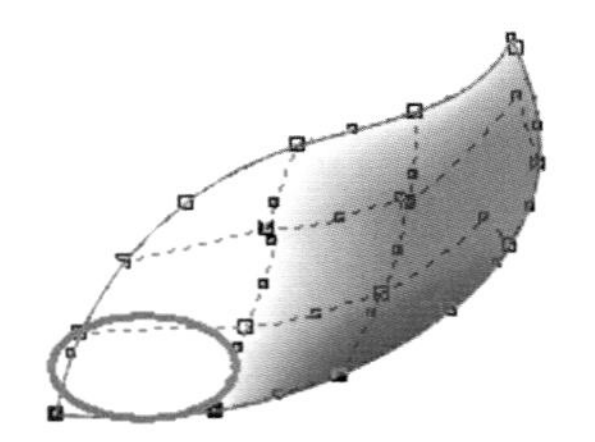
图 3-119　把月光绿色拖放到红色圆圈中

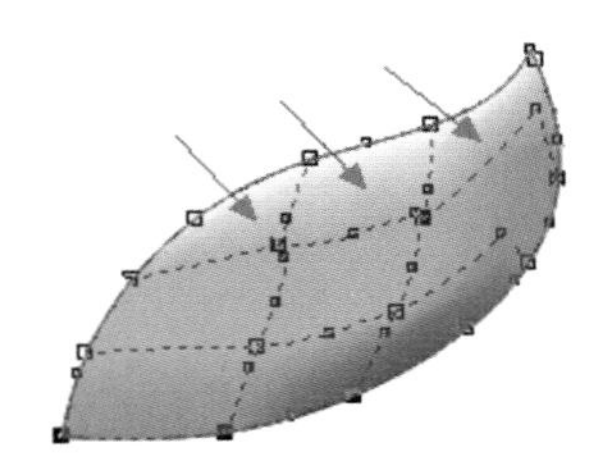
图 3-120　最上方三个格子不添加任何颜色

图 3-121　完成稿

项目小结

本项目中的两个子项目都用到了交互式工具，交互式工具能做出平滑过渡的柔美效果，能发挥出矢量绘图软件的特点。而且任务所针对的领域都是平面印刷类媒体，这就要求设计者既要具备一定的美术鉴赏能力，又对相关行业有所了解。

习题 3

一、选择题

1. 如果打开的文件中缺少某种字体，软件会（　　）。

   A.自动替换缺失字体　　B.空出字体位置

   C.修改选取工具的属性　　D.出现对话框让用户选择

2. 将 CorelDRAW 文档以 HTML 格式发布后文件名是（　　）。

   A.源文件名.html　　B.源文件名.htm

   C.源文件名.cdr　　D.源文件名.http

3. 选择群组内的对象，应按住（　　）键。

   A.Ctrl　　B.Shift

   C.Alt　　D.Esc

4. 位图组成的基本单位是（　　）。

   A.矢量　　B.对象

   C.像素　　D.DPI

5. 关于页面背景，下列说法正确的是（　　）。

   A.只能添加位图　　B.只能添加 JPEG 格式的图片

   C.可以嵌入文档　　D.以上都不正确

二、填空题

1. 在调色板模式中，允许的最大色彩数是________。
2. CorelDRAW X4 中，要进行撤销、重做或重复某动作的操作，相关命令应在________菜单里选择。
3. 根据位置的不同，辅助线可以分为________、________、________三种。
4. 在 CorelDRAW X4 中插入条形码，相关命令应在________菜单里选择。
5. 在 CorelDRAW X4 中制作稿件时常遇到“出血”的问题，出血值通常设置为________毫米。

VI设计

VI SHEJI

项目描述

交互式工具是平面设计中一个重要的组成部分。一幅优秀的设计作品要根据画面的需要运用不同的交互式工具。在 CorelDraw X4 中能够正确运用交互式工具，对于作品创作来说尤为重要。本项目学习的重点是掌握交互式轮廓图工具、交互式变形工具、交互式封套工具、交互式立体化工具、交互式透明工具和交互式阴影工具的使用。本项目还具体讲解了 VI 手册的设计与制作，并使用交互式工具设计和制作 VI 手册中的会员卡、信封。在使用交互式工具时，应根据画面需要选择不同的交互式工具，还应考虑画面的和谐关系，从而制作出具有美感的、规范的、统一协调的 VI 手册。

学习目标

- 了解 VI 的基础知识
- 掌握交互式变形工具的使用
- 掌握交互式立体化工具的使用
- 掌握交互式阴影工具的使用
- 掌握交互式轮廓图工具的使用
- 掌握交互式封套工具的使用
- 掌握交互式透明工具的使用

相关知识

企业 VI 视觉识别系统是企业形象识别系统的一个重要部分，它是以标志、标准字、标准色为核心展开的完整的、系统的视觉表达体系。视觉化的设计表现将企业理念、企业文化、企业规范等抽象概念转换为可识别、可记忆的视觉符号，从而塑造出独特的企业形象。

VI 视觉识别系统主要包括两个部分的内容：第一个部分是基本要素系统，包括如企业名称、企业标志、企业造型、标准字、标准色、象征图案、宣传口号等；第二个部分是应用系统，包括产品造型、办公用品、企业环境、交通工具、服装服饰、广告媒体、招牌、包装系统、公务礼品、陈列展示及印刷出版物等。

在越来越注重企业整体形象的今天，VI 视觉识别系统所传达的形象化视觉符号可以表现出该企业明显的行业特征或其他重要特征，明确企业的市场定位，是属于企业的无形资产的一个重要组成部分。VI 识别系统还可以传达该企业的经营理念和企业文化，以形象的视觉形式宣传企业。VI 识别系统以自己特有的视觉符号系统吸引公众的注意力并产生记忆，使消费者对该企业所提供的产品或服务产生最高的品牌忠诚度；同时能提高该企业员工对企业的认同感，提高企业员工士气。

VI 视觉识别系统在塑造企业整体形象的过程中，以其最直接、最具传播力和感染力的方式，将企业标志的基本要素系统有效地展开，形成企业独特的视觉形象，传达企业的精神与经营理念，有效地提高企业和产品的知名度，对推进产品进入市场有着重要的作用。

项目导入

子项目 1 “聚豪饭店”会员卡设计

完成如图 4-1 所示的“聚豪饭店”会员卡的设计。会员卡相当于公司的名片，在会员卡上可以印刷公司的标志或图案，为公司形象进行宣传，是公司进行广告宣传的理想载体。同时，发行会员卡还能起到吸引新顾客、留住老顾客、增强顾客忠诚度的作用，还能实现打折、积分、客户管理等功能。在进行会员卡设计之前，应充分考虑该企业的整体风格，以及 VI 系统中标准色、标准字、辅助图案的搭配与应用。“聚豪饭店”是一家三星级涉外饭店，饭店整体装修风格温馨大气且以金色为主要装修色调。因此，会员卡的设计也以金、黄两色为主，以突出饭店高贵大气、典雅温馨的风格。

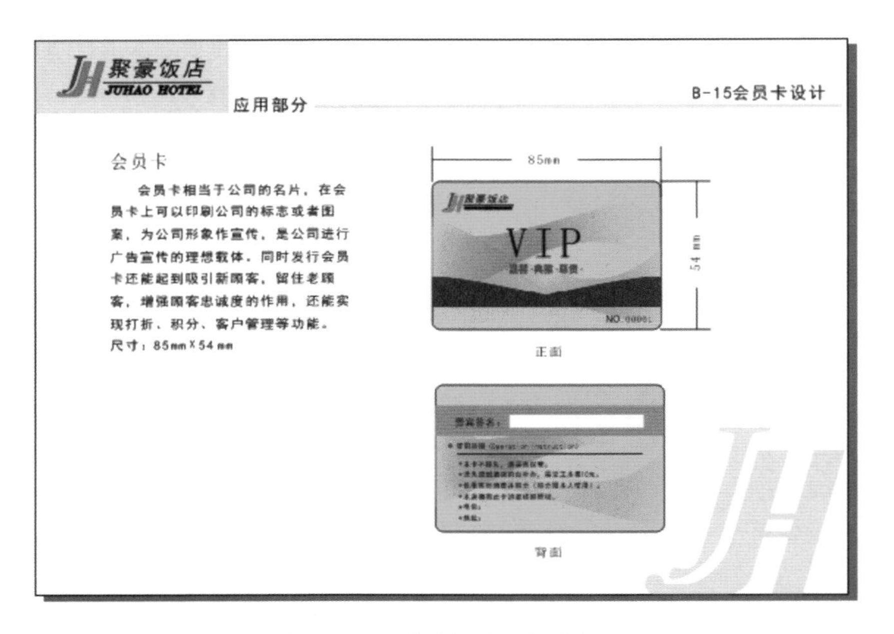

图 4–1　“聚豪饭店”会员卡

子项目 2　“恒丰钢材”信封设计

完成如图 4–2 所示的“恒丰钢材”信封的设计。信封是企业 VI 系统应用设计中邮品设计中的一个重要组成部分，对企业的形象起着无声的传播作用。在日常生活中，不同的企业和人群使用的信纸及信封的类型不同。企业可以根据企业自身的特点，制作企业专用的信纸和信封。

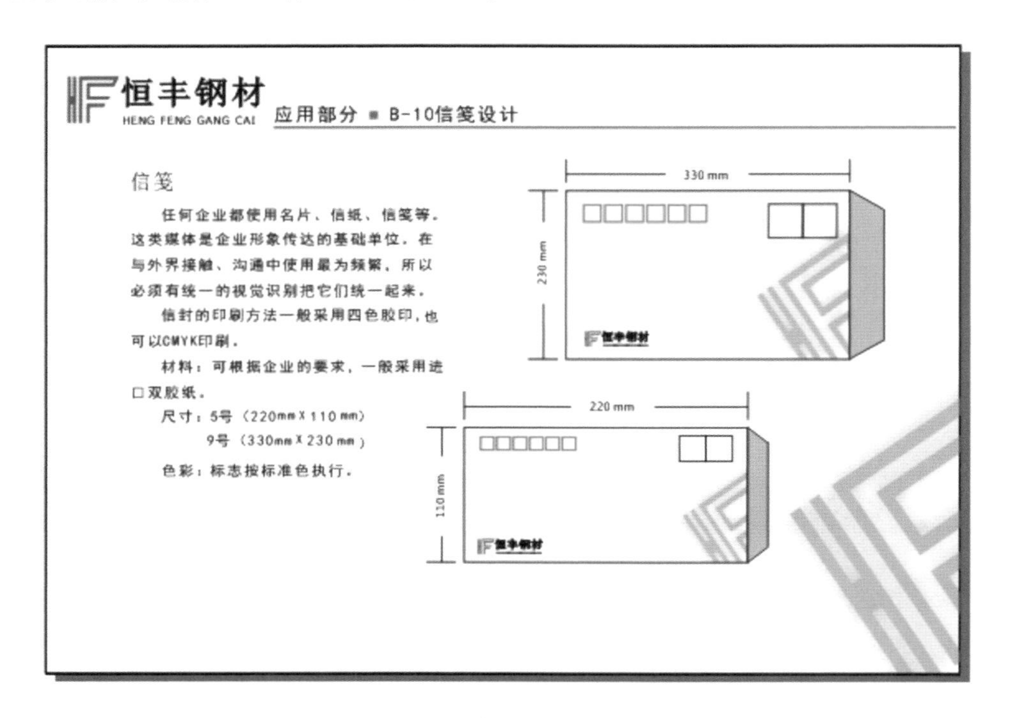

图 4–2　“恒丰钢材”信封

任务 1 VI 基础知识

1. 什么是 VI

VI（visual identity）即视觉识别，是企业形象识别系统的一个部分。CIS（企业形象识别系统）是英文 corporate identity system 的缩写，它的主要含义是利用整体表达体系（尤其是视觉表达系统），将企业文化与经营理念传达给企业内部与公众，使其对企业产生一致的认同感，从而形成良好的企业印象，最终促进企业产品和服务的销售。

CIS 系统由 MI（理念识别，mind identity）、BI（行为识别，behavior identity）、VI（视觉识别，visual identity）三个方面组成。

CIS 的核心是 MI，主要包括企业精神、企业价值观、企业文化、经营理念、经营方针、市场定位、社会责任和发展规划等内容。

BI（行为识别）是企业实践经营理念与创造企业文化的准则，对企业运作方式进行统一的规划。BI 包括组织制度、管理规范、行为规范、工作环境、福利制度、市场调查、公共关系和营销活动等。

VI（视觉识别）是以标志、标准字、标准色为核心展开的完整的、系统的视觉表达体系，是企业形象的主要组成部分之一。通过视觉化的设计表现将企业理念、企业文化、企业规范等抽象概念转换为可识别、可记忆的视觉符号，从而塑造出独特的企业形象。

VI 视觉识别系统主要包括以下两个部分的内容。

（1）基本要素系统，如企业名称、企业标志、企业造型、标准字、标准色、象征图案、宣传口号等。

（2）应用系统，包括产品造型、办公用品、企业环境、交通工具、服装服饰、广告媒体、招牌、包装系统、公务礼品、陈列展示及印刷出版物等。

2. VI 设计的基本原则

一个好的企业需要依赖一套优秀的 VI 设计，优秀的 VI 设计必须把握以下原则。

（1）风格的统一性原则。

（2）强化视觉冲击的原则。

（3）强调人性化的原则。

（4）增强民族个性与尊重民族风俗的原则。

（5）可实施性原则。

（6）符合审美规律的原则。

（7）严格管理的原则。

VI 设计系统包括的内容很多，因此，在长期的实施过程中，要充分注意控制各实施部门或人员的随意性，使其严格按照 VI 设计手册的规定执行，保证不走样。

3. VI 设计阶段

VI设计阶段主要分为以下步骤。

（1）前期准备阶段：成立VI设计小组，充分理解MI精神，确定贯穿VI设计的基本形式，调查研究并收集相关资讯，确定VI设计的方向和目标。

（2）设计开发阶段：VI设计小组在充分理解和消化企业的经营理念、MI精神之后，即可进入具体的设计阶段，进行视觉系统的基本要素设计和应用系统设计。

（3）检验与修正：VI设计基本定型后，还要进行较大范围的调研，以便通过一定数量和不同层次的调研对象的信息反馈来检验VI设计。

（4）编制VI手册：这是VI设计的最后阶段，按前言、基础系统篇、应用系统篇、管理使用说明等依次整理成册。

4. VI设计的规范

VI手册的设计，应遵循严格的制作规范。一部完整的VI手册应包括基础部分和应用部分。基础部分包括VI手册的图版设计、标志设计、坐标制图、企业名称字体设计、标志与字体的基本组合、标准色、辅助色、标志的变形样式和辅助图形等。应用部分包括邮品设计、办公用品、旗帜及礼品、标牌设计、服装设计及各种交通工具等。将基础部分与应用部分规范地排列在专门设计的VI手册图版上，从而实现VI手册整体效果的统一性、完整性、规范性。

5. VI设计的基本要素

VI设计的基本要素主要包括以下几个方面。

（1）企业名称。企业名称与企业形象有着紧密的联系，是VI设计的前提。企业名称的确定，必须要反映出企业的经营思想，体现企业理念，应有其独特性，发音响亮并易识易读，名字的文字应简洁明了，同时还应注意国际性。企业名称可采用商标名称直接命名、英文的译音命名、人造词汇命名、吉祥动听的名词命名、创始人姓名命名、动植物名称命名等。

（2）企业标志。企业标志是企业的象征，是企业的识别符号，是VI设计的核心基础。标志设计不仅应传达出企业理念、经营内容、行业特征等信息，更应具有强烈的视觉冲击力和时代感，必须广泛地适应各种媒体、各种材料及各种用品的制作，标志设计要力求简练、生动。

（3）标准字体。企业的标准字体包括中文、英文或其他文字字体，标准字体是根据企业名称、企业品牌名称等精心设计的。标准字体的设计强调企业整体的风格和个性的形象，追求创新感、亲切感和美感，应能够传达企业精神、经营理念和产品特性，应符合企业的个性特征。

（4）标准色。标准色是企业指定一种或几种特定的色彩作为企业的专用色彩，用于传达企业理念，塑造企业形象，它与企业标志、标准字体等基本视觉元素一起，形成完整的视觉系统。

任务2
CorelDRAW中常用于设计VI的工具

1. 交互式工具

交互式工具包括交互式调和工具、交互式轮廓图工具、交互式变形工具、交互式阴影工具、交互式封套工具、交互式立体化工具和交互式透明工具，如图4-3所示（从左至右依次为交互式调和工具、交互式轮廓图工具、交互式变形工具、交互式阴影工具、交互式封套工具、交互式立体化工具、交互式透明工具)。利用这些工具可以为图形制作出各种形状和色彩的调和效果、为图形添加轮廓效果，以及进行图形的变形操作，或者为图形添加阴影、封套、立体化及透明效果。在前面的项目中，已经介绍过交互式调和工具的使用方法，下面来学习一下其他交互式工具的使用技巧。

1）交互式轮廓图工具

利用交互式轮廓图工具可以将选择的图形调整为由一系列同心图形组成的图形轮廓效果，利用渐变的步长值来使图形产生轮廓效果。交互式轮廓图工具只需要一个图形就能产生轮廓效果，效果如图4–4、图4–5所示。

图4–3　交互式工具

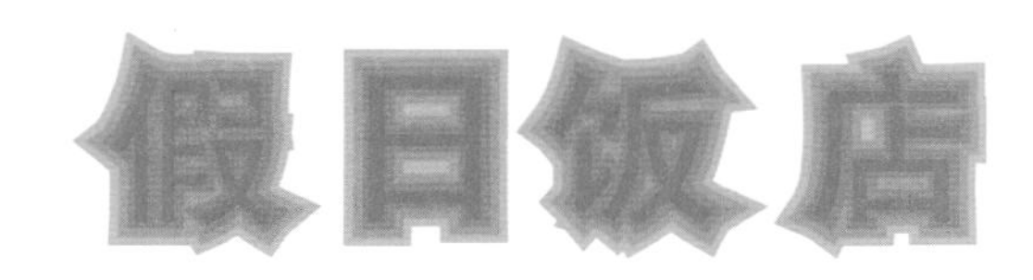

图4–4　数字的交互式轮廓效果　　图4–5　汉字的交互式轮廓效果

在页面中绘制一个图形，选择工具栏中的交互式轮廓图工具，再单击属性栏（见图4–6）中相应的轮廓图按钮（“到中心”、“向内”、“向外”），即可为选择的图形添加相应的交互式轮廓图效果。也可以直接选择后，在要添加效果的图形上拖曳鼠标，同样能为图形添加交互式轮廓图效果。

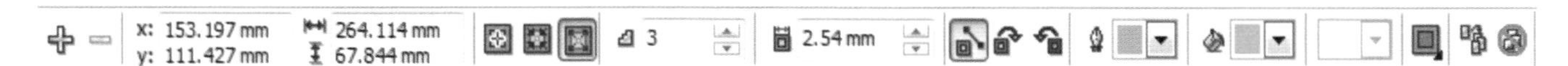

图4–6　轮廓图工具的属性栏

如果要对轮廓图的效果进行设置，需要对属性栏中的相关参数进行调整，如调整步长值、轮廓图的颜色等。

2）交互式变形工具

利用交互式变形工具可以为矢量图形创建特殊的变形效果，包括“推拉变形”、“拉链变形”和“扭曲变形”三种方式。

（1）“推拉变形”方式可以将图形边缘推进或拉出。其使用方法是：先选择图形，然后选择交互式变形工具，激活属性栏（见图4–7）中的“推拉变形”按钮，将鼠标光标移动到选择的图形上，水平拖曳鼠标即完成变形操作。向左拖曳鼠标，可以使图形边缘推向图形的中心，产生推进变形效果；向右拖曳鼠标，可以使图形边缘从中心拉开，产生拉出变形效果。推拉变形的效果如图4–8所示。

图4–7　交互式变形工具的属性栏

(a)创建的基本图形

(b)向左拖曳图形效果

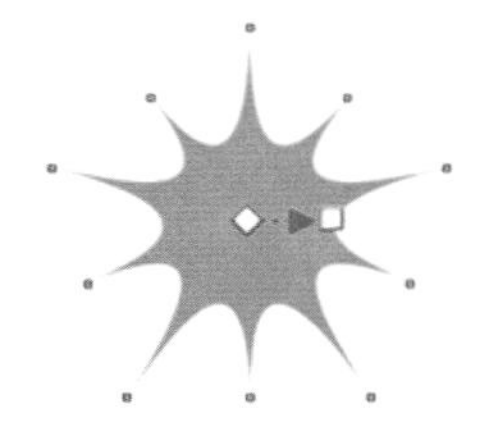

(c)向右拖曳图形效果

图4–8　推拉变形的效果

（2）“拉链变形”方式可以将图形边缘调整为带有尖锐的锯齿状轮廓的效果。其使用方法是：先选择图形，然后选择交互式变形工具，激活属性栏中的“拉链变形”按钮，将鼠标光标移动到选择的图形上拖曳鼠标，即可为选择的图形添加拉链变形效果。拉链变形的效果如图4–9所示。

（3）“扭曲变形”方式可以使图形绕其自身旋转，产生类似螺旋形的效果。其使用方法是：先选择图形，然后选择交互式变形工具，并激活属性栏中的“扭曲变形”按钮，将鼠标光标移动到选择的图形上，按下鼠标左键确定变形的中心，然后拖曳鼠标绕变形的中心旋转，松开鼠标左键后即可产生扭曲变形的效果。扭曲变形的效果如图 4–10 所示。

如图 4–11 所示，使用这三种不同的变形工具，同一图形可以产生不同的变形效果。

(a)创建的基本图形

(b)拉链变形效果

图 4–9　拉链变形的效果

(a)创建的基本图形

(b)扭曲变形效果

图 4–10　扭曲变形的效果

(a)基本图形

(b)推拉变形

(c)拉链变形

(d)扭曲变形

图 4–11　不同的变形效果

3）交互式封套工具

交互式封套工具可以在所选的图形和文字的周围添加带有控制点的蓝色虚线框，通过调节控制点，可以很容易地调整图形或文字的形状。

选择交互式封套工具，然后选中需要添加交互式封套效果的图形或文字，此时图形或文字的周围将出现带有控制点的蓝色虚线框，调整控制点即可调整图形或文字的形状。文字未添加交互式封套效果如图 4–12 所示；文字添加交互式封套效果后，其结果如图 4–13 所示。

图 4–12　未添加交互式封套效果的文字

图 4–13　添加交互式封套效果后的文字

4）交互式立体化工具

交互式立体化工具可以通过图形的形状向设置的消失点延伸，从而使二维图形产生逼真的三维立体效果。

选择交互式立体化工具，然后选择需要添加交互式立体化效果的图形，拖曳鼠标即可添加交互式立体化的图形或文字效果，如图 4–14 与图 4–15 所示。

利用交互式立体化效果属性面板（见图 4–16）可以对其进行相关参数的设置，如颜色、照明等参数。

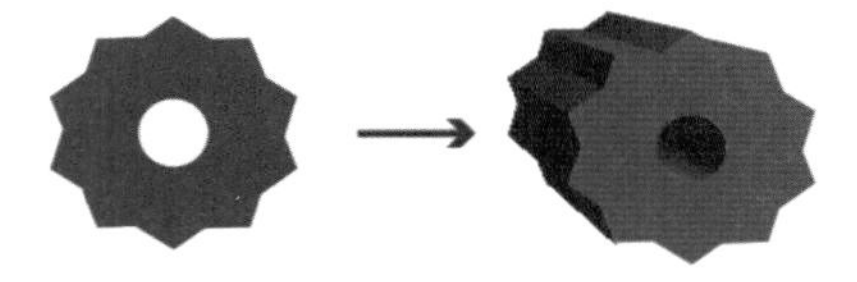

图 4–14　添加交互式立体化的图形效果

ART → ART

图 4–15　添加交互式立体化的文字效果

2. 交互式透明效果

交互式透明工具可以为文字、矢量图形或位图图像添加各种各样的透明效果，并通过属性面板相关参数的

图 4-16 属性面板

设置来改变不透明度、颜色、填充、羽化等，从而创建出不同样式的交互式透明效果，在设计中经常使用该效果。

1）创建透明效果

选择交互式透明工具，再选择需要添加透明效果的文字或图形，然后在属性面板“透明度类型”中选择需要的透明度类型，即可为选择的文字或图形添加交互式透明效果，如图 4-17 与图 4-18 所示。

图 4-17 为文字添加交互式透明效果

图 4-18 为图形添加交互式透明效果

2）编辑透明效果

在交互式透明工具的属性栏中选择不同的透明度类型，其参数的设置也各不相同。在默认状态下属性栏中的透明度类型为“无”，但在 “透明度类型”的下拉列表中，有多种填充效果，如标准、线性、射线、圆锥、方角、双色图样、全色图样、位图图样和底纹等，如图 4-19 所示。

下面详细介绍几种常用的透明度类型，以及属性栏中各选项和参数的设置。

（1）标准透明。选择要添加交互式透明效果的图形，选择交互式透明工具，在属性面板中选择“标准”，通过拖动滑动条可以控制透明中心点的位置，效果如图 4-20 所示。如果不需要此透明度效果，单击图标删除即可。

（2）线性透明。选择要添加交互式透明效果的图形，选择交互式透明工具，在属性面板中选择“线性”，通过拖动滑动条可以控制透明中心点的位置，效果如图 4-21 所示。单击图形会出现线性的渐变控制条，可以通过调整控制条的位置、方向来改变渐变透明度的效果。如果不需要此透明度效果，单击图标删除即可。

图 4-19 多种透明度类型

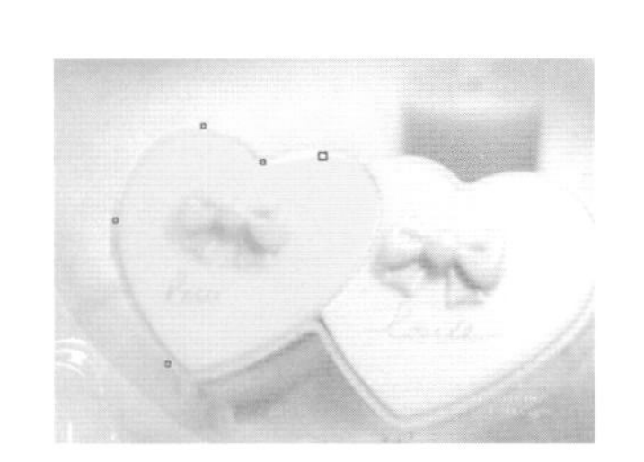

图 4-20 为图形添加交互式标准透明填充效果

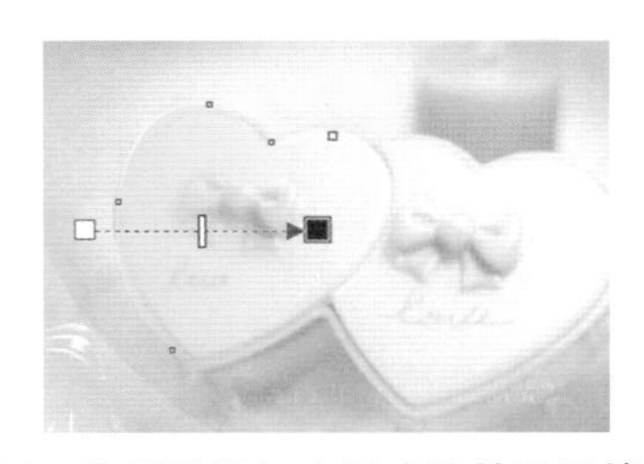

图 4-21 为图形添加交互式线性透明填充效果

（3）射线透明。选择要添加交互式透明效果的图形，再选择交互式透明工具，在属性面板中选择“射线”，通过拖动滑动条可以控制透明中心点的位置，效果如图 4-22 所示。单击图形会出现环状的渐变控制条，可以通过调整控制条的位置、方向来改变渐变透明度的效果。如果不需要此透明度效果，单击图标删除即可。

（4）圆锥透明。选择要添加交互式透明效果的图形，再选择交互式透明工具，在属性面板中选择“圆锥”，通过拖动滑动条可以控制透明中心点的位置，效果如图 4-23 所示。单击图形会出现半圆形的渐变控制条，可以通过调整控制条的位置、方向来改变渐变透明度的效果。如果不需要此透明度效果，单击图

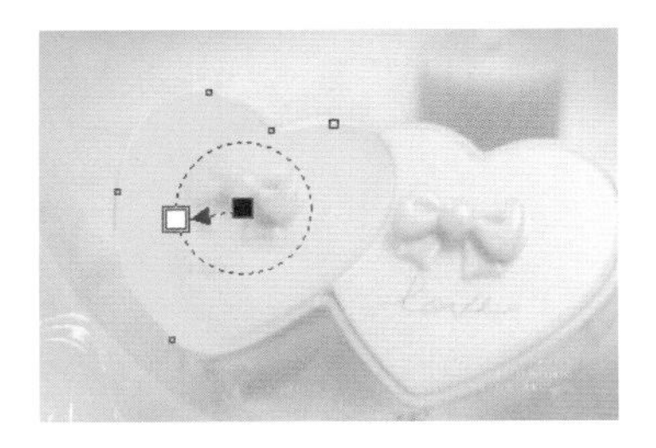

图 4-22　为图形添加交互式射线透明填充效果

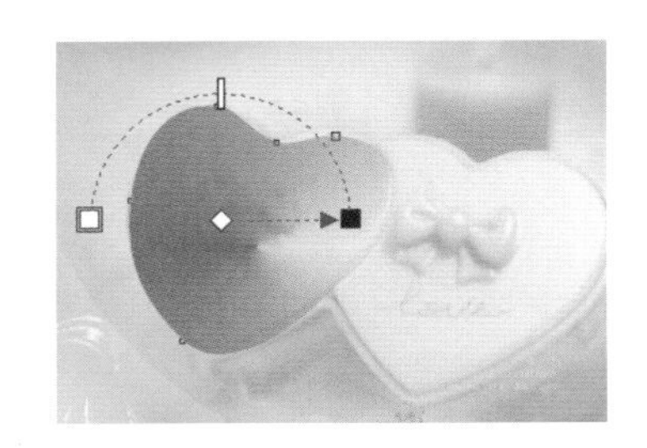

图 4-23　为图形添加交互式圆锥透明填充效果

标删除即可。

（5）其他透明填充效果。其他交互式透明填充效果的方法与前几种大致相同，选择要添加交互式透明效果的图形，再选择交互式透明工具，在属性面板中选择不同的填充类型，单击属性栏中的图样类型（见图 4-24），通过调整控制条的位置、方向改变渐变透明度的效果。如果不需要此透明度效果，单击图标删除即可，效果如图 4-25 所示。

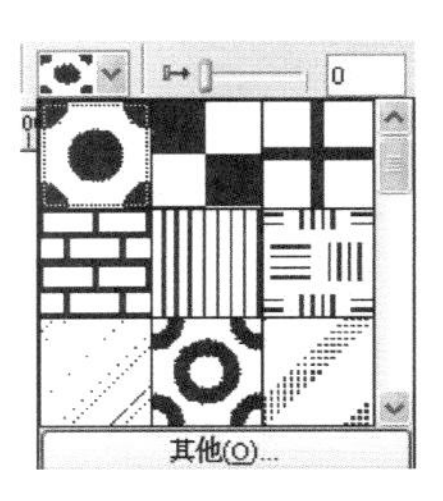

（a）双色图样

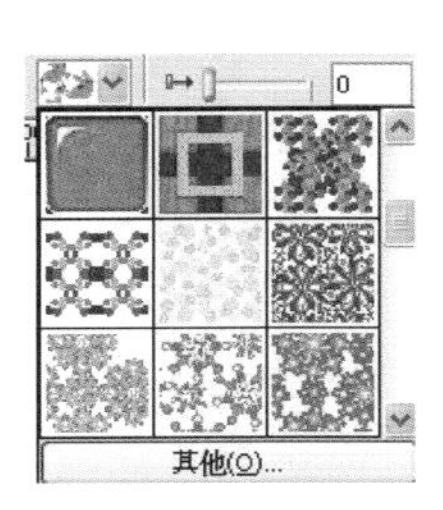

（b）全色图样

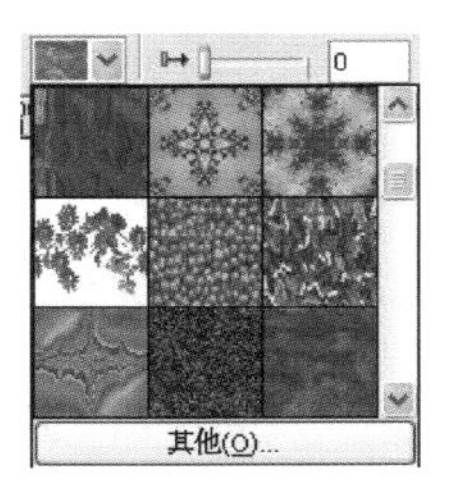

（c）位图填充

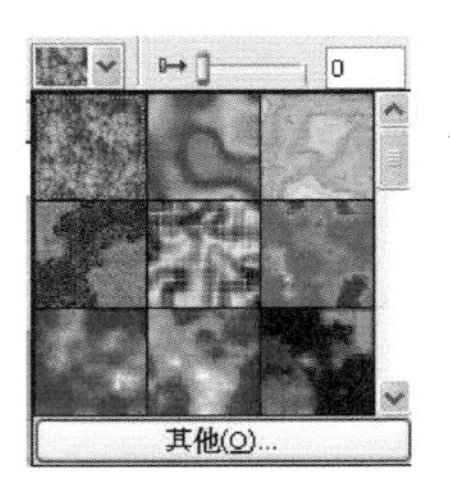

（d）底纹图样

图 4-24　图样类型

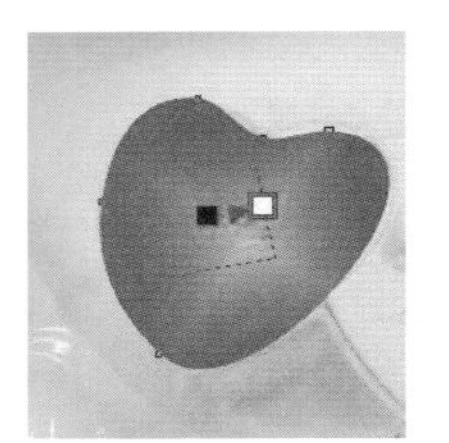

（a）方角填充

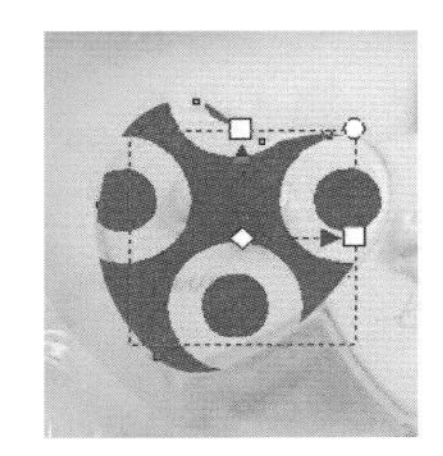

（b）双色图样填充

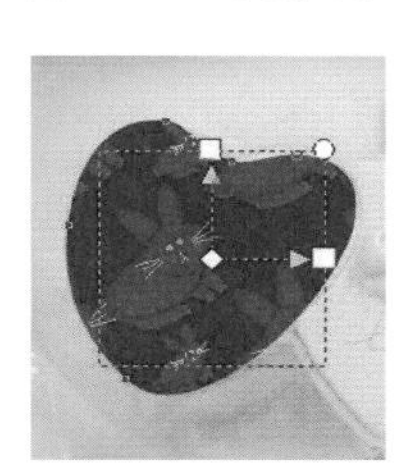

（c）全色图样填充

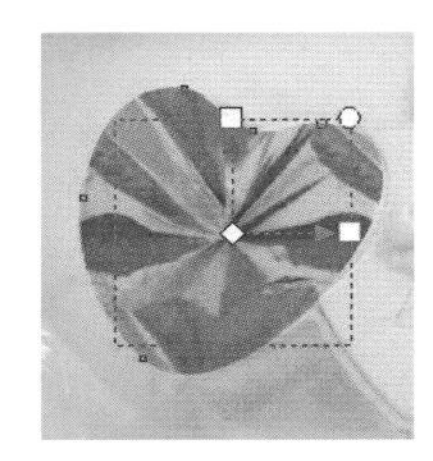

（d）位图图样填充

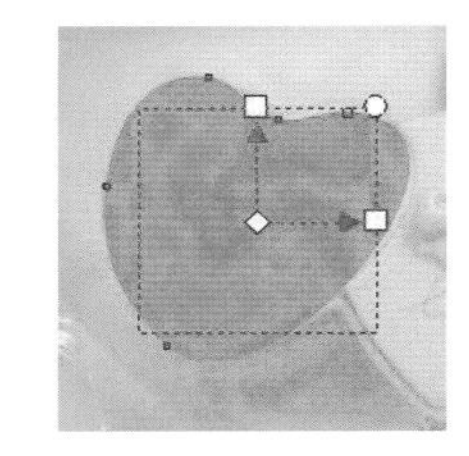

（e）底纹图样填充

图 4-25　几种交互式透明效果

【实际操作】学习了那么多知识，下面我们可以动手操作啦！

子项目 1 实施：“聚豪饭店”会员卡设计

前面介绍了 VI 手册的制作，也学习了交互式工具的使用，下面详细介绍一下“聚豪饭店”会员卡的具体制作步骤。

1）创建新文档并保存

（1）打开 CorelDraw X4 软件后，新建一个文档，默认纸张大小为 A4。

（2）选择“文件”→“保存”命令，将文件命名为“聚豪饭店会员卡”并保存到计算机中。

2）制作会员卡背景

（1）单击工具箱中的矩形工具，在界面中创建一个矩形边框，在属性栏中设置矩形的尺寸为宽 120 mm、高 80 mm。单击形状工具，拖动矩形之中的一个直角，将矩形设置为边角圆滑度为 10 的圆角矩形。单击填充工具，打开“均匀填充”对话框，设置颜色为深黄（C：0，M：20，Y：100，K：0），填充效果如图 4–26 所示。

（2）选择贝塞尔工具，绘制图 4–27 所示的图形，单击填充工具，在工具条中单击“渐变填充”，在弹出的“渐变填充”对话框（见图 4–28）中，设置渐变颜色为从深黄（C：0，M：20，Y：100，K：0）到砖红（C：0，M：60，Y：80，K：20）的射线型的线性渐变。

图 4–26 填充颜色

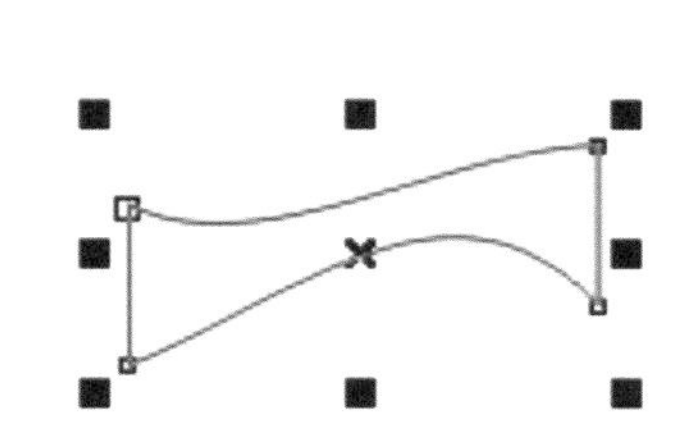

图 4–27 使用贝塞尔工具绘制图形

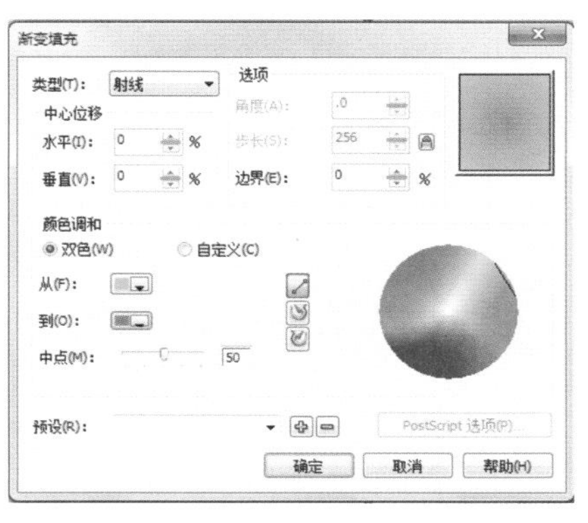

图 4–28 “渐变填充”对话框

（3）选择挑选工具，调整图案大小，将图案放置在界面中合适的位置。单击屏幕右边颜色中的☒图标，取消图案的边框，效果如图 4–29 所示。

（4）单击交互式工具组中的交互式透明工具，在属性栏（见图 4–30）中选择“线性”透明类型，为图案添加交互式线性透明效果，效果如图 4–31 所示。

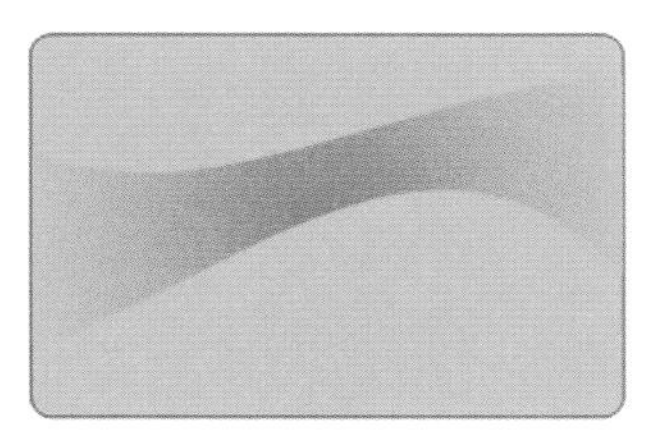

图 4–29 将绘制的图形放入背景中

图 4–30 属性栏

（5）选择挑选工具，选中图案并按 Ctrl 键，在垂直方向复制该图案，如图 4–32 所示。单击属性栏中的镜像按钮，水平翻转该图案，如图 4–33 所示。最后移动其位置，如图 4–34 所示。

图 4–31 设置好属性后的效果图

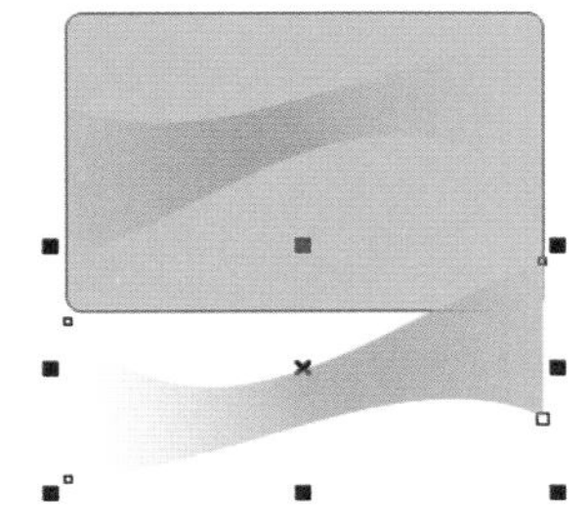

图 4–32 复制图案

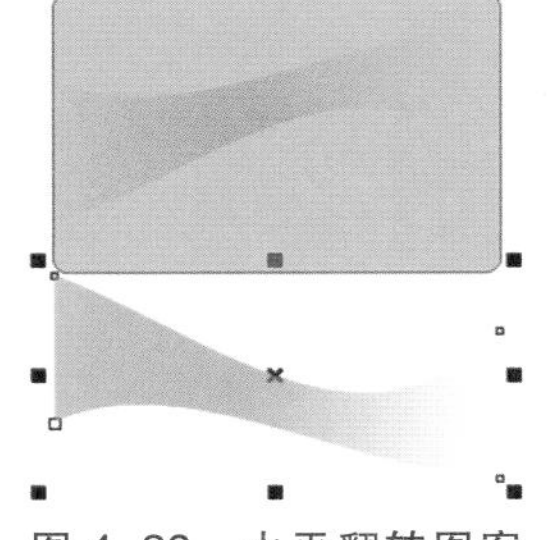

图 4–33 水平翻转图案

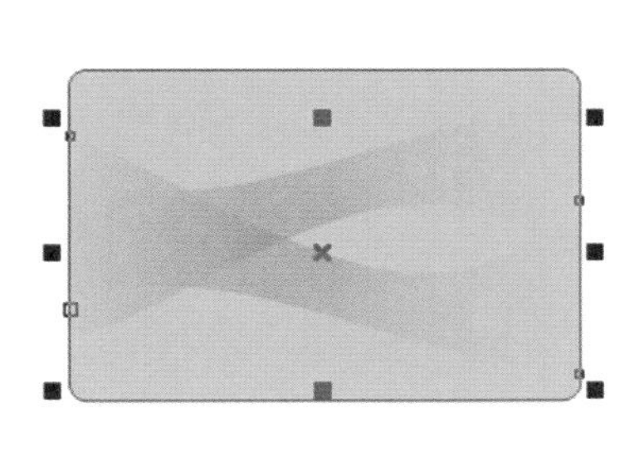

图 4–34 移动图案

(6) 再次选择交互式透明工具，在属性栏（见图 4–35）中选择“射线”透明类型，为图案添加交互式射线透明效果，效果如图 4–36 所示。

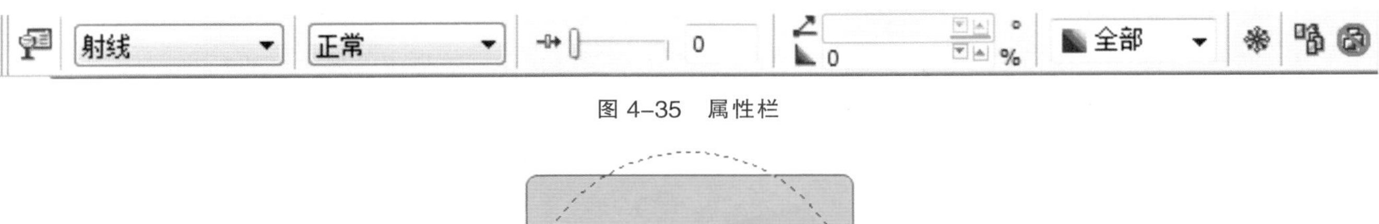

图 4–35 属性栏

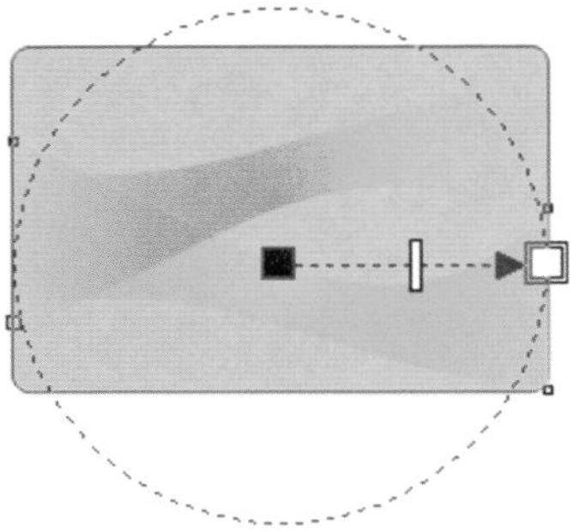

图 4–36 交互式射线透明效果

3) 制作会员卡正面

(1) 打开素材“聚豪饭店 Logo.cdr”文件，将“聚豪饭店”的标志拖动到圆角矩形的左上方，调整标志的位置和大小，如图 4–37 所示。

(2) 选择贝塞尔工具，绘制图 4–38 所示的图形，单击填充工具，在工具条中选择“单色填充”，为图形填充深褐色（C：50，M：100，Y：100，K：10），并取消图形的边框。选择挑选工具，调整图形的大小和位置，如图 4–39 所示。

图 4–37 导入标志

图 4–38 绘制图形

图 4–39 填充颜色并调整大小和位置

(3) 选择交互式透明工具，在属性栏中选择“全色图样”透明类型，选择红色方框所示图样，为图案添加交互式全色图样透明效果，如图 4–40 所示，效果如图 4–41 所示。

(4) 选择文字工具字，在界面中输入图 4–42 所示的文字内容。选择挑选工具，调整文字的大小和位置，放置在界面中的合适位置。为文字“温馨　典雅　尊贵”填充红色（C：30，M：100，Y：100，K：0）。

(5) 选择椭圆形工具，并按 Ctrl 键，绘制正圆形，然后为正圆形填充红色（C：30，M：100，Y：100，K：0），调整红色圆形小点的位置，并将其复制多个，放置在文字“温馨　典雅　尊贵”的左右两侧，效果如图 4–43 所示。至此，“聚豪饭店”会员卡的正面就制作完成了。

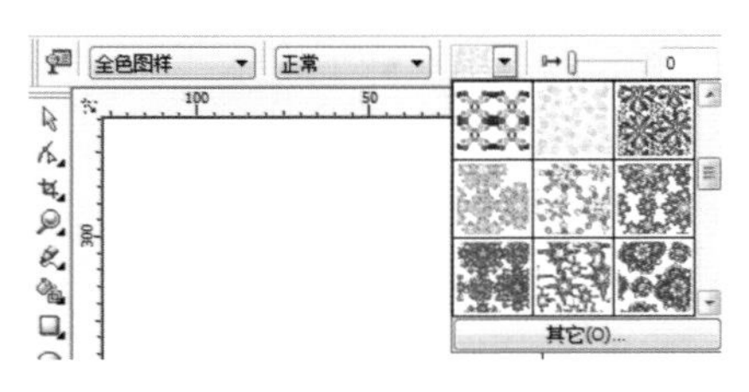

图 4–40 选择添加效果

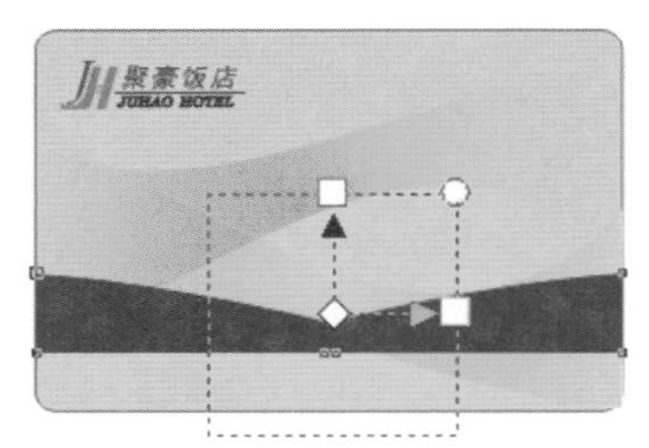

图 4–41 添加交互式全色图样透明效果

图 4-42　放入文字并填充颜色

图 4-43　加入圆点

4）制作会员卡背面

（1）选择挑选工具，按 Shift 键并将背景图形选中，对所选图形进行垂直方向的复制，效果如图 4-44 所示。

（2）选择矩形工具，在界面中绘制一个矩形，为其填充土黄色（C：8，M：46，Y：95，K：0），取消轮廓线。选择挑选工具，调整矩形的大小和位置，放置在图 4-45 所示的位置。

图 4-44　垂直方向复制

图 4-45　添加矩形

（3）选择文字工具**字**，在界面中输入图 4-46 所示的文字内容。选择挑选工具，调整文字的大小和位置，放置在界面中合适的位置。

（4）选择矩形工具，在界面中绘制一个矩形，为其填充白色，取消轮廓线。选择挑选工具，调整矩形的大小和位置，放置在图 4-47 所示的位置。选择贝塞尔工具绘制一条直线，放置在图 4-47 所示的位置。选择椭圆形工具并按 Ctrl 键，绘制正圆形，然后为正圆形填充红色（C：30，M：100，Y：100，K：0），调整红色圆形小点的位置，并将其复制多个，放置在图 4-47 所示的位置。

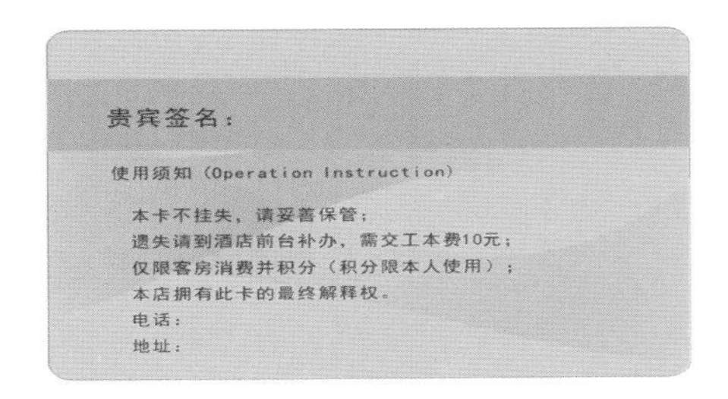

图 4-46　添加文字

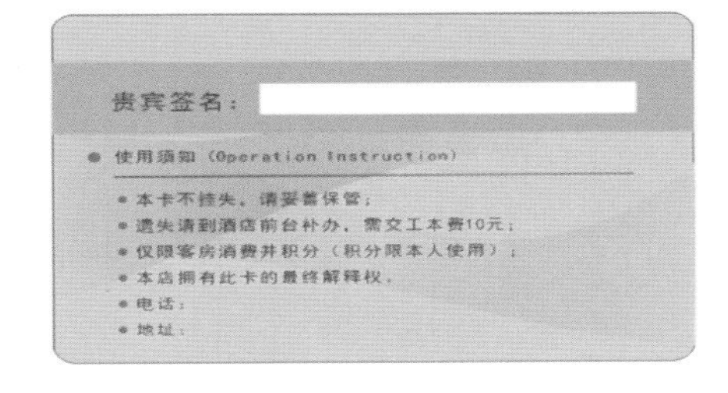

图 4-47　绘制矩形、直线及圆形小点

5）制作 VI 手册——会员卡页面

（1）打开素材“聚豪饭店 VI 手册模板.cdr”，将制作好的“聚豪饭店”会员卡复制、粘贴到“聚豪饭店 VI 手册模板.cdr”文件中。

（2）使用挑选工具，调整图形的大小和位置，并选择标注工具，对会员卡进行宽度与高度的标注，这样“聚豪饭店”会员卡就制作完成了，最终效果如图 4-48 所示。

图 4-48　“聚豪饭店”会员卡最终效果图

3. 交互式阴影工具

图 4-49　应用交互式阴影效果

交互式阴影工具可以为文字、矢量图形或位图图像添加阴影效果，并能通过属性面板相关参数的设置，改变阴影的颜色、位置、大小等，创建出不同样式的阴影效果。

1）创建阴影效果

选择交互式阴影工具，选择需要添加阴影效果的图形或文字，然后将鼠标放置在图形的中心点上，拖动鼠标即可为图形或文字添加偏移阴影效果；如果将鼠标放置在图形中心点以外的区域拖动鼠标，则可以为图形添加倾斜式阴影效果。应用交互式阴影后的图形效果如图 4-49 所示。

2）编辑阴影效果

为图形添加交互式阴影效果后，通过属性栏（见图 4-50）中的相关设置，可以调整交互式阴影的效果。

图 4-50　在属性栏中设置参数

其中，可以设置不透明度的大小，数值为 0～100。图 4-51 为阴影不透明度 40% 的效果，图 4-52 为阴影不透明度 100% 的效果。可以设置阴影的羽化程度，数值为 0～100。图 4-53 为阴影羽化值为 20% 的效果，图 4-54 为阴影羽化值为 70% 的效果。图标可以改变阴影的羽化方向，如图 4-55 和图 4-56 所示。用来设置阴影的颜色，如图 4-57 所示。

图 4-51　阴影不透明度为 40% 的效果

图 4-52　阴影不透明度为 100%的效果

图 4-53　阴影羽化值为 20% 的效果

图 4–54　阴影羽化值为 70%的效果

图 4–55　阴影羽化方向为“中间”的效果

图 4–56　阴影羽化方向为“向外”的效果

图 4–57　阴影颜色为“紫色”效果

4. 图框精确剪裁

“图框精确剪裁”命令是 CorelDRAW 中一个比较实用的菜单命令，它的使用方法介绍如下。首先在界面中绘制一个任意形状的图形，如图 4–58 所示，绘制一个八边形。然后使用挑选工具将要放置在几何形状中的内容选中，如图 4–59 所示，导入一张“马.jpg”的图片素材，并使用挑选工具将其选中，选择“效果”→“图框精确剪裁”→“放置在容器中”命令，如图 4–60 所示，这时鼠标变为一个黑色箭头，如图 4–61 所示，移动鼠标指向八边形，单击鼠标左键，就可以将图片“马.jpg”放置在八边形中，效果如图 4–62 所示。

如果要对八边形中的图片进行编辑，可将鼠标移动到八边形上，单击鼠标右键，在弹出的菜单中选择“编辑内容”，即可进入图片的编辑操作。可以调整图片的大小、形状、旋转等，如图 4–63 所示。

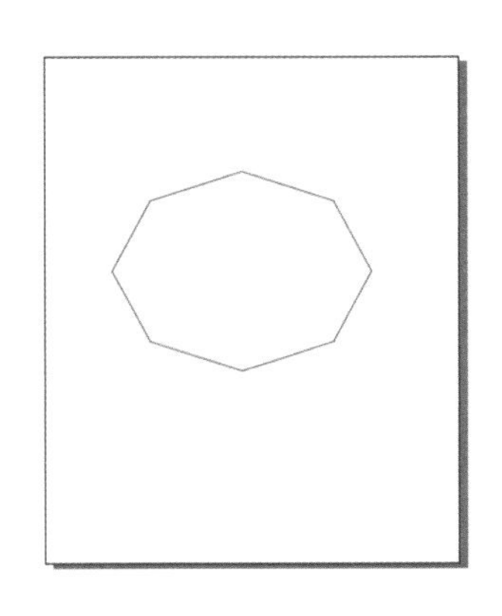

图 4–58　绘制八边形

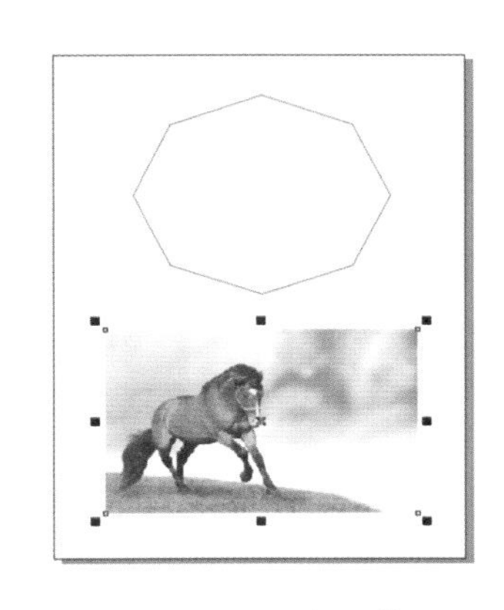

图 4–59　导入图片

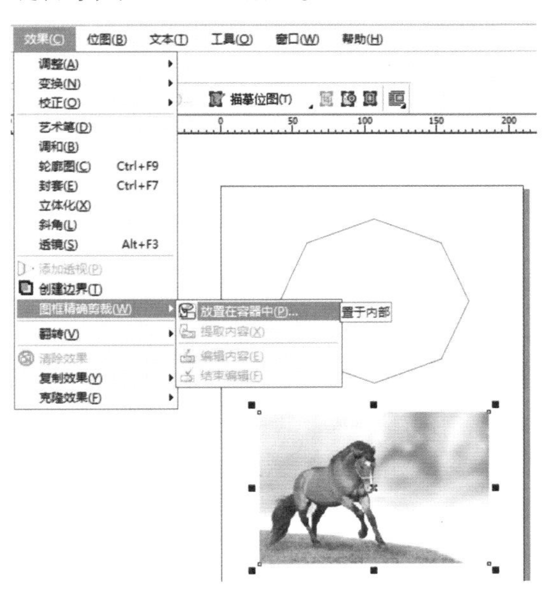

图 4–60　选择“图框精确剪裁”命令

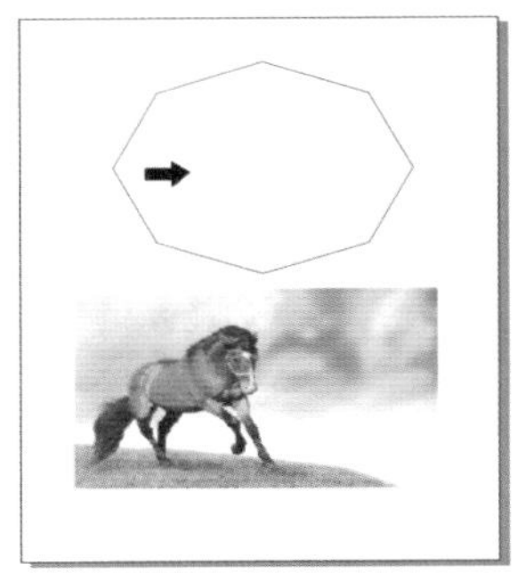
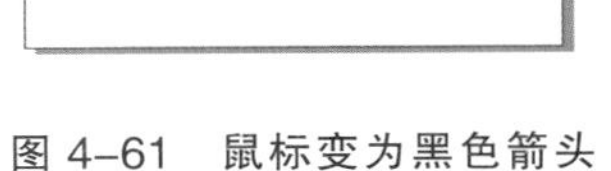

图 4-61　鼠标变为黑色箭头

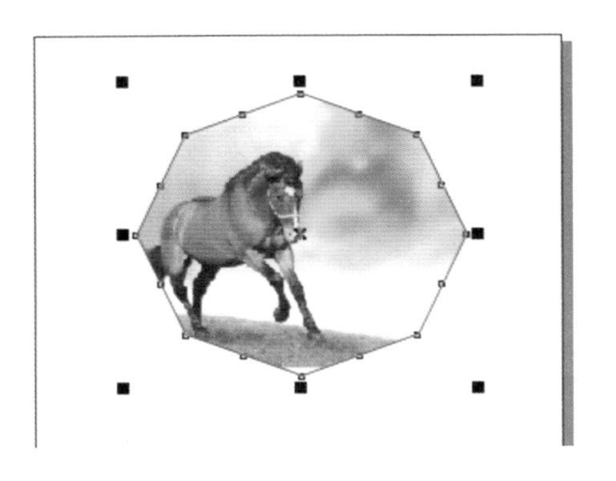

图 4-62　将图片放置于八边形中

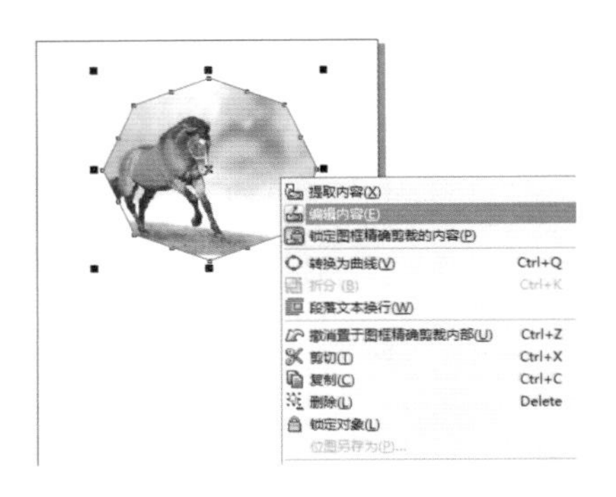

图 4-63　选择“编辑内容”命令

调整完后，可以双击鼠标左键退出图片的编辑状态，也可以点击屏幕左下方的 **完成编辑对象** 图标，完成对内置图片的编辑。

如果要取消图片的内置效果，可将鼠标移动到八边形上，单击鼠标右键，在弹出的菜单中选择“提取内容”，即可将内置图片提取出来，如图 4-64 与图 4-65 所示。

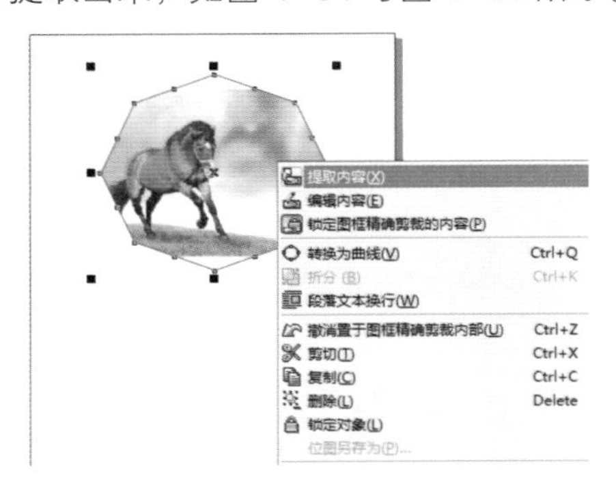

图 4-64　选择“提取内容”命令

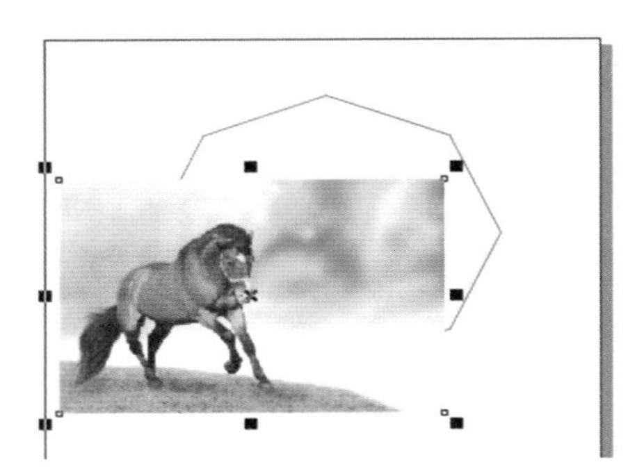

图 4-65　取消内置效果

【实际操作】学习了那么多知识，下面我们可以动手操作啦！

子项目 2 实施：“恒丰钢材”信封设计

下面详细介绍“恒丰钢材”信封设计的具体制作步骤。

1）创建新文档并保存

（1）打开 CorelDRAW X4 软件后，新建一个文档，默认纸张大小为 A4。

（2）选择“文件”→“保存”命令，将文件以“恒丰钢材信封设计”为名保存到计算机中。

2）绘制信封背景

（1）单击工具箱中的矩形工具，在界面中创建两个矩形边框，在属性栏中分别设置其中一个矩形的尺寸为宽 165 mm、高 100 mm，另一个矩形的尺寸为宽 20 mm、高 100 mm。选中界面右边的矩形，点击属性栏中的图标，将其转换为“曲线”，如图 4–66 所示。

（2）选择挑选工具，在右边矩形的如图 4–67 所示位置连续双击鼠标左键创建两个锚点，然后选中矩形右边的两个直角顶点，连续双击鼠标左键将其删除，得到如图 4–68 所示的形状，为其填充 20% 的黑色，效果如图 4–69 所示。

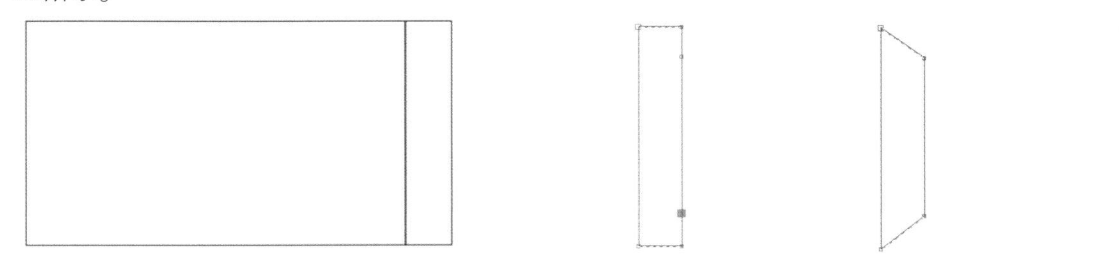

图 4–66 绘制矩形　　图 4–67 创建锚点　　图 4–68 删除顶点　　图 4–69 填充黑色

（3）打开素材“恒丰钢材辅助图形.cdr”文件,将文件中的图形复制、粘贴到新建文档中。选择交互式工具中的交互式阴影工具，为辅助图形添加交互式阴影效果。在属性栏（见图 4–70）中设置阴影的参数，由左至右拖出阴影效果，如图 4–71 所示。

（4）选择挑选工具，将“辅助图形”选中，选择“效果”→“图框精确剪裁”→“放置在容器中”命令，将“辅助图形”放置在信封中，效果如图 4–72 所示。右击鼠标，在弹出的菜单中选择“编辑内容”命令，进入图形的编辑状态。选择挑选工具，调整“辅助图形”的大小、旋转角度，放置在信封右下方的位置，效果如图 4–73 所示，双击鼠标左键，退出编辑状态，信封的背景就制作完成了。

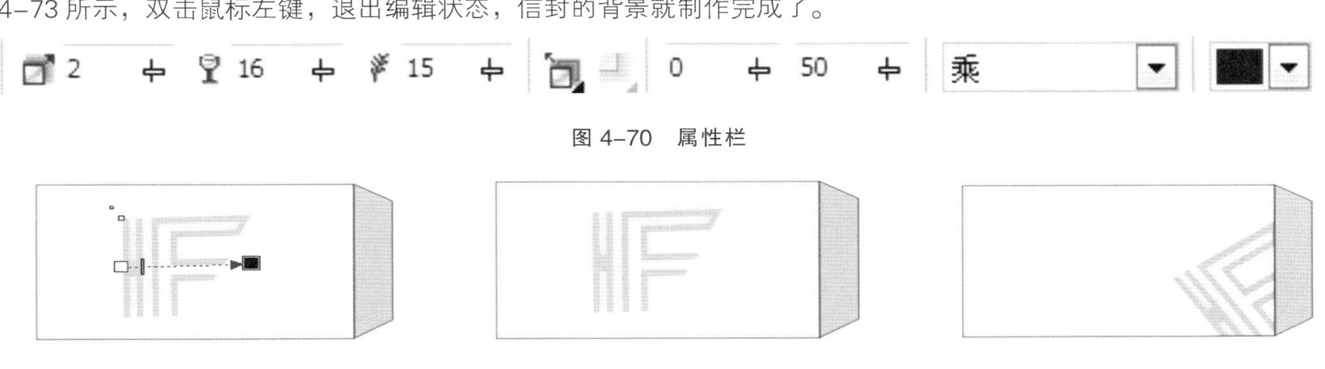

图 4–70 属性栏

图 4–71 拖动鼠标得到阴影效果　　图 4–72 插入辅助图形　　图 4–73 调整辅助图形

3）绘制邮编栏和邮票栏

（1）选择矩形工具，在画面中绘制一个矩形，在属性栏中设置矩形的尺寸为 10 mm × 10 mm，为其填充红色边框（C：0，M：100，Y：100，K：0），效果如图 4–74 所示。选择挑选工具并按 Ctrl 键，水平方向移动并复制该红色边框矩形，效果如图 4–75 所示。

（2）选择交互式工具中的交互式调和工具，选中第一个红色方框，按住鼠标左键拖曳鼠标到第二个红色方框处，松开鼠标左键，则在两个方框之间出现调和效果。在属性栏中的 4 处设置调和的步长值为 4，此时两个红色方框中间增加四个方框，信封左上方的邮编栏就制作完成了，效果如图 4–76 所示。

图 4–74 绘制矩形并填充红色边框

图 4–75 复制红色边框矩形

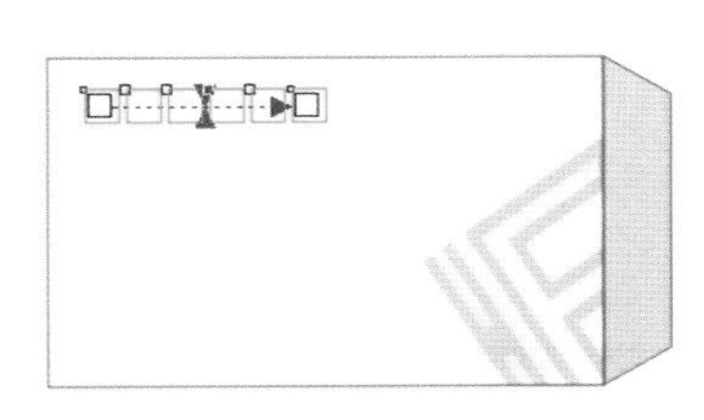

图 4–76 制作邮编栏

（3）选择矩形工具，在界面中绘制一个矩形，在属性栏中设置矩形的尺寸为 20 mm × 20 mm,选择挑选工具并按 Ctrl 键，水平方向移动并复制该方框，效果如图 4–77 所示。

4）添加企业标志

打开素材“恒丰钢材 Logo.cdr”，将“恒丰钢材 Logo”复制、粘贴到信封中，选择挑选工具，调整标志的大小和位置，如图 4–78 所示。

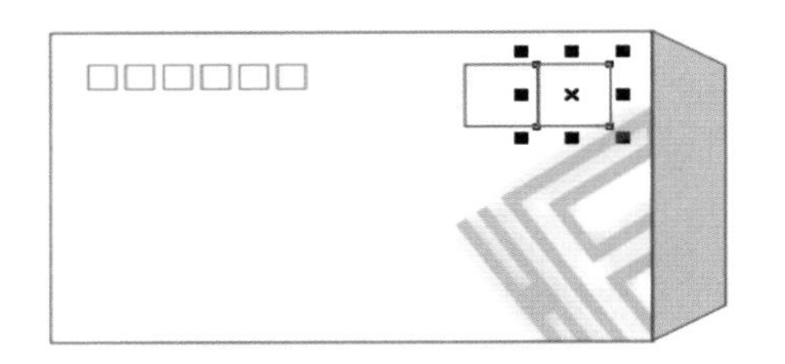

图 4–77 绘制邮票框

图 4–78 导入 Logo 并调整

5）制作 VI 手册——信封页面

（1）打开素材“恒丰钢材 VI 手册模板.cdr”，将制作好的“恒丰钢材”信封复制、粘贴到“恒丰钢材 VI 手册模板.cdr”文件中。

（2）使用挑选工具，调整图形的大小和位置，并选择标注工具，对信封进行宽度与高度的标注，这样“恒丰钢材”的信封就制作完成了，最终效果如图 4–79 所示。

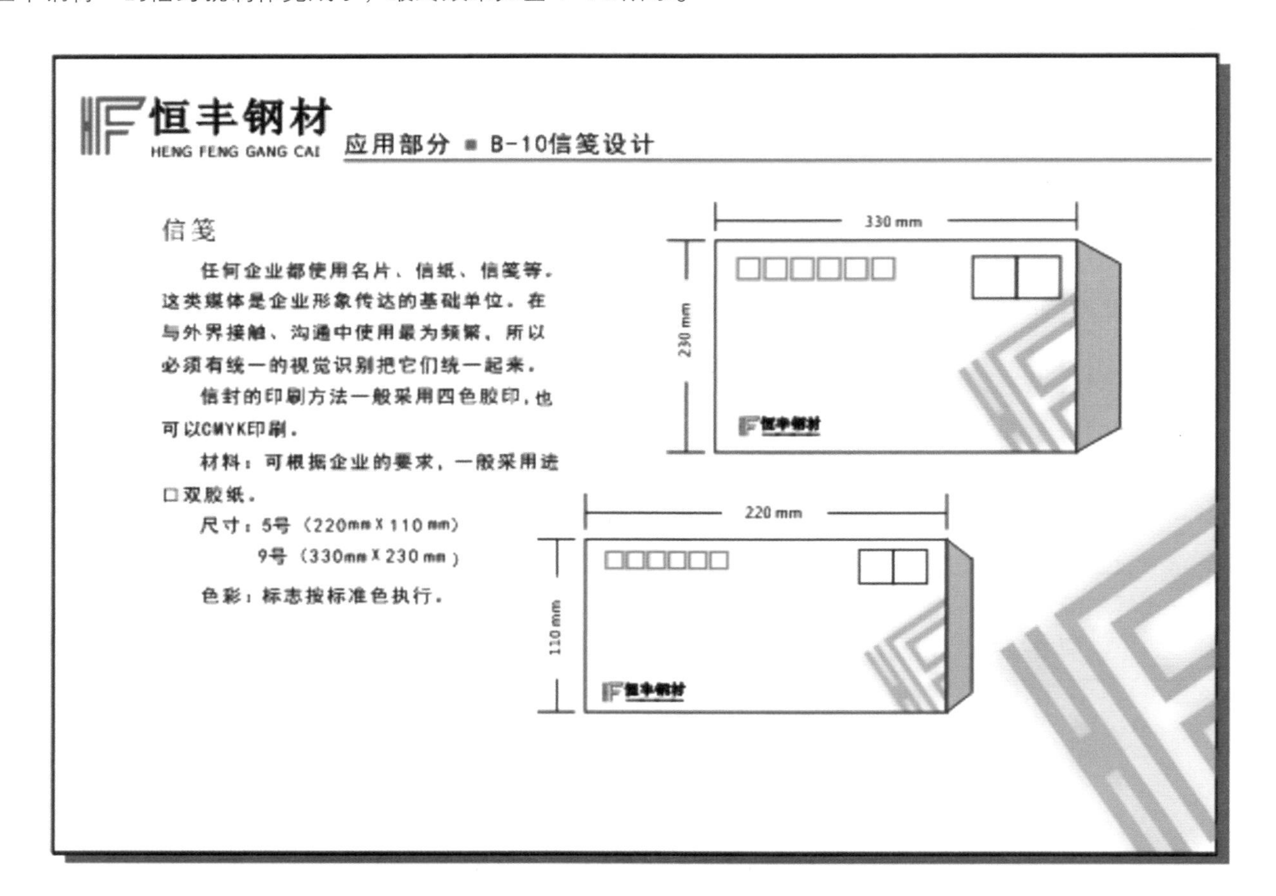

图 4–79 信封的最终效果

项目小结

本章详细地讲解了“聚豪饭店”会员卡设计、“恒丰钢材”信封设计两个子项目的制作过程，主要学习了交互式工具的应用，包括交互式调和工具、交互式轮廓图工具、交互式变形工具、交互式阴影工具、交互式封套工具、交互式立体化工具和交互式透明工具等。利用这些工具可以为图形制作出各种形状和色彩的调和效果、为图形添加轮廓图效果、进行图形的变形操作，或者为图形添加阴影、封套、立体化及透明效果。在进行填充时，要注意根据不同的画面需要选择不同的交互式填充方式，创造出具有视觉美感的图形效果。

习题 4

一、填空题

1. 交互式调和工具的调和类型包括：直接调和、顺时针调和以及____________三种。
2. 交互式轮廓图工具创建的轮廓方向包括____________、向内、向外三种。
3. 交互式封套工具的封套模式包括：封套的直线模式、封套的单弧模式、____________和封套的非强制模式。

二、选择题

1. CIS 系统是由 MI 理念识别、BI 行为识别和 VI（　　）三个方面组成的。

   A.感觉识别　　B.视觉识别　　C.听觉识别　　D.触觉识别

2. 交互式工具组中一共有（　　）种交互式工具。

   A.4　　B.5　　C.6　　D.7

3. 交互式工具组中的 图标是（　　）工具。

   A.交互式透明效果　　B.交互式立体化效果　　C.交互式调和效果　　D.交互式变形效果

4. 交互式变形工具包括推拉变形、拉链变形和（　　）。

   A.伸缩变形　　B.旋转变形　　C.扭曲变形　　D.折叠变形

三、简答题

1. VI 视觉识别系统中的基本要素系统和应用系统分别包括哪些内容?
2. 优秀的 VI 设计需要把握哪些原则?
3. VI 设计分为哪几个设计阶段?

版式设计

BANSHI SHEJI

项目描述

文字与图形是版式设计的重要组成部分。在 CorelDRAW X4 软件中，正确地处理图形与文字对于版式设计来说有着重要的作用。本项目学习的重点是运用位图滤镜对图片素材添加特殊效果，结合文本工具完成版式设计；难点在于如何在有限的版面空间里将各种文字、图形及其他视觉形象进行排列组合，既要考虑视觉表达内容的需要和审美的规律结合，又要考虑各种平面设计的具体特点，还要考虑如何才能使版面具备可观赏性。

学习目标

- 了解版式设计的原则
- 掌握位图滤镜的使用方法
- 掌握文本工具的使用方法
- 正确处理各种版式设计中图形与文字的关系

相关知识

版式设计开始于 19 世纪英国工业革命时期，它的发起人是威廉•莫里斯。自 20 世纪初以来，版式设计开始得到发展与普及，最先发展起来的是美国和日本，还有欧洲各国。版式设计在中国也有着悠久的历史，从五四运动开始，日本和欧洲一些国家的装饰和版式设计技术不断被引入国内，使中国的版式设计艺术在原有的基础上更向前迈进了一大步。20 世纪 60 年代末，新的以商业和文化内容为主体的版式设计有了较快的发展，涌现出一大批优秀的设计作品，它们从更广泛的角度体现出作者对中国深厚的文化积淀的认识与运用。

版式设计是指在有限的版面空间里，按照一定视觉表达内容的需要和审美的规律，结合各种平面设计的具体特点，运用各种视觉要素和构成要素、构成原理，将各种文字、图形及其他视觉形象进行排列组合的一种视觉传达设计方法。它的目的是满足信息传播的需要。

版式设计应用的范围极其广泛，可用于杂志、报纸、书籍、画册、DM 单、挂历、招贴、CD 封套、产品包装、网页等。

项目导入

子项目 1　绘制“贺岁邮票”

完成图 5-1 所示的“贺岁邮票”的制作。在开始绘制邮票前，先要制作素材，对素材图片进行处理，添加特殊的效果，并匹配相关文字信息。子项目 1 中主要运用 CorelDRAW X4 软件中的位图滤镜工具和文本工具。

图 5-1　贺岁邮票

子项目 2　制作“童话书封面”

完成图 5-2 所示的“童话书封面”的制作。封面的制作主要包括封面图案的制作、封底的制作及书脊的制作，首先从添加封面图案开始，将素材图形放置到封面图形的容器中，然后对书籍名称采用拆分文字的方法对各个文字分别进行编辑，制作出变形文字的效果，而其他说明文字则使用文本工具直接输入。子项目 2 中主要运用到了 CorelDRAW X4 软件中的文本工具。

图 5-2　童话书封面

任务 1 版面知识

1. 版面设计的原则

1）思想性与单一性

版面设计的目的是为了更好地传播客户信息。设计师自我陶醉于个人风格及与主题不相符的文字和图形中，往往是造成设计平庸的主要原因。一个成功的版面设计，首先必须明确客户的目的，并深入去了解、观察、研究与设计有关的方方面面，通常简要的咨询则是设计良好的开端。版面离不开内容，因而应更能够体现内容的主题思想，用以增强读者的注意力与理解力。只有做到了主题鲜明突出，一目了然，才能达到版面构成的最终目标。

平面艺术只能在有限的篇幅内与读者接触，因而就要求版面设计必须单纯、简洁。对于过去的那种填鸭式的、含意复杂的版面设计形式， 人们早已厌倦了。实际上强调单纯、简洁，并不是指单调、简单，而是指信息的浓缩处理、内容的精练表达，这必须建立在新颖独特的艺术构思上。因此，版面的单纯化，既包括诉求内容的规划与提炼，又涉及版面设计的构成技巧。

2）艺术性与装饰性

为了使版面设计更好地为版面内容服务，寻求合乎情理的版面视觉语言则显得非常重要。构思立意是设计的第一步，这也是设计作品时所进行的思维活动。设计主题明确后，版面色图布局和表现形式等则成为版面设计的核心内容，这也是一个艰辛的创作过程。怎样才能达到意新、形美，变化而又统一，并具有审美情趣，这要取决于设计者的文化涵养。可以说，版面设计是对设计者的思想境界、艺术修养、技术知识的全面检验。

版面的装饰因素是由文字、图形、色彩等通过点、线、面的组合与排列构成的，并采用夸张、比喻、象征的手法来体现视觉效果，这样既美化了版面，又提高了传达信息的功能。装饰是运用审美特征构造出来的。不同类型的版面信息，具有不同方式的装饰形式，它不仅起着排他和突出版面信息的作用，而且能使读者从中获得美的享受。

3）趣味性与独创性

版面设计中的趣味性，主要是指形式美的情境，这是一种活泼的版面视觉语言。如果版面本身并无多少精彩的内容，则要靠制造趣味来取胜，这要通过在构思中调动艺术手段来达到目的。版面充满趣味性，可以使传媒信息如虎添翼，从而起到画龙点睛的作用，使作品更吸引人、打动人。在实际操作中，趣味性可采用寓言、幽默和抒情等表现手法来获得。

独创性原则实质上是一种突出个性化特征的原则。鲜明的个性是版面设计创意的灵魂。试想，如果一个版面设计在单一化与概念化的方面大同小异，人云亦云，那么它的记忆度能有多少呢，更谈不上出奇制胜了。因此，要敢于思考，敢于别出心裁，敢于独树一帜，在版面设计中多一点个性而少一点共性，多一点独创性而少一点一般性，才能赢得消费者的青睐。

4）整体性与协调性

版面设计是传播信息的纽带，其所追求的完美形式必须符合主题的思想内容，这是版面设计的根基。如果只讲究表现形式而忽略内容，或者只求内容而缺乏艺术表现，其版面设计都是不成功的。只有把形式与内容合理地统一，强化整体布局，才能取得版面设计中独特的社会和艺术价值，才能解决版面设计应该表达什么、对谁表达和怎样表达的问题。

强调版面的协调性原则，也就是强化各种编排要素在版面中的结构及色彩上的关联性。通过对版面中文、图之间的整体组织与协调性的编排，使版面具有秩序美、条理美，才能获得更良好的视觉效果。

2. 版面设计的图形排列 ▼

图片在版面设计中占有很大的比重，其视觉冲击力比文字要强，也有人说，一幅图版胜过千字。但这并非说明语言或文字的表现力减弱了，而是指图片在视觉传达上能辅助文字，帮助读者理解，可以使版面更加立体、真实。因为图片能具体而直接地将我们的意境以更高的境界表现出来，使画面充满更强烈的创造性。图片在排版设计要素中是吸引视觉的重要素材，有其独特的性格，具有视觉效果和导读效果。

1）图片的位置

图片的位置直接关系到版面的构图布局。版面中的上下、左右及对角线的四角都是视线的焦点，在这些焦点上恰到好处地安排图片，能使版面的视觉冲击力明显地表露出来。在编排中有效地控制住这些点，可使版面变得清晰、简洁和富于条理性。

2）图片的面积

图片面积的安排，直接关系到版面的视觉传达效果。一般情况下，可以把那些重要的、吸引读者注意力的图片放大，而从属的图片则缩小，形成主次分明的格局，这也是排版设计的基本原则。

3）图片的数量

图片的数量，可以影响到读者的阅读兴趣。如果版面只采用一张图片，那么其质量就决定着人们对它的印象。增加一张图片，版面就变得较为活跃了，同时也就出现了对比的效果。图片增加到三张以上，就能营造出很热闹的版面氛围了，非常适合于普及的、热闹的和新闻性强的读物。当版面中有了多张图片时，读者就有了浏览的余地。图片数量的多少，并不是设计者随心所欲的设计，最重要的是根据版面的内容来精心安排。

4）图片的形式

图片的形式主要有方形图式、出血图式、退底图式、化网图式和特殊图式等。其中：出血图式，即图片充满整个版面而不露出边框；退底图式，即设计者根据版面内容所需，将图片中精选部分沿边缘裁剪；化网图式，是利用计算机技术来减少图片的层次；特殊图式，是将图片按照一定的形状来限定。

5）图片的组合

图片的组合，就是把数张图片安排在同一版面中，包括块状组合与散点组合两种方法。块状组合强调图片与图片之间的直线分割。如垂直线和水平线的分割，则文字与图片相对独立，使组合后的图片整体表现出大方、富于条理的特点。

6）图片的方向

图片的方向，可使版面形成有效的视觉攻势。方向感强则动势强，图片产生的视觉感应就强，反之则会平淡无奇。图片的方向性可通过人物的运势、视线的方向等方面的变化来获得，也可借助近景、中景和远景来达到。

7）图形排版的特征

图形排版主要具有简洁性、夸张性、具象性、抽象性、符号性、文字性等特征。下面分别进行介绍。

（1）简洁性。图形在排版设计中最直接的效果就是简洁明了，主题突出。

（2）夸张性。夸张是设计师常用的一种表现手法，它将对象个性中美的方面进行明显的夸大，并借助于想象，充分扩大事物的特征，造成新奇变幻的版面情趣，以此来增强版面的艺术感染力，从而加速信息传达的时效。

（3）具象性。图形具象性的最大特点在于能真实地反映自然形态的美。在以人物、动物、植物、矿物或自然环境为元素的造型中，通过将写实性与装饰性相结合，可以使人产生具体清晰、亲切生动和信任感；通过反映事物的内涵和自身的艺术性去吸引和感染读者，使版面构成一目了然，获得读者的喜爱。

（4）抽象性。图形的抽象性以简洁单纯而又鲜明为主要特色。常通过运用几何图形中的点、线、面，以及圆形、方形、三角形等来构成图形，从而达到抽象的效果。图形的抽象性是利用有限的形式语言所营造的空间意境，让读者运用自身的想象力去联想和体味。图形的这种抽象性的表现手法为现代人所喜闻乐见，因而其前景是十分广阔的，并且其构成的版面更具有时代特色。

（5）符号性。图形符号性特征最具代表性，它是人们先把信息与某种事物相关联，然后再通过视觉感知其代表的一定事物的方法。当这种对象被公众所认同时，便成为代表这个事物的图形符号。例如，国徽是一种符号，它是一个国家的象征。图形符号在排版设计中具有简洁、醒目、变化多样等特点，它包含三个方面的内涵，即符号的象征性、符号的形象性、符号的指示性。

（6）文字性。图形文字是指将文字以图形的方式来处理，然后构成版面。这种形式在版面构成中占有重要的地位。同时，通过运用重叠、放射、变形等方法在视觉上产生特殊效果，为图形文字开辟了一个崭新的设计领域。文字图形就是将文字作为最基本单位的点、线、面出现在设计中，使其成为排版设计的一部分，最终使整体达到图文并茂、别具一格的版面特点。这是一种极具趣味的构成方式，往往能起到活跃人们视线、产生生动趣味的效果。

3. 版面设计中文字的应用

文字在排版设计中，不仅仅局限于信息的传达，更是一种高尚的艺术表现形式。文字具有启迪性、宣传性和引领人们的审美时尚的特点。文字是版面的核心，也是视觉传达最直接的方式，运用经过精心处理的文字素材，不加入任何图形即可以制作出效果很好的版面。版面设计中运用文字时应注意以下几个方面。

1）字体、字号

字体的设计、选用是排版设计的基础。中文常用的字体主要有宋体、仿宋体、黑体、楷书四种，在标题上为了达到醒目的效果，又出现了粗黑体、综艺体、琥珀体、粗圆体、细圆体及手绘创意美术字等。在排版设计中，选择两到三种字体可得到最佳的视觉效果。否则，会产生凌乱及缺乏整体效果等问题。在选用的字体上，采用加粗、变细、拉长、压扁或调整行距等方法来变化字体大小，同样能产生丰富多彩的视觉效果。

字号是表示字体大小的术语。计算机中字体的大小通常采用号数制、点数制等形式来表示。点数又称为磅数，点数制是世界上流行的计算字体的标准制度。计算机排版系统就是用点数制来计算字号大小的，其中，1 点等于 0.35 mm。

2）字距与行距

字距与行距往往反映了设计师对版面的设计思路，同时也是设计师品位的直接体现。一般的字距与行距的比例为：字距为 8 点时行距则为 10 点，即字距行距比为 8：10。但对于一些特殊的版面来说，字距与行距的加宽或缩紧，更能体现主题的内涵。例如，现在国际上流行将文字分开排列，这种方式能使版面具有疏朗清新、现代感强的特点。因此，字距与行距不是绝对的，应根据实际情况来定。

3）编排形式

文字的编排形式多种多样，大致包括左右齐整、左对齐、右对齐、居中编排、文图穿插、突出字首等几种形式。

4）文字编排的特殊表现

文字编排的特殊表现包括形象字体、意象字体、图文叠印和群组编排等方法。形象字体，即根据文字的意思或内容进行艺术创造的字体。意象字体，即将特定的文字个性化，直接展示文字内容的表现手法。图文叠印，即将文字印在图片或图形的背景上的表现手法。群组编排，即将文字编排在一个具体的形状中，使其图片化的表现手法。

任务 2 CorelDRAW 中常用的工具

1. 位图滤镜的应用

1）三维效果滤镜

三维效果滤镜可以为位图添加各种模拟的 3D 立体效果。此滤镜组中包括三维旋转、柱面、浮雕、卷页、透视、挤远挤近及球面等 7 种滤镜类型。

●案例 1　卷页效果

如图 5–3 所示，利用“卷页”命令可以使位图的四个边角产生不同程度的卷页效果。

(a)

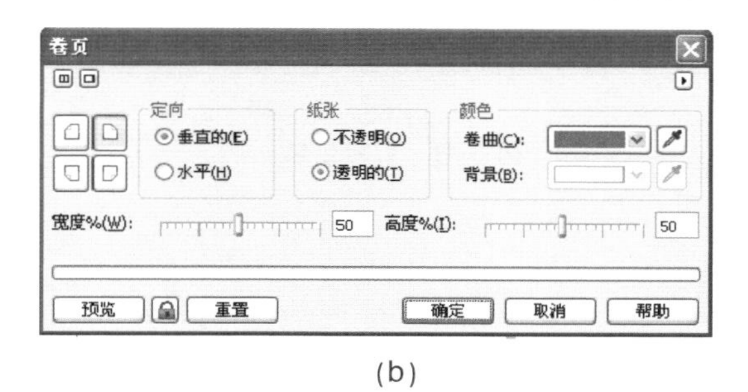

(b)

(c)

图 5–3　卷页效果

●案例 2　球面效果

如图 5–4 所示，利用“球面”命令可以使位图产生一种贴在球体上的球化效果。在图 5–4（b）所示的“球面”对话框中进行参数设置，可以产生更多的效果。

(a)

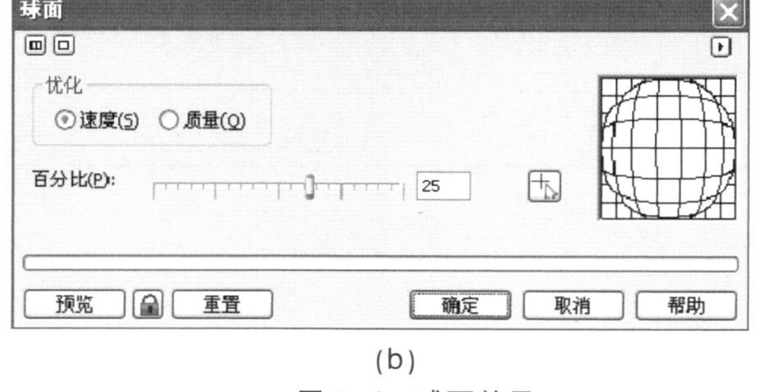

(b)

(c)

图 5–4　球面效果

2）艺术笔触滤镜

艺术笔触滤镜可以为位图添加一些特殊的美术技法效果。此组滤镜中包括炭笔画、单色蜡笔画、蜡笔画、立体派、印象派、调色刀、彩色蜡笔画、钢笔画、点彩派、木版画、素描、水彩画、水印画和波纹纸画等共 14 种艺术笔触效果。

●案例 1　蜡笔画效果

如图 5–5 所示，利用“蜡笔画”命令可以使位图变成蜡笔画的效果。在图 5–5（b）所示的“蜡笔画”对话框中进行参数设置，可以产生不同的效果。

(a)

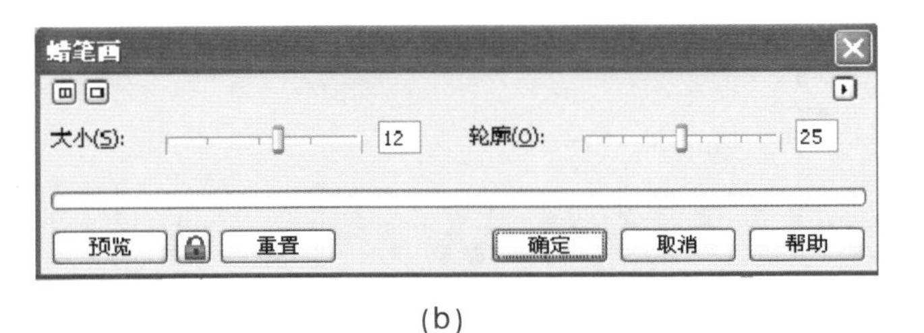

(b)

(c)

图 5–5　蜡笔画效果

●案例 2　素描效果

如图 5–6 所示，利用“素描”命令可以使位图变成素描画的效果。在图 5–6（b）所示的“素描”对话框中进行参数设置，可以产生不同的素描效果。

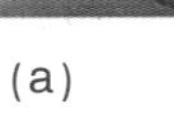

(a)

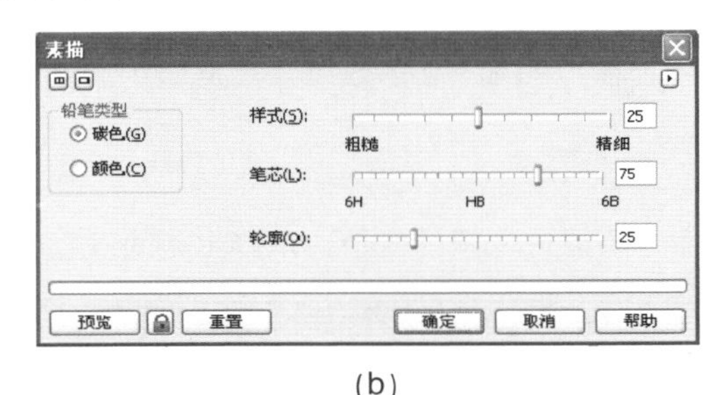

(b)

(c)

图 5–6　素描效果

3）模糊滤镜

使用模糊滤镜，可以使图像画面柔化、边缘平滑。“模糊”滤镜组中包括定向平滑、高斯式模糊、锯齿状模糊、低通滤波器、动态模糊、放射式模糊、平滑、柔和及缩放等共 9 种模糊滤镜。

●案例 1　锯齿状模糊效果

如图 5–7 所示，利用“锯齿状模糊”命令可以在相邻颜色的一定高度和宽度范围内产生锯齿波动的模糊效果。

(a)

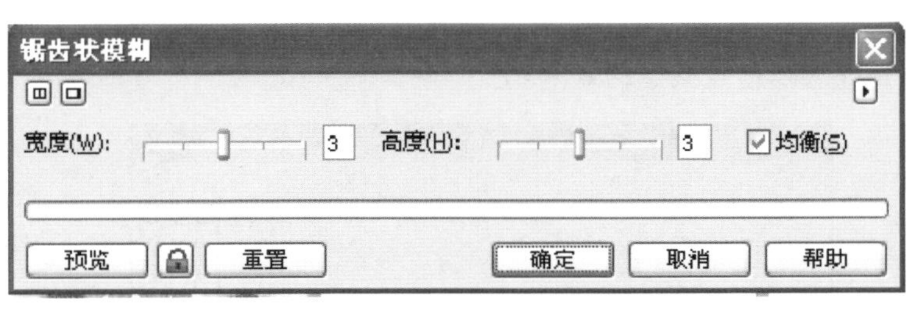

(b)

(c)

图 5–7　锯齿状模糊效果

●案例 2　放射状模糊效果

如图 5–8 所示，利用“放射状模糊”命令可以使位图图像从指定的圆心处产生同心旋转的模糊效果。

(a)

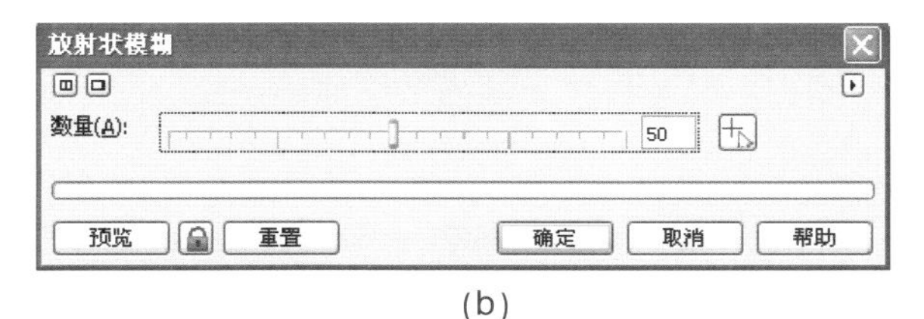

(b)

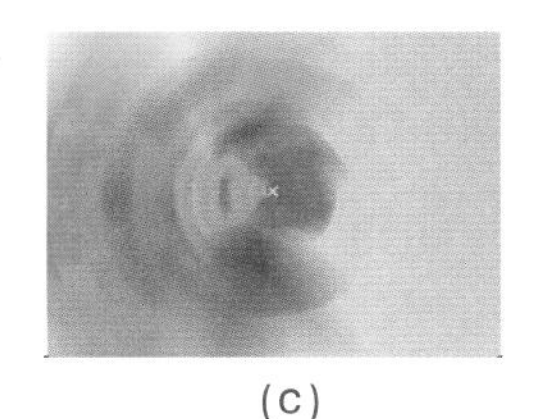

(c)

图 5–8 放射状模糊效果

4）相机滤镜

“相机”特效是从 CorelDRAW X3 版本才新增的滤镜。该命令通过模仿照相机原理，使图像产生散光等效果，该滤镜组中只包含“扩散”命令。

●案例 1 扩散效果

如图 5–9 所示，利用“扩散”命令可以使位图的像素向周围均匀扩散，从而使图像变得模糊、柔和。

(a)

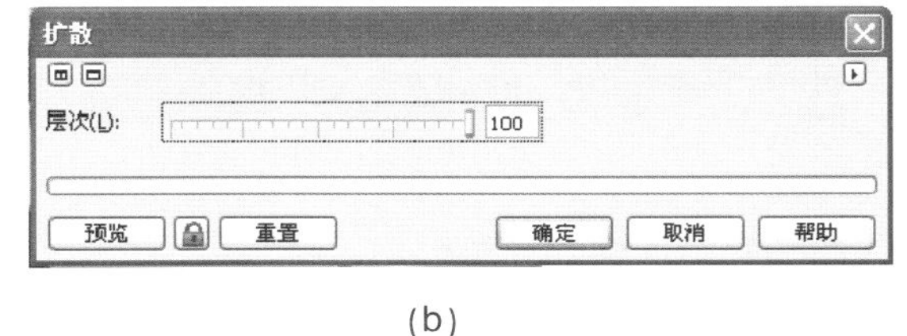

(b)

(c)

图 5–9 扩散效果

5）颜色变换滤镜

应用颜色变换滤镜，可以改变位图中原有的颜色。此滤镜组中包含位平面、半色调、梦幻色调和曝光等效果。

●案例 1 位平面效果

如图 5–10 所示，利用“位平面”命令可以使位图图像中的颜色以红、绿、蓝三种色块平面显示出来，并用纯色来表示位图中颜色的变化，从而产生特殊的视觉效果。

(a)

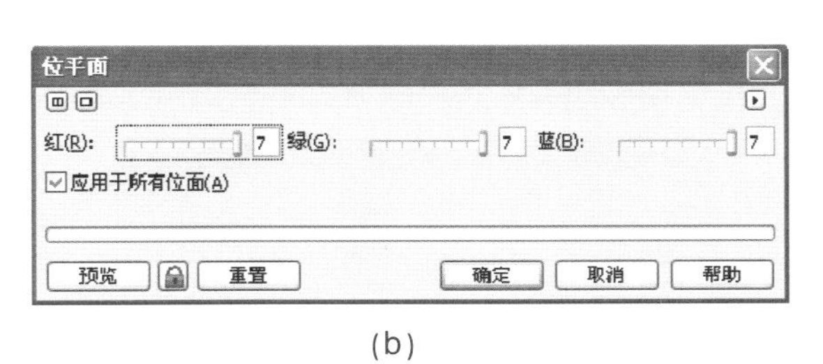

(b)

(c)

图 5–10 位平面效果

●案例 2 半色调效果

如图 5–11 所示，利用“半色调”命令可以使位图图像产生彩色网板的效果。

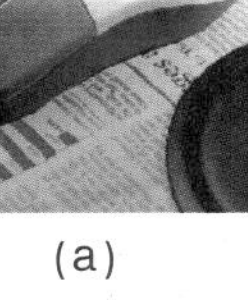

(a)

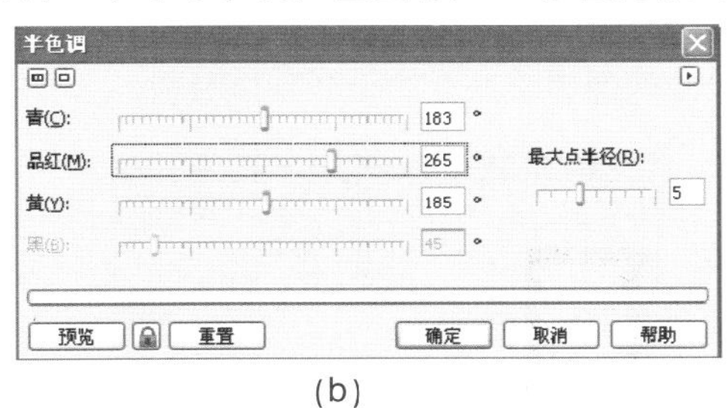

(b)

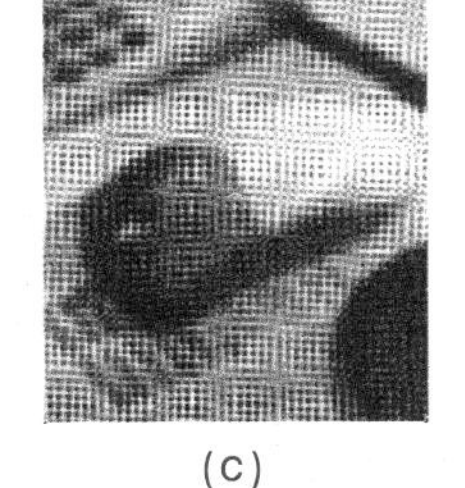

(c)

图 5–11 半色调效果

6）轮廓图滤镜

应用轮廓图滤镜，可以把位图按照其边缘线勾勒出来，从而产生一种素描效果。该滤镜组中共包括边缘检测、查找边缘和描摹轮廓 3 种效果。

●案例 1　边缘检测效果

如图 5–12 所示，“边缘检测”命令可以查找位图图像中对象的边缘，并勾画出对象轮廓。此滤镜适用于高对比的位图图像的轮廓查找。

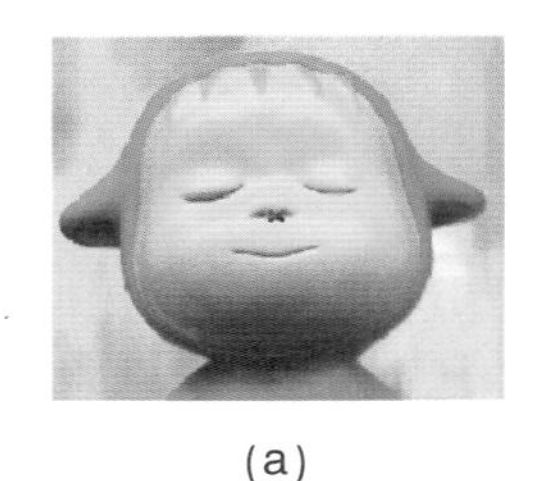

(a)

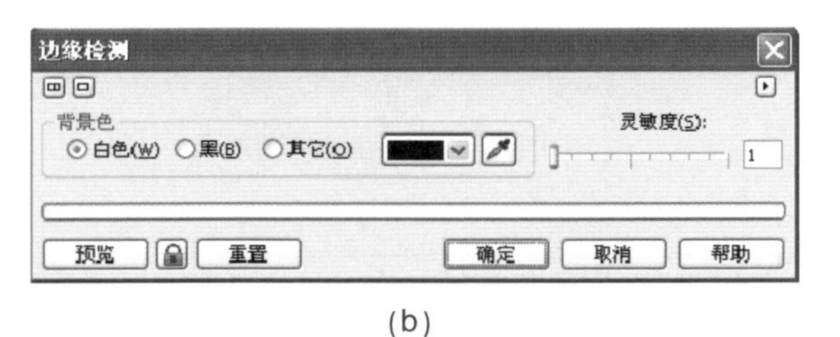

(b)

(c)

图 5–12　边缘检测效果

●案例 2　描摹轮廓效果

如图 5–13 所示，“描摹轮廓”命令可以勾画出图像的边缘，边缘以外的大部分区域将以白色填充。

(a)

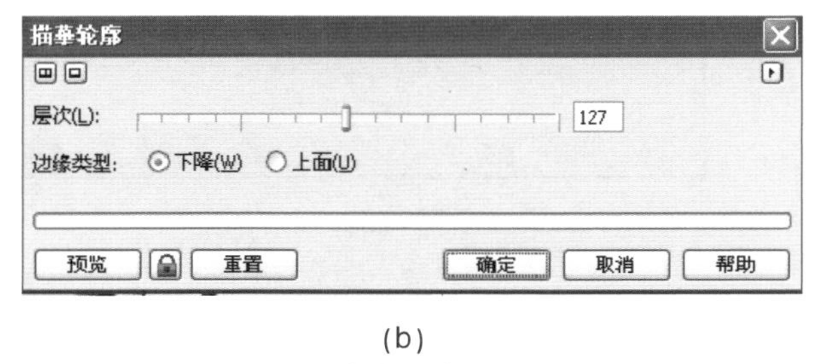

(b)

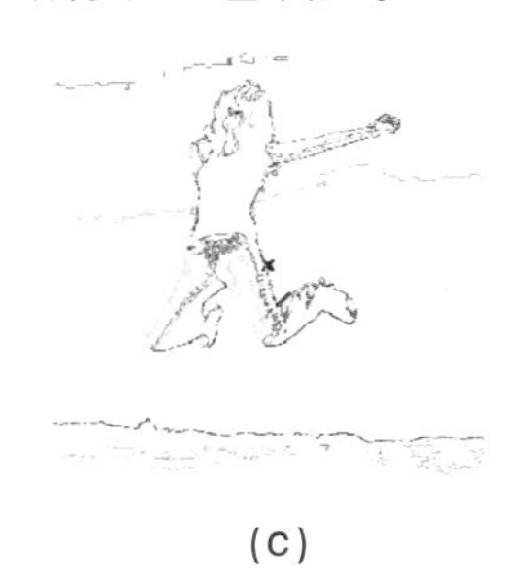

(c)

图 5–13　描摹轮廓效果

7）创造性滤镜

应用创造性滤镜，可以为图像添加许多具有创意的各种画面效果。该滤镜组包括工艺、晶体化、织物、框架、玻璃砖、儿童游戏、马赛克、粒子、散开、茶色玻璃、彩色玻璃、虚光、旋涡及天气等共 14 种效果。

●案例 1　工艺效果

如图 5–14 所示，“工艺”命令可以使位图图像具有类似于用工艺元素拼接起来的画面效果。

(a)

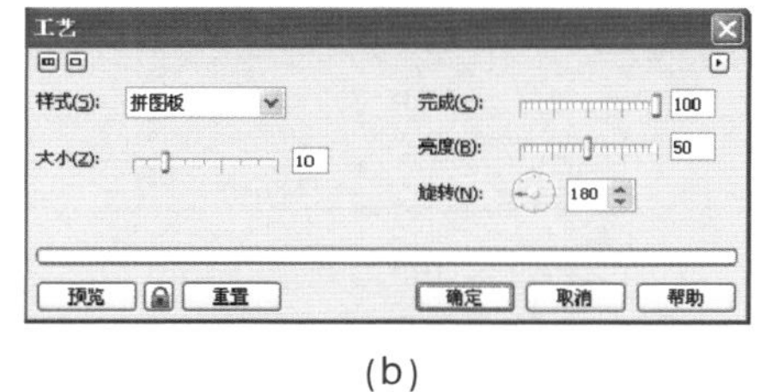

(b)

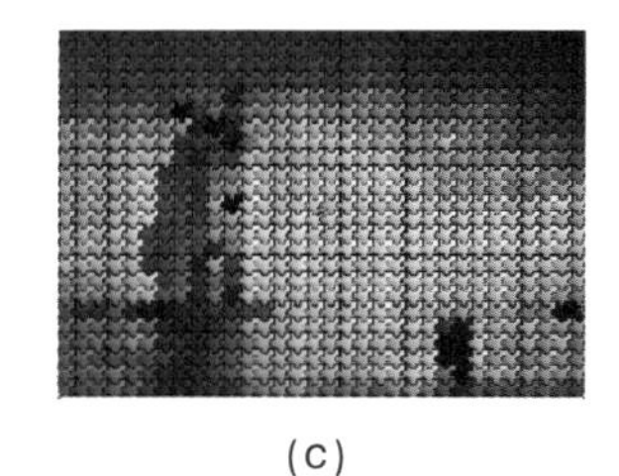

(c)

图 5–14　工艺效果

●案例 2　框架效果

如图 5–15 所示，“框架”命令可以使图像边缘产生艺术的抹刷效果。

(a)

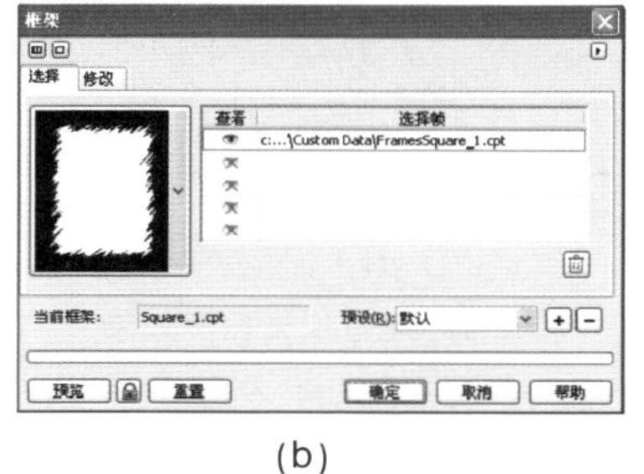

(b)

(c)

图 5–15　框架效果

●案例 3　儿童游戏效果

如图 5–16 所示，应用“儿童游戏”命令，可以使位图图像具有类似于儿童涂鸦游戏时所绘制出的画面效果。

(a)

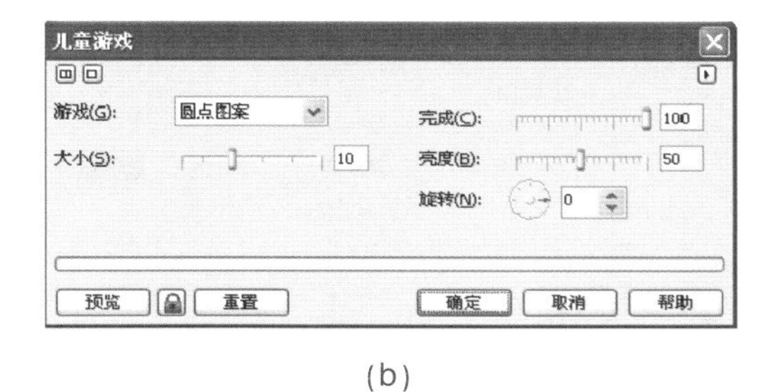

(b)

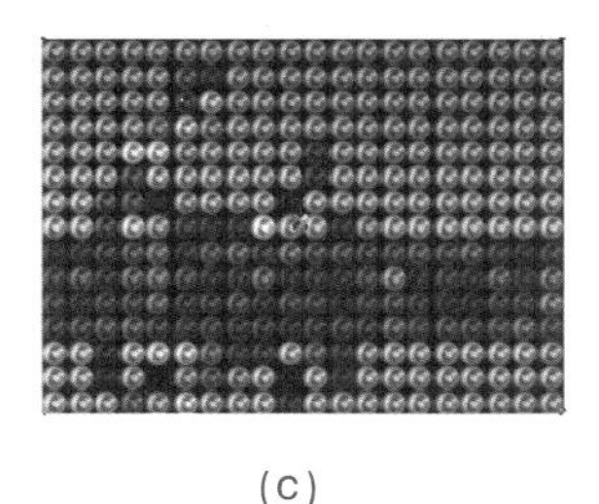

(c)

图 5–16　儿童游戏效果

8）扭曲滤镜

应用扭曲滤镜，可以为图像添加各种扭曲变形的效果。此滤镜组包含了块状、置换、偏移、像素、龟纹、旋涡、平铺、湿笔画、涡流及风吹等共 10 种滤镜效果。

●案例 1　置换效果

如图 5–17 所示，“置换”命令可以使图像被预置的波浪、星形或方格等图形置换出来，从而产生特殊的效果。

(a)

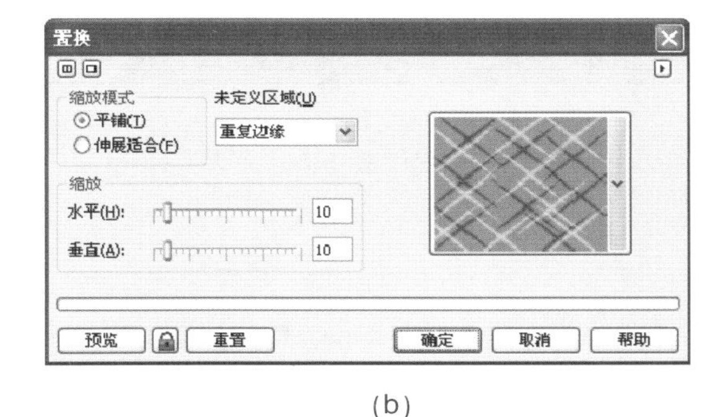

(b)

(c)

图 5–17　置换效果

●案例 2　湿笔画效果

如图 5–18 所示，“湿笔画”命令可以使图像产生类似于油漆未干时，油漆往下流淌的画面浸染效果。

(a)

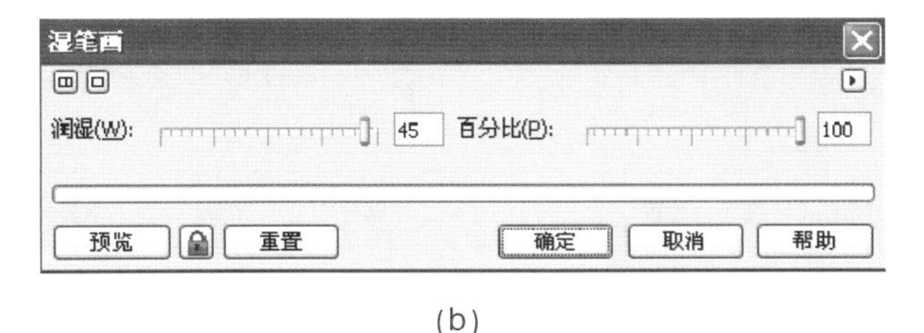

(b)

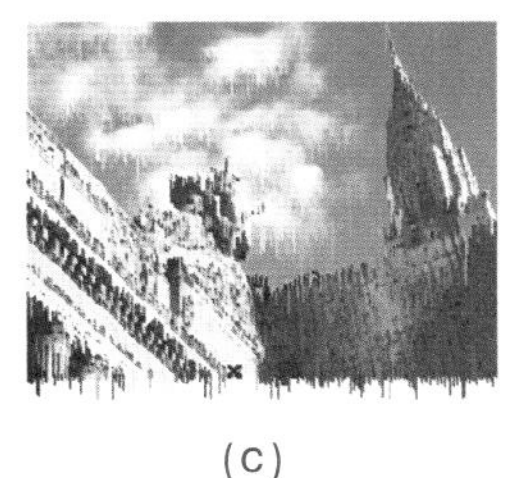

(c)

图 5–18　湿笔画效果

9）杂点滤镜

使用杂点滤镜，可以在位图中模拟或消除由于扫描或颜色过渡所造成的颗粒效果。此滤镜组包含了添加杂点、最大值、中值、最小值、去除龟纹及去除杂点等共 6 种滤镜效果。

●案例 1　添加杂点效果

如图 5–19 所示，“添加杂点”命令可以在位图图像中增加颗粒，使图像画面具有粗糙的效果。

●案例 2　去除杂点效果

如图 5–20 所示，“去除杂点”命令可以去除图像(如扫描图像)中的灰尘和杂点，使图像有更加干净的画面效果。但同时，去除杂点后的画面会相应的变得模糊。

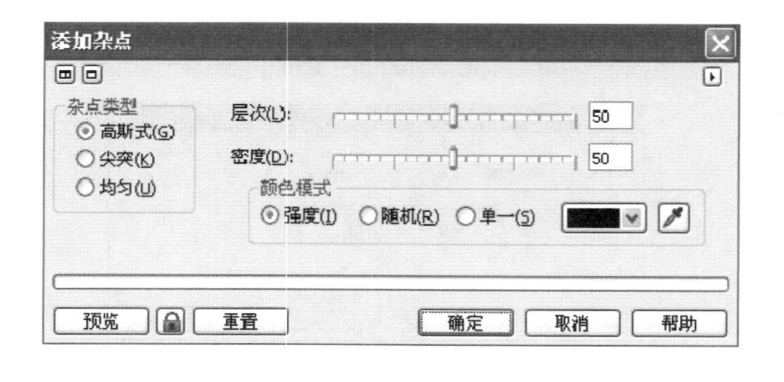

(a)　　(b)　　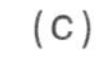(c)

图 5–19　添加杂点效果

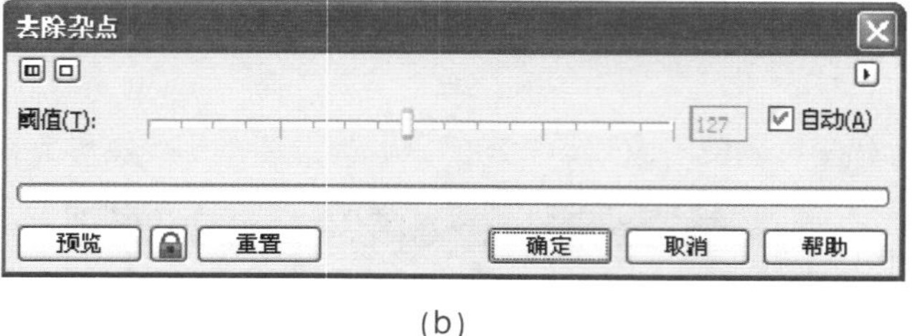

(a)　　(b)　　(c)

图 5–20　去除杂点效果

10）鲜明化滤镜

应用鲜明化滤镜，可以改变位图图像中相邻像素的色度、亮度及对比度，从而增强图像的颜色锐度，使图像颜色更加鲜明突出。此滤镜组包含了适应非鲜明化、定向柔化、高通滤波器、鲜明化及非鲜明化遮罩等共 5 种滤镜效果。

●案例 1　适应非鲜明化效果

如图 5–21 所示，“适应非鲜明化”命令可以增强图像中对象边缘的颜色锐度，使对象边缘鲜明化。

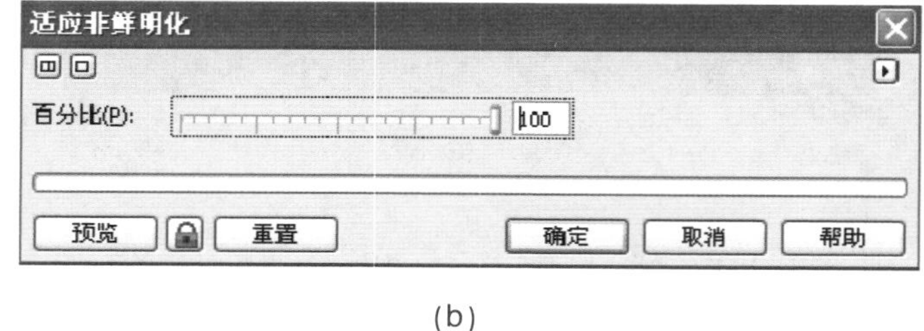

(a)　　(b)　　(c)

图 5–21　适应非鲜明化效果

●案例 2　高通滤波器效果

如图 5–22 所示，“高通滤波器”命令可以极为清晰地突出位图中绘图元素的边缘。

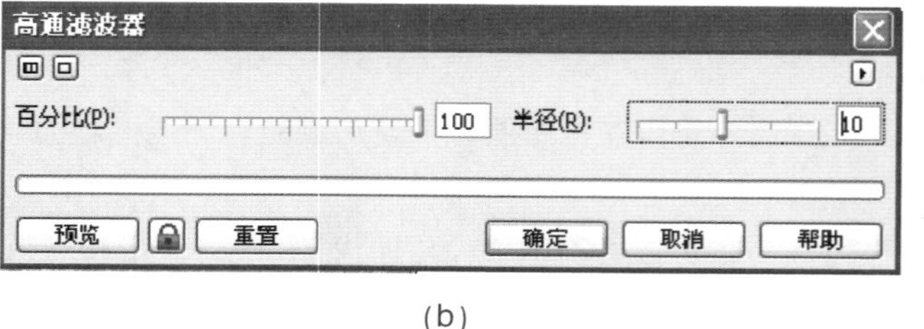

(a)　　(b)　　(c)

图 5–22　高通滤波器效果

【实际操作】学习了那么多知识，下面我们可以动手操作啦！

子项目 1 实施：绘制“贺岁邮票”

1）绘制邮票框架

（1）新建一个空白文件。选择“文件”→“新建”命令，建立一个新的文件，或者也可以使用快捷键 Ctrl+N。

（2）设置辅助线。在界面中任意位置单击鼠标右键，在弹出的菜单中选择“辅助线设置”命令，打开“辅助线”对话框，如图 5-23 所示，在该对话框中可以设置辅助线参数。

设置完毕后，单击“确定”按钮保存设置并关闭对话框。

（3）绘制矩形与椭圆。在工具箱中选择矩形工具，在图层中绘制矩形对象，使矩形四个角点分别与四条辅助线的交点重合，如图 5-24 所示。

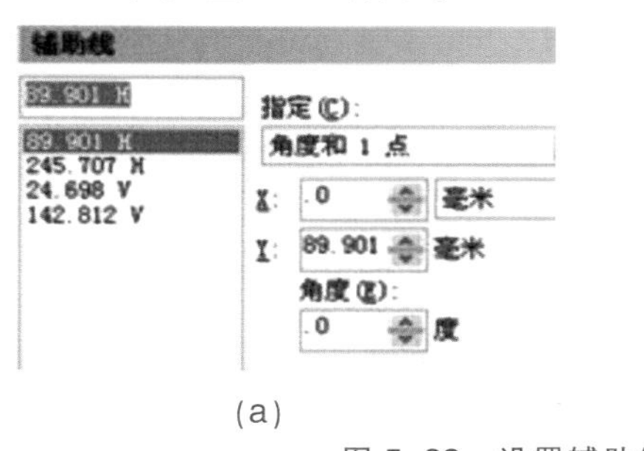

(a)

(b)

图 5-23 设置辅助线

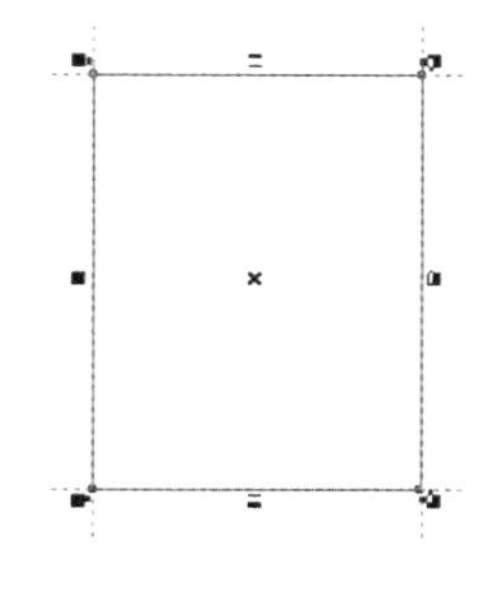

图 5-24 绘制矩形对象

选择椭圆工具，同时按 Shift 键和 Ctrl 键，以矩形左上角点为圆心，绘制一个适当大小的圆，要保证圆心在矩形左上角点上，如图 5-25 所示。

选择上面已绘制好的圆对象，并按 Ctrl 键，然后向下移动刚绘制的小圆，其圆心会自动和矩形左下角点重合，此时复制该小圆。

用同样的方法绘制另外两个小圆，使它们的圆心分别在矩形的右上角点和右下角点上。

（4）设置调和效果。选择左上角的椭圆对象，在工具箱中选择交互式调和工具，用鼠标向右拖动椭圆，并设置“调和步长”为 8，设置“调和方向”为“直接调和”，其设置效果如图 5-26 所示。

选择调和后的对象，选择“排列”→“分离”命令，将其分离成若干独立的小圆。重复上面的调和操作，调和其他的圆形对象，其设置效果如图 5-27 所示。

图 5-25 对准圆心

图 5-26 设置调和效果

图 5-27 分离调和效果

（5）删除辅助线。选择 4 条辅助线，按 Delete 键，可将辅助线删除。

（6）设置修剪操作。选择所有的圆形对象，选择“排列”→“整形”→“修剪”命令，打开“修剪”窗口，设置参数如图 5–28 所示。

按照图 5–28 所示的参数进行设置，然后单击“修剪于”按钮，选择矩形对象，执行效果如图 5–29 所示。

2）绘制邮票背景

（1）绘制矩形。在工具箱中选择矩形工具，在邮票轮廓内绘制一个矩形对象，如图 5–30 所示。

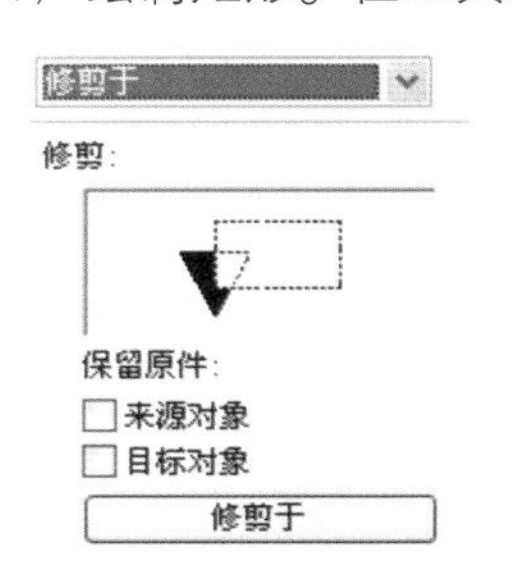

图 5–28　“修剪”窗口

图 5–29　邮票框架

图 5–30　绘制矩形

选择邮票轮廓与矩形对象，选择“排列”→“排列与分布”→“对齐与分布”命令，打开“对齐与分布”对话框，设置参数如图 5–31 所示。

“对齐与分布”命令可以使图片框以邮票轮廓为基准进行水平中央对齐，参数设置完毕后，单击“应用”按钮。

（2）设置颜色。选择矩形对象，在工具箱中选择“单色填充工具”，设置填充颜色如图 5–32 所示。参数设置完毕后，单击“确定”按钮，执行效果如图 5–32 所示。

（3）键入文本。在工具箱中选择文本工具**字**，在红色矩形中键入“贺”字，在属性栏中设置文本字体为“华文中宋”，设置大小为 240 点，设置颜色为“白色”，最终效果如图 5–33 所示。

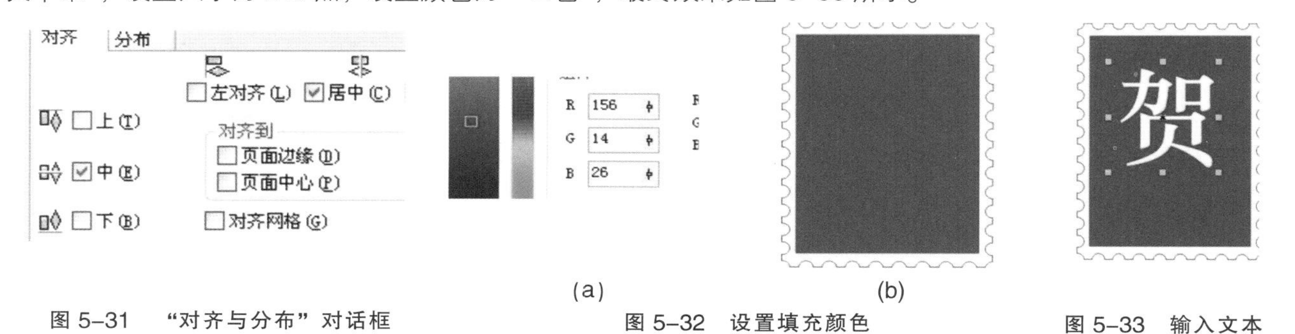

(a)　(b)

图 5–31　“对齐与分布”对话框　　图 5–32　设置填充颜色　　图 5–33　输入文本

（4）设置虚光效果。选择文本对象，然后选择“位图”→“转换为位图”命令，打开“转换为位图”对话框，设置参数如图 5–34 所示。参数设置完毕后，单击“确定”按钮，关闭对话框。

选择转换后的对象，选择“位图”→“创造性”→“虚光”命令，打开“虚光”设置对话框，按照图 5–35（a）所示设置参数，执行效果如图 5–35（b）所示。

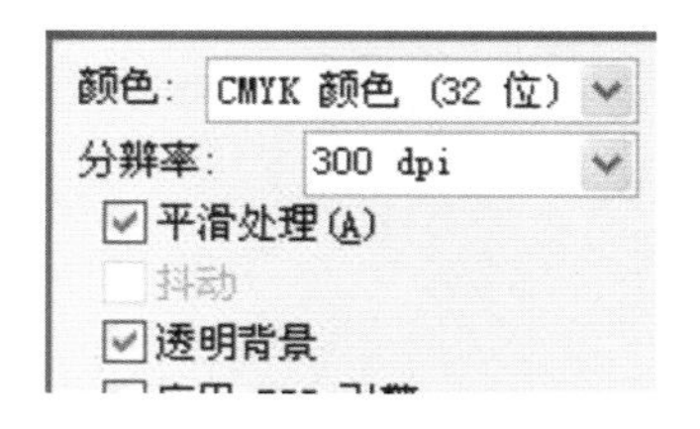

图 5–34　转换为位图

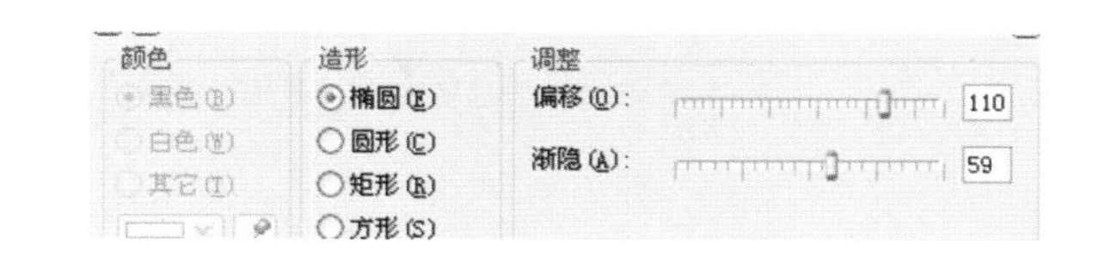

(a)　(b)

图 5–35　设置虚光效果

（5）绘制如图 5-36 所示的花朵。

(a)　　　　　　(b)

图 5-36　绘制花朵

（6）绘制矩形。在工具箱中选择矩形工具□，在邮票中绘制一个矩形对象，选择轮廓工具，给矩形对象设置轮廓，设置“颜色”为白色，其他参数设置与执行效果如图 5-37 所示。

3）键入文字

输入如图 5-38 所示的文字。先键入“中国邮政”文本，然后键入“CHINA”文本，再键入“80”　“分”文本。

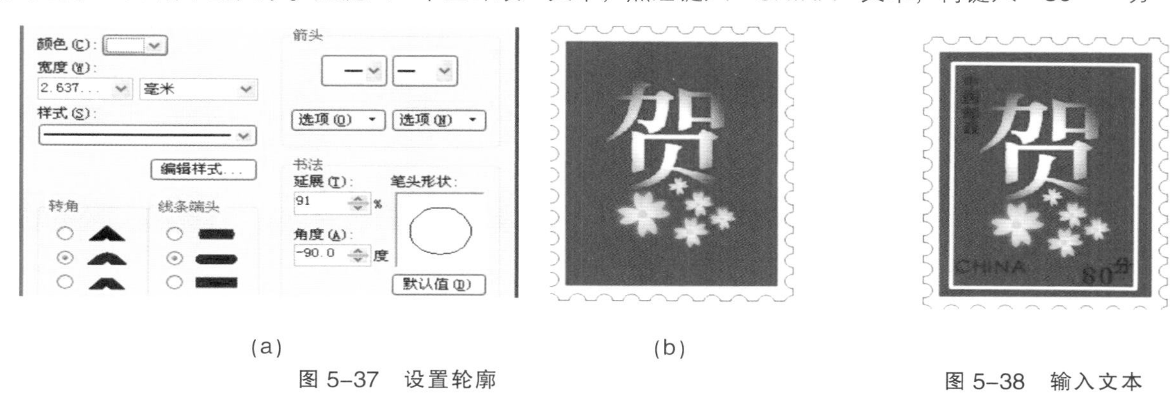

(a)　　　　　　(b)

图 5-37　设置轮廓　　　　　　图 5-38　输入文本

2. 文本的添加

文本的添加指的是如何在图形中输入不同类型的文本，并通过属性栏中相关的设置对文本格式进行设置和编排。

文本的添加主要包括两种类型文本的添加，一是美术字的添加，二是段落文字的添加。这两种文字都可以通过属性栏来设置文字大小、字体及对齐方式等。

1）美术字的添加

美术字的添加可以直接使用文本工具来实现，选择文本工具，然后在图中单击，再输入文字即可。单击工具箱中的文本工具后，在标准栏的下方将会出现该工具的属性栏如图 5-39 所示，在属性栏中可以通过设置参数来得到不同的位置效果，如设置文字的字体、设置文字大小、设置文字粗体、对齐方式等。

图 5-39　文字工具的属性栏

属性栏中可以设置三种字体形式，在图中输入文字后，单击属性栏中的按钮即可设置文字为粗体、斜体，或添加下画线。

输入文字的方式包括横向排列的文字和纵向排列的文字，可以通过单击属性栏中的相关按钮来完成。选择文本工具后可通过单击属性栏中的“将文本更改为水平方向”或“将文本更改为垂直方向”按钮来改变文字方向。

2）段落文本的添加

段落文本的添加则要先使用文本工具创建文本框，然后在文本框中输入文字，并且对于输入的文字可以通过属性栏中的对齐方式对其进行编辑。一般的操作方法为：首先选择文本工具，然后在图中的相应位置放置文本框，最后输入所需的文字即可（见图 5-40）。

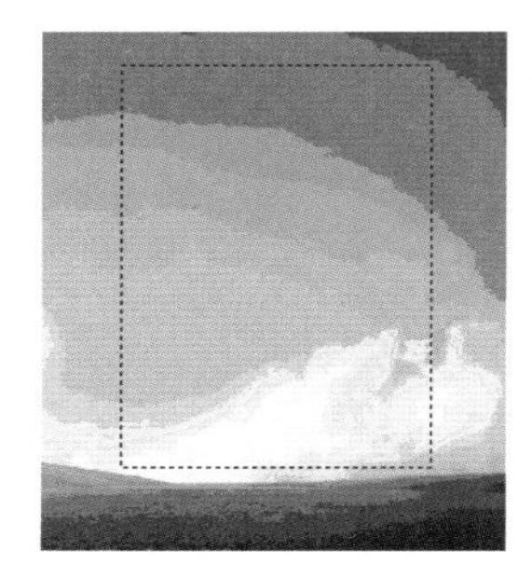

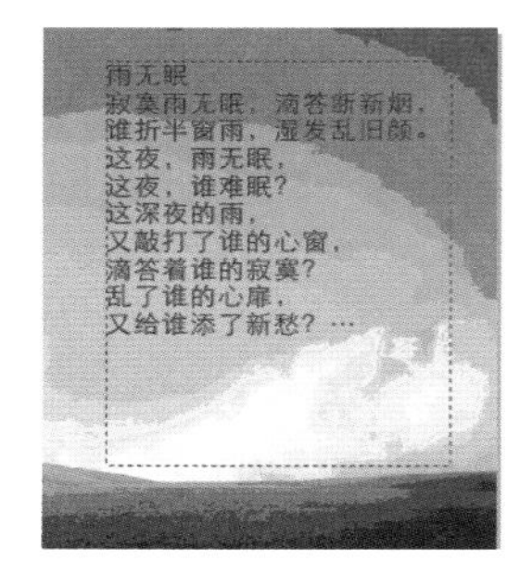

图 5-40　段落文本的添加

对于所输入的段落文字可以对其对齐方式进行更改，单击文本工具属性栏中的“水平对齐”按钮，在弹出的选项中选择最合适的对齐方式即可（见图 5-41）。

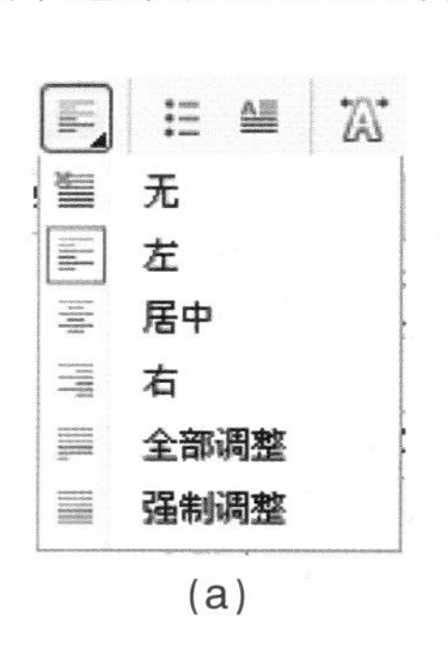

(a)

(b)

(c)

(d)

图 5-41　段落文本的对齐方式

3. 文本样式设置

文本样式的设置主要包括文本字体的设置、大小的设置及颜色的设置等，可以分别使用几种不同的类型来对文本进行设置，也可以单独对选择的部分文字进行设置，还可以通过编辑文本重新输入文字。

1）字符格式化

字符格式化的主要作用是调节美术字的文字大小、字体及间距等。在文本工具属性栏中单击“字符格式化”，即可打开“字符格式化”泊坞窗，也可以选择“文本”→“字符格式化”命令打开“字符格式化”泊坞窗。在该泊坞窗中显示有文字的字体、字的大小及字符位移等数值。如果页面中没有所输入的文字，则直接在“字符格式化”泊坞窗中对文字的字体等进行设置，并将会打开“文本属性”对话框，可以在该对话框中设置段落文字或艺术效果所应用的样式（见图 5-42）。

(a)

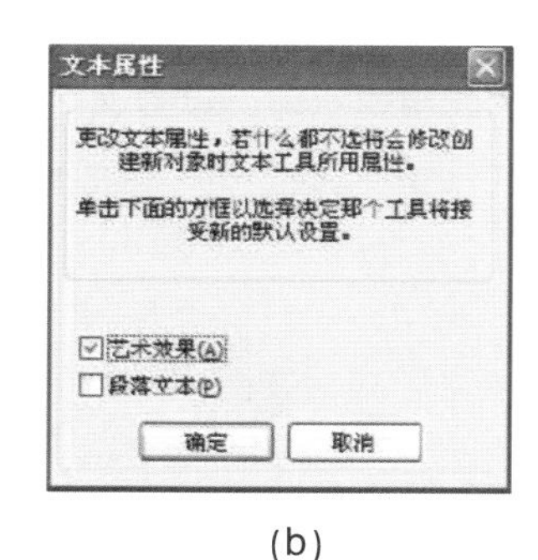

(b)

图 5-42　字符格式化

2）设置所选择部分文本样式

设置部分文字的文本样式指的是可以只对输入文字中的部分文字进行修改，包括更改其文本大小及字体等。

具体操作方法为：使用文本工具选择输入文字中的部分文字，然后在文本工具属性栏中设置文字的大小及字体等（见图 5–43）。

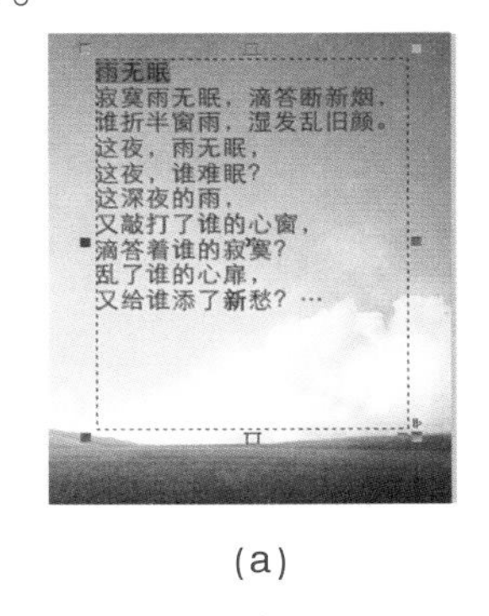

(a)

(b)

图 5–43　设置文本样式

3）编辑文本

编辑文本是通过在打开的“编辑文本”对话框中输入文字，然后对文字的字体和大小等进行设置的。具体操作方法为：首先选择文本工具在图中空白区域单击，然后再在文本工具属性栏中单击“编辑文本”即可打开“编辑文本”对话框，在该对话框中输入文字，使用鼠标选中所有文字并设置选中文字的大小、字体及对齐方式等（见图 5–44）。

4）改变大小写

改变大小写主要针对的是输入的是字母的情况，可以通过设置来得到不同类型的字母显示方式。具体的操作方法为：选择“文本”→“更改大小写”命令，在弹出的“改变大小写”对话框中进行设置（见图 5–45）。

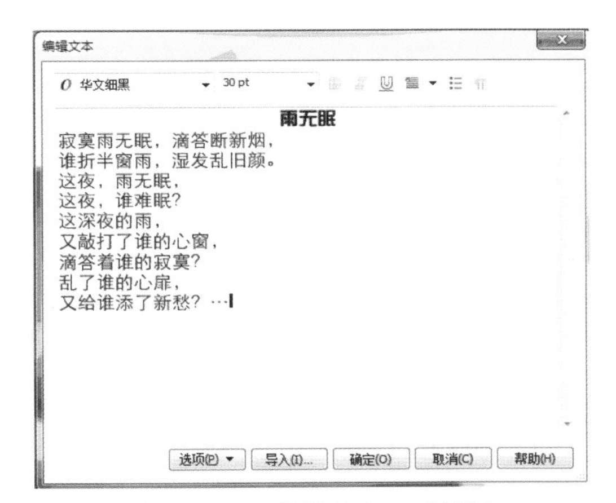

图 5–44　“编辑文本”对话框

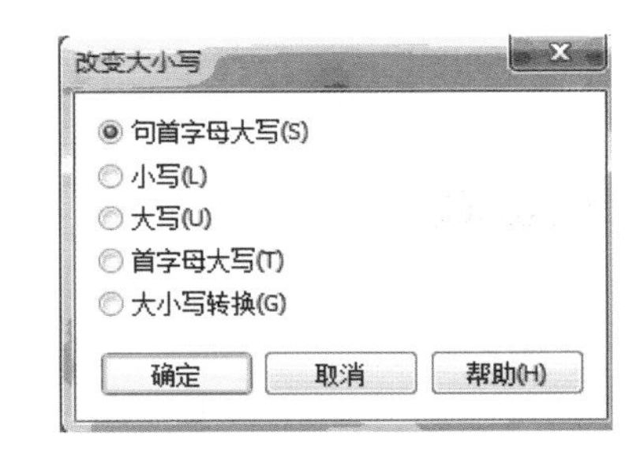

图 5–45　“改变大小写”对话框

4. 文本的位移与旋转

垂直位移及水平位移操作可以移动美术字和段落文本，也可以对选择的部分文字起作用；旋转文字可以将文本偏移一定的角度，同理可以将旋转一定角度的文字矫正到原始位置上。

1）设置文本位移

文本位移包括水平位置的位移和垂直位置的位移两种。使用文本工具在图形中输入段落文字并将所有文字都选中（见图 5–46（a）），选择“文本”→“字符格式化”命令，打开“字符格式化”对话框，如图 5–46（b）所示,即可设置文本的位移值。例如，水平位移设置为 600%，设置后的文本位置会向右移动，如图 5–46（c）所示。

(a)

(b)

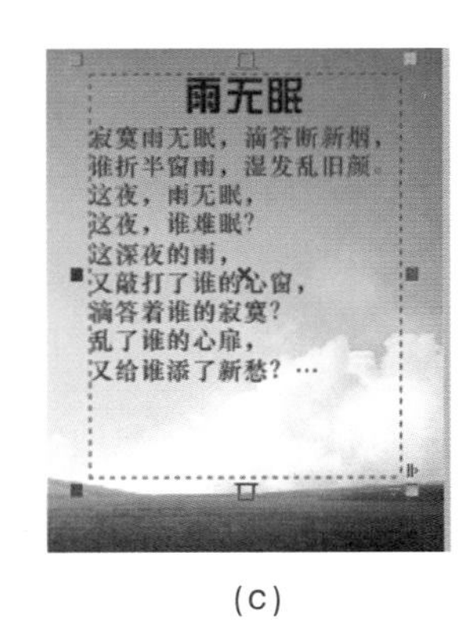

(c)

图 5-46　字符格式化

2）设置旋转文本

旋转文本是将所选择的文本按照预先设置的角度进行旋转，并偏离于原来的文字，主要通过在“字符格式化”对话框中设置相关参数来完成。

5. 段落文本的编排

段落文本的编排中的主要设置项目包括文本栏的设置、首字下沉、项目符号的设置、段落的间距和段落缩进等，这类内容都只针对段落文本。通过设置，可以对段落文本的间距、首字等重新排列。

1）文本栏的设置

文本栏操作可以将其所创建的文本框分为几等分，并可将文字按照等分的距离进行排列。系统默认的文本栏的参数值为 0，但是可以通过设置相关数值来更改（见图 5-47）。

(a)

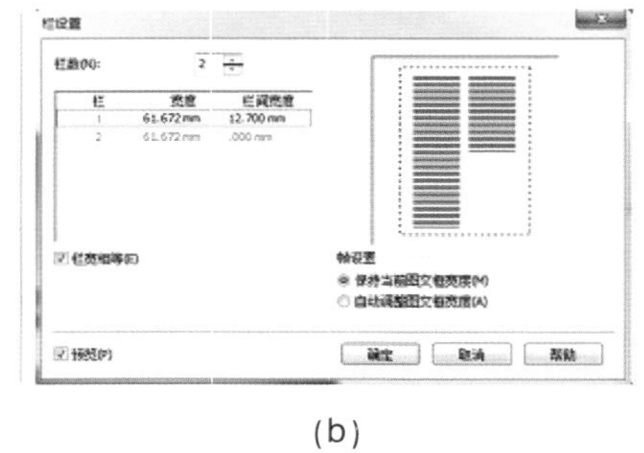

(b)

(c)

图 5-47　设置文本栏

2）首字下沉

首字下沉主要应用于段落文本，通过设置首字下沉将段落文本中的首字镶嵌到段落文字前面。实际操作中可通过“首字下沉”对话框来进行设置，如图 5-48（a）所示。在该对话框中可以指定下沉的格式，更改首字下沉时与正文的距离，或者指定出现在首字旁边的文本行数，如图 5-48（b）所示。

(a)

(b)

图 5-48　设置首字下沉

3）项目符号的设置

项目符号通常用于突出的文本的表示，可以通过添加项目符号完成。实际操作中主要通过“项目符号”对话框来进行设置，选择“文本”→“项目符号”命令，即可打开“项目符号”对话框。在对话框中有多种符号可供选择，单击对话框中“符号”项右侧的按钮，可以打开项目符号预览框，其中有多种项目符号可供选择，如图 5-49 所示。

4）段落的间距

段落的间距可以通过“段落格式化”泊坞窗来进行设置，段落的间距指的是段落文字中的行距，其数值越大，则文字之间的距离也就越大。选择“文本”→“段落格式化”命令，即可打开“段落格式化”泊坞窗，如图 5-50 所示。

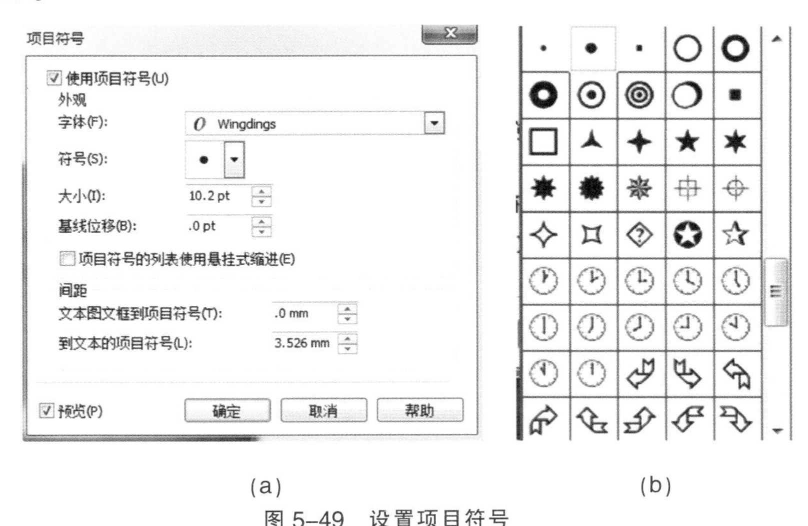

(a)　　(b)

图 5-49　设置项目符号

图 5-50　设置段落间距

5）设置段落缩进

段落缩进可改变文本框的距离，该操作既可将整个段落进行缩进，也可以只进行部分缩进。使用挑选工具选择所输入的段落文本，打开“段落格式化”泊坞窗，即可进行设置。

6. 文本的路径效果与框架效果

在 CorelDRAW X4 软件中，文字可以沿着所绘制的路径进行排列，也可以将闭合的曲线图形作为文本框，再使用文本工具在文本框中输入文字。

1）文本沿路径排列

文本可以沿着所绘制的路径进行排列，可以调整路径上文字的字体大小及颜色等，同时也可以设置路径与文字之间的距离等，通常用此方法来制作需要扭曲一定弧度的文字效果（见图 5-51）。

2）文本沿图形排列

文本沿图形进行排列指的是使文本沿着图形进行环绕排列，将图形镶嵌在文本中间，主要通过菜单命令来完成，如图 5-52 所示。

3）文本在图形框中的排列

文本既可以沿着单个的路径进行排列，也可以将所绘制的几何图形作为文本框，然后使用文本工具在其中输入文字。其中，所输入的文字和段落文字有相同的特点，并且都可以对段落的间距等进行设置，如图 5-53 所示。

图 5-51　沿路径排列的文本

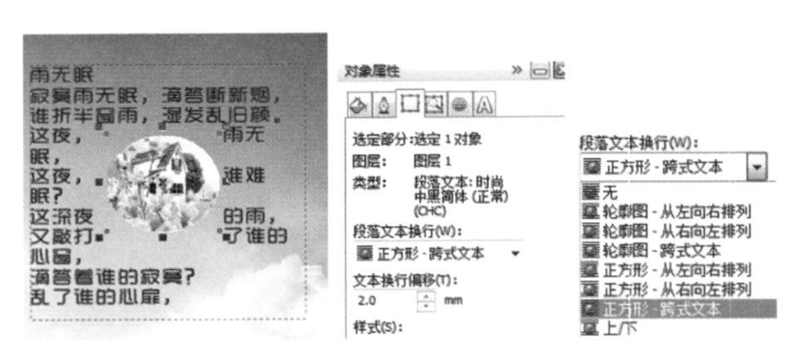

图 5-52　沿图形排列的文本

图 5-53　图形框中排列的文本

7. 链接文本

链接文本指的是将多个文本框进行链接，并且其中的文字内容是连贯的，通常适用于在一个文本框中无法显示完整的文本，而需要添加另外的文本框，并将新的文本框与之前的文本框相互进行链接，如图 5-54 所示。

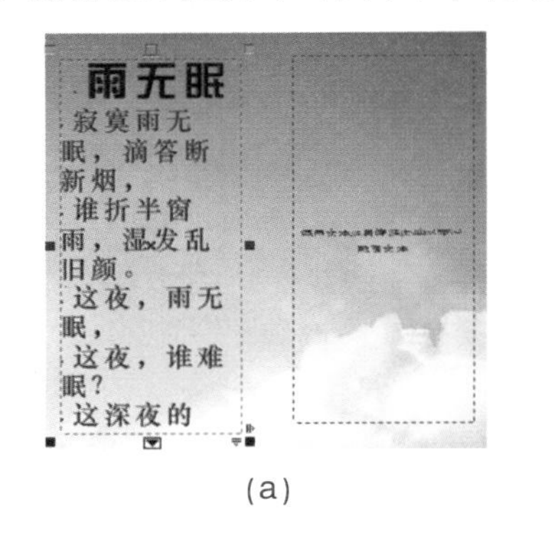

(a)

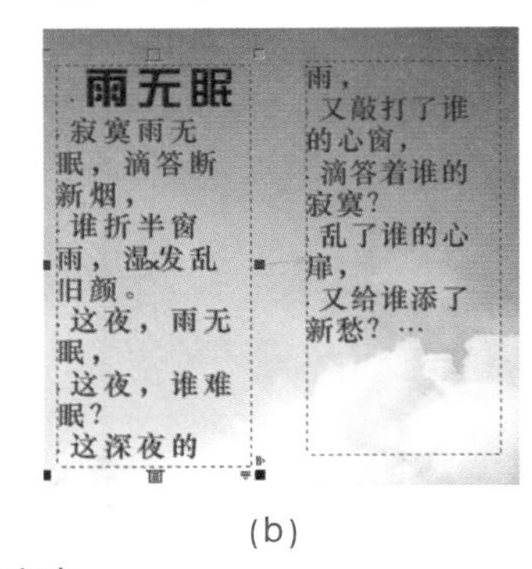

(b)

图 5-54　链接文本

【实际操作】学习了那么多知识，下面我们可以动手操作啦！

子项目 2 实施：制作“童话书封面”

1）绘制目的

通过制作“童话书封面”，熟练掌握文本工具的操作方法与技巧。

2）绘制思路和流程

封面的制作主要包括封面图案的制作、封底的制作及书脊的制作。首先从添加封面图案开始，将素材图形放置到封面图形容器中；然后在制作书籍名称时使用拆分文字的方法对各个文字分别进行编辑，制作出变形文字效果；其他说明文字则使用文本工具直接进行输入。

3）操作步骤

（1）新建一个图形文件，并在属性栏中设置纸张尺寸为 432 mm × 291 mm，并使用矩形工具绘制一个与页面相同大小的矩形，然后选择所绘制的矩形并按 Shift 键向中间拖动矩形，得到缩放后的矩形，如图 5-55 与图

5-56 所示。

（2）在属性栏中设置圆角，将矩形的圆角都设置为 20，再将素材图片导入到窗口中，如图 5-57 与图 5-58 所示。

图 5-55　新建图形文件

图 5-56　绘制矩形

图 5-57　设置圆角

（3）将素材图片放置到圆角矩形中。选择“效果”→“图框精确剪裁”→“放置在容器中”命令，将图片放入容器中，然后对容器中图形的位置进行编辑，调整到合适大小，如图 5-59 所示。

图 5-58　导入素材

(a)

(b)

图 5-59　图框精确剪裁

（4）选择矩形图形，使用鼠标右键单击右侧调色板中的按钮，去除图形的轮廓线，然后使用矩形工具在图中绘制一个矩形，再使用交互式填充工具对矩形进行填充，如图 5-60 与图 5-61 所示。

图 5-60　绘制矩形

图 5-61　填充矩形

（5）在封面中添加书籍名称。使用文本工具后再单击文本工具属性栏中的“将文本更改为垂直方向”按钮，在图中输入文字，选择“排列”→“拆分美术字”命令，如图 5-62 与图 5-63 所示。

图 5-62　输入文字

图 5-63　拆分美术字

(6) 对文字进行编辑，将中间区域通过修剪的方法制作出留白区域。使用椭圆形工具在文字上绘制椭圆，并将其添加到文字中，然后为文字添加底色，再使用椭圆形工具在图中拖动，绘制出多个椭圆，并焊接为一个图形后填充上色，如图 5-64 与图 5-65 所示。

图 5-64　编辑文字

图 5-65　绘制椭圆

(7) 在图中添加水平方向的文字。选择文本工具后单击属性栏中的“将文本更改为水平方向”，在图中输入文字，再设置到合适的大小，然后添加作者名称。制作书脊中的文字时，可以将制作完成的名称复制后放置到中间位置，并输入书籍名称的拼音，如图 5-66 与图 5-67 所示。

图 5-66　添加水平方向文字

图 5-67　添加书脊文字

(8) 设置大小写。选择上一步骤中所输入的拼音，选择“文本”→“更改大小写”命令，弹出“改变大小写”对话框，选择“首字母大写”复选框，然后单击“确定”按钮即可将拼音首字母设置为大写。添加文字后的书籍封面效果，如图 5-68 所示。

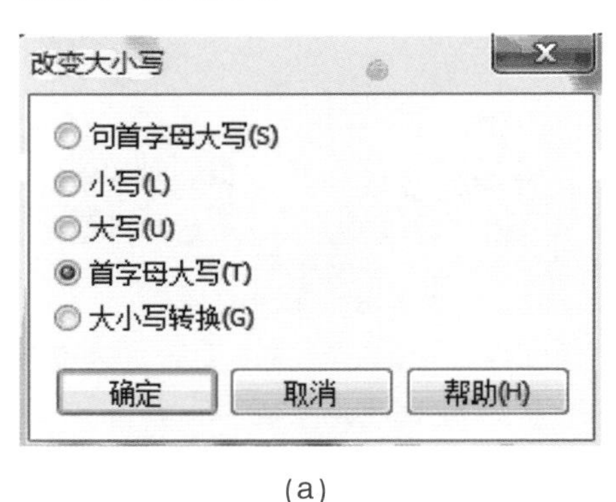

(a)

(b)

图 5-68　改变大小写

(9) 在封面中添加条形码。选择“编辑”→“插入条形码”命令，弹出“条形向导”对话框，在对话框中选择所添加条形码的含义，并输入相关的数字，设置完成后单击“下一步”按钮，继续设置的是条形码的高度及比例等，如图 5-69 所示。

(10) 在“条码向导”对话框中对输入条码文字的高度及比例等进行设置，完成后单击“完成”按钮，即可在封面图形中查看所添加的条形码，如图 5-70 所示。

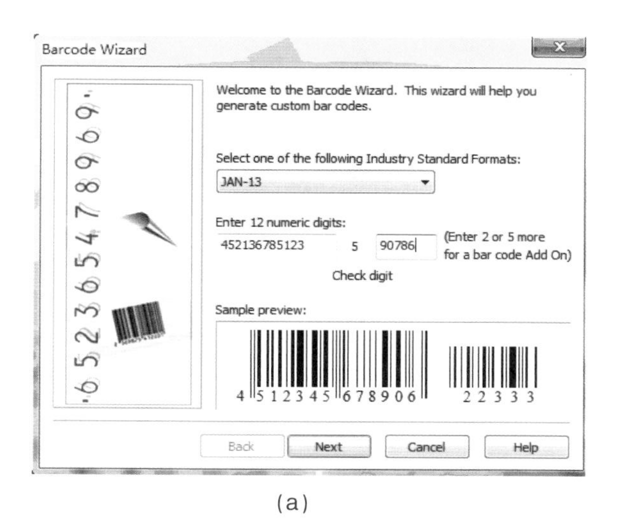

(a)

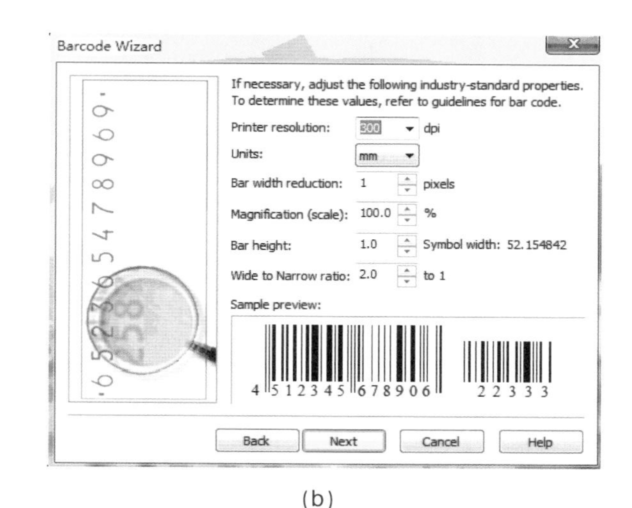

(b)

图 5-69 添加条形码

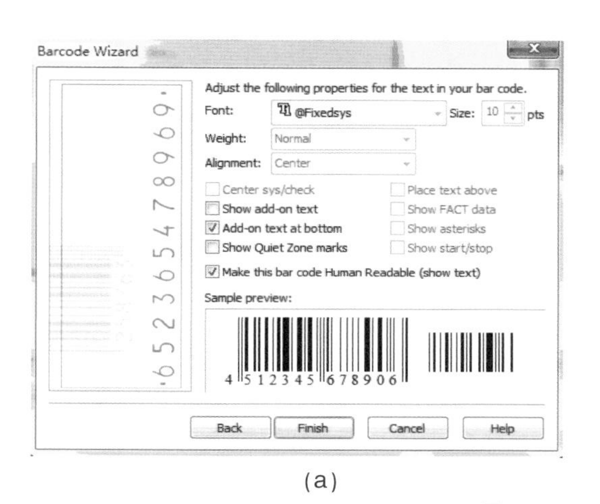

(a)

(b)

图 5-70 设置条形码文字

(11) 使用文本工具在条形码的上方将其余文字补充完整。选择椭圆形工具在图中拖动，绘制出多个椭圆，并将所绘制的图形进行焊接形成一个图形，如图 5-71 所示。

(a)

(b)

图 5-71 补充图形及文字

(12) 使用交互式填充工具对上一步中焊接的图形进行填充。在其中填充渐变色后输入书籍的定价，最后在图中添加其他说明文字，如封面设计等文字，如图 5-72 所示。

(a)

(b)

图 5–72　填充颜色

项目小结

本项目通过“贺岁邮票”和“童话书封面”的制作过程，主要介绍了使用滤镜处理位图的方法和各种滤镜的效果，以及 CorelDRAW 中文字处理的方法。总体而言，单个滤镜的使用方法比较简单，但是由于滤镜较多，要想熟练掌握每个滤镜的特点并灵活运用多种滤镜组合，还需要进行大量的练习和实践经验的积累。对于文字的处理，项目中从基本的设置开始介绍，使用属性栏中的常用按钮等对文字的字体、大小及对齐方式进行编辑，然后使用文本菜单中的相关命令进一步对文本细节部分进行设置，包括位移与旋转、段落文字的编排、文本与路径关系的设置及链接文本等，掌握了这些基本的设置方法后，可为后面制作文字特效奠定坚实的基础。

习题 5

一、填空题

1. 在 CorelDRAW 中进行“转换为位图”的操作会造成 ________。
2. CorelDRAW 中调整字体大小的快捷键有 ________、________、________。
3. 为段落文本添加项目符号时，该项目符号可以定义的内容有 ________、________、________。

二、选择题

1. 段落文本无法转换为美术文本的情况有（　　）。
   A.文本被设置了间距　　B.运用了交互式封套　　C.文本被填色　　D.文本中有英文
2. “位图色彩遮罩”命令在(　　)菜单中。
   A.颜色　　B.版面　　C.位图　　D.调整
3. CorelDRAW 中文字的类型有（　　）。
   A.段落文本和美术字　　B.宋体　　C.艺术字　　D.立体字

三、简答题

1. CorelDRAW 文字转曲线的时候为什么会错位?
2. CorelDRAW 中的文字描边不能加轮廓线时应如何处理。
3. CorelDRAW 中如何插入类似 Word 中的特殊符号。

服装设计

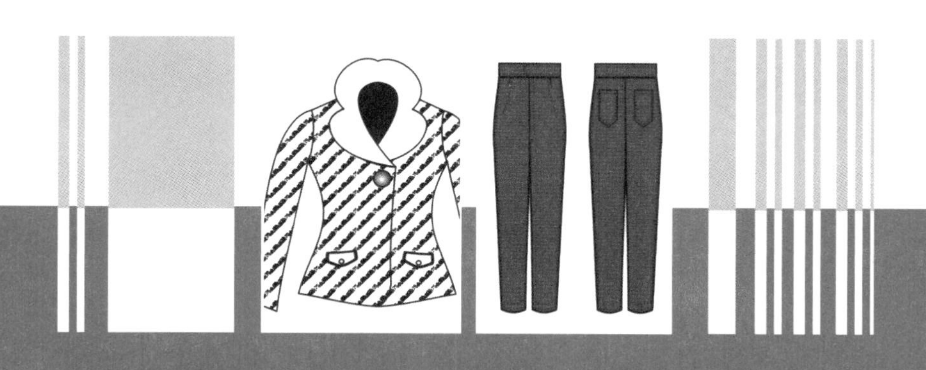

FUZHUANG SHEJI

项目描述

服装设计的重点是设计服装的款式，在 CorelDRAW X4 中可以方便地编辑、修改和绘制设计图形，拓宽设计的表现方式，加快设计速度。对于从事服装设计的人员来说，在设计品质上有了质的飞跃。利用 CorelDRAW X4 设计的图形的数据量非常小，并且具有可以任意缩放和以最高分辨率输出的特性，同时对于服装设计中一些图案、文字等的处理也可发挥重要的作用。在 CorelDRAW X4 环境下利用软件提供的绘图工具、填充颜色工具、特殊效果填充工具等工具，可以让设计者像在纸上画画一样，直接画出其需要的效果。

学习目标

- 了解服装设计的基本原则
- 使用造型工具对对象进行调整
- 掌握使用多边形工具对复杂对象的绘制方法
- 掌握图框精确剪裁的填充方法
- 掌握手绘的方法
- 使用镜像工具进行水平翻转和垂直翻转
- 掌握交互式变形工具的使用

相关知识

服装设计是设计者运用各种服装知识，以及剪裁、缝纫技巧并考虑艺术及经济等因素，再加上其学识及个人主观观点，设计出实用、美观及适合穿着的衣服。同时能够使穿衣者充分显示出其本身的优点并隐藏其缺点，从而更加衬托出穿衣者的个性。设计者除了需要对经济、文化、社会、穿衣者生理与心理及时尚有综合性的了解外，最重要的是能够把握设计的原则。

服装设计是一个艺术创作的过程，是艺术构思与艺术表达的统一体。设计师一般会先有一个构思和设想，然后通过收集资料，最终确定设计方案。其设计方案的主要内容包括服装整体风格、主题、造型、色彩、面料、服饰品的配套设计等。同时对内结构设计、尺寸确定及具体的裁剪缝制和加工工艺等也要进行严谨周密的考虑，以确保最终完成的作品能够充分体现最初的设计意图。

服装设计的构思是一项活跃的思维活动，构思通常需要经过一段时间的思考酝酿而逐渐形成，或者也可能由某一方面的触发激起灵感而突然产生。自然界的花草虫鱼、高山流水、历史古迹，文艺领域的绘画雕塑、舞蹈音乐，以及民族风情等社会生活中的一切内容都可以给设计者以无穷的灵感。新材质不断涌现，也不断丰富着设计师的表现风格。大千世界为服装设计者的构思提供了无数素材，设计师可以从过去、现在到将来的各个方面挖掘题材。在构思过程中，设计者可通过勾勒服装草图来表达思维过程，再经修改补充，在考虑较成熟后，即可绘制出详细的服装设计图。

CorelDRAW 是一款常用的绘图设计软件，使用 CorelDRAW 绘制款式图比手绘能更容易表达服装结构、比例、图案、色彩等要素。服装设计款式图的主要目的是更直观地表达设计的服装款式，使其更接近成衣的效果，这样板型师和工人也更容易了解和制作设计的服装款式。

线条的表现也有不同的含义，实线表达服装的结构分割，虚线表示线迹，粗实线主要起到区别的作用。对于一个成熟的服装设计师来说，完全可以用眼睛来分析 CorelDRAW 的颜色与实体服装颜色的一致性；对于初学者来说，可以对照纺织类 PANTONE 色卡来选择颜色。如果想在款式图中体现出面料的质感，则可以直接把面料扫描到计算机中，然后将其直接填充到相应的结构中；其次，款式图中线条的变化也可以体现出一些质感，不过没有前者表现得直观、强烈。另外，在进行服装设计的计算机效果图制作时，常用的一款软件是 Corel Painter，它是一款可以完全代替真实手绘效果图的软件，而且可以反复修改，在绘制效果上也可以结合各种不同的绘画笔刷效果来完成特殊效果图的绘制。

随着计算机技术的发展，使用 CorelDRAW、Corel Painter 等软件来进行服装设计已经成为一种趋势，这些软件可以完整地表达款式的结果、线迹、面料和图案等细节，更接近成衣效果，板型师和工人也更容易了解并制作设计的款式。服装设计初学者除了掌握必要的手绘与计算机软件应用外，更需要深入了解服装变化和发展的趋势，从而设计出有创意和个性的服装款式。

项目导入

子项目 1　女士短款外套设计

完成如图 6-1 所示的“女士短款外套设计”的制作，此款女士短款设计在服装搭配中比较容易搭配，也是一款比较经典的上衣设计，因此以此款设计作为参考实例。子项目 1 中主要运用了 CorelDRAW 软件中的手绘工具、镜像工具、造型工具等。

子项目 2　牛仔裤的设计

完成图 6-2 所示的“牛仔裤的设计”的制作。牛仔裤可以说是年轻人中最受欢迎的服装了，为什么牛仔裤那么受青年人青睐呢？可能是因为仔裤穿起来休闲轻松，看起来有朝气吧。在本项目中将介绍如何进行牛仔裤的设计。

图 6-1　女士短款外套设计

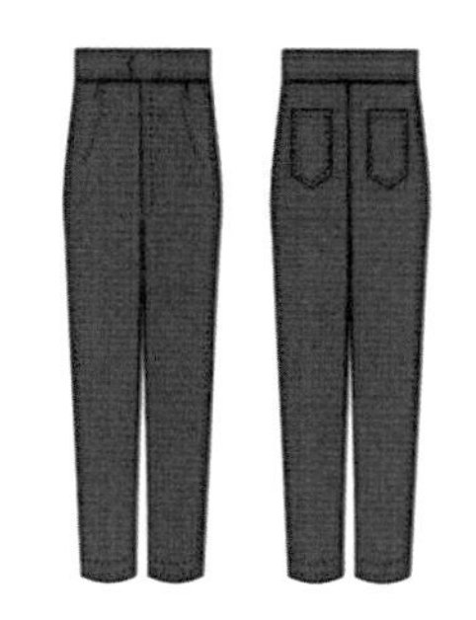

图 6-2　牛仔裤的设计

任务 1 服装知识

服装的设计千变万化，不同的人对服装有不同的诠释，但是每一个成功的服装设计师都有着相同之处，那就是他们都遵守着以下五个原则。

(1) 统一原则。统一也称为一致，与调和的意义相似。设计服装时，往往以调和为手段，达到统一的目的。良好的设计中，服装上的部分与部分间及部分与整体间各要素（包括质料、色彩、线条等）的安排，应有一致性。如果这些要素的变化太多，则会破坏一致的效果。形成统一的最常用的方法就是重复，如重复使用相同的色彩、线条等，就可以形成统一的特色。

（2）加重原则。加重亦即强调或重点设计。虽然服装设计中注重统一的原则，但是过分统一的结果，往往会使设计趋于平淡，因而最好能使其中某一部分特别醒目，从而形成设计上的趣味中心。这种重点的设计方法，可以通过利用色彩的对照（如黑色洋装系上红色腰带）、质料的搭配（如毛呢大衣配以毛皮领子）、线条的安排（如洋装上自领口至底边的开口）、剪裁的特色（如肩轭布及公主线的设计），以及饰物的使用（如黑色丝绒旗袍上佩戴金色项链）等达成。但是在使用上述强调的方法时，不宜几种方法同时使用，并且强调的部位也不能过多，而应选择穿衣者身体上美好的部分作为强调的中心。

（3）平衡原则。使设计具有稳定、静止的感觉，即符合平衡的原则。平衡可分为对称的平衡和非对称的平衡两种。对称的平衡是以人体中心为想象的中心线，中心线左右两部分完全相同的情况。这种款式的服装，有端正、庄严的感觉，但是较为呆板。非对称的平衡是指感觉上的平衡，也即衣服左右部分的设计虽然不一样，但是有平稳的感觉，常以斜线设计（如旗袍之前襟）来达成目的。这种设计给人的感觉是优雅、柔顺。此外，还应注意服装上身与下身的平衡，不能有过分的上重下轻或下重上轻的感觉。

（4）比例原则。比例原则是指服装各部分大小的分配，看起来比例适当，如口袋与衣身大小的关系、衣领的宽窄等都应适当。“黄金分割”的比例，多适用于服装中的设计。此外，对于饰物、附件等的大小比例，亦须重视。

（5）韵律原则。韵律原则是指规律的反复而产生柔和的动感，如色彩由深而浅、形状由大而小等渐变的韵律。线条、色彩等具有规律性重复的韵律，衣物上的飘带等飘动的韵律，都是设计上常用的手法。

服装设计的一般流程为：首先进行前期设计构思；然后使用计算机绘制服装设计款式图，之后由板型师进行制版；最后由裁剪部进行面料裁剪，送到车间进行成衣制作。CorelDRAW 软件在服装设计环节中主要完成服装的款式设计、图案设计和面料设计等。

任务 2 CorelDRAW 中的常用工具

1. 镜像对象

镜像对象操作就是将一个图形翻转 180° 后的效果。具体操作方法为，在选择对象后，移动光标至对象的任何一个控制点上，当光标改变为↔时，按 Ctrl 键并拖动鼠标左键，可快速出现镜像图形，效果如图 6-3 所示。另一种实现对象镜像的方法为，选择该对象后，单击属性栏中的水平镜像或垂直镜像按钮，来实现该对象的镜像。

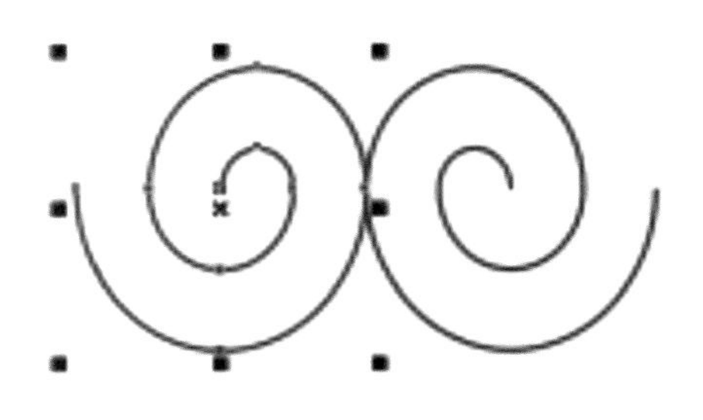

图 6-3 镜像对象

2. 手绘工具

工具栏中的手绘工具主要用于绘制一些不规则的图形。使用该组工具并通过调节形状工具，可以随心所欲地绘制不规则图形。

1）贝塞尔工具

在 CorelDRAW X4 中，贝塞尔工具是编辑曲线的最重要的工具，下面介绍一种常用的绘制曲线的方法。

在曲线工具栏中单击贝塞尔工具按钮，然后在界面中单击鼠标左键确定第一个节点的位置，再在界面另一位置单击鼠标左键，从而确定第二个节点的位置。依次操作，即可得到图 6-4 所示的曲线。

2）手绘工具

在曲线工具栏中单击手绘工具按钮，单击选择开始绘制曲线的位置，然后拖动鼠标即可绘制曲线。

3）折线工具

在曲线工具栏中单击折线工具按钮，再单击曲线开始的位置，然后在绘图页面上拖动鼠标绘制折线，最后双击以结束绘制。

4）钢笔工具

在曲线工具栏中单击钢笔工具按钮，单击确定放置第一个节点的位置，然后拖动控制点调整曲线的弯曲方向和弯曲度，再单击确定下一节点的位置，然后通过拖动控制点以绘制需要的曲线，最后双击鼠标左键以结束曲线的绘制。

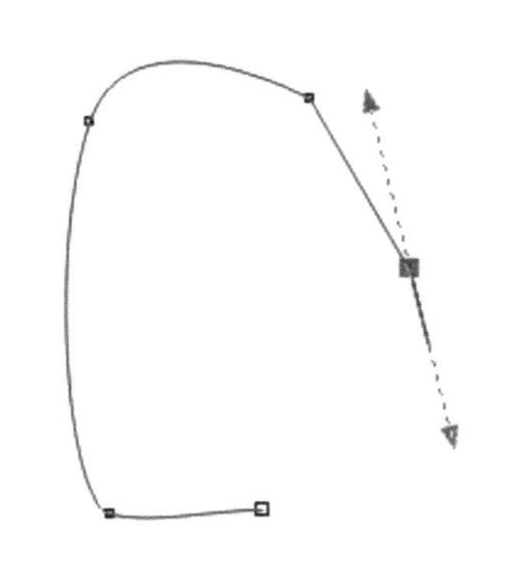

图 6–4　使用贝塞尔工具绘制曲线

另外，单击属性栏中的“预览模式”按钮，还可以使用钢笔工具预览线条。

5）形状工具

使用以上曲线绘制工具绘制完曲线后，常需要形状工具来编辑调整曲线，使其达到更好的造型效果。

CorelDRAW X4 的属性栏为曲线提供了节点的编辑形式，下面介绍一下转为曲线、尖突、平滑和对称等几种常见的编辑形式。这几种节点可以相互变化，从而可以实现曲线的各种变化。

（1）转为曲线。它可以把所画的直线转换为曲线，单击节点就会在直线上出现两个箭头，拉动箭头可用于控制直线的弧度。

（2）尖突。该功能可以使节点成为尖突。它两端的指向是相互独立的，可以用于单独调节节点两边线的长度和弧度。

（3）平滑。节点两端的指向线都是同一条直线，在改变其中一个指向线的方向时，另一个也会随之改变。其中，两个手柄的长度可以单独进行调节，相互不会影响。

（4）对称。对称操作可以使节点两边的线以中心的节点来对称，改变其中一个的长度和弧度时，另外一个也会产生相同的变化。

一般情况下，使用形状工具选中图形，图形即以节点状态显示。有些图形是选中后在右键快捷菜单中选择“转换为曲线”命令（见图 6–5）或使用快捷键 Ctrl+Q 将其转换为曲线后，才可以使用形状工具来进行编辑。下面介绍几种具体的编辑操作方法。

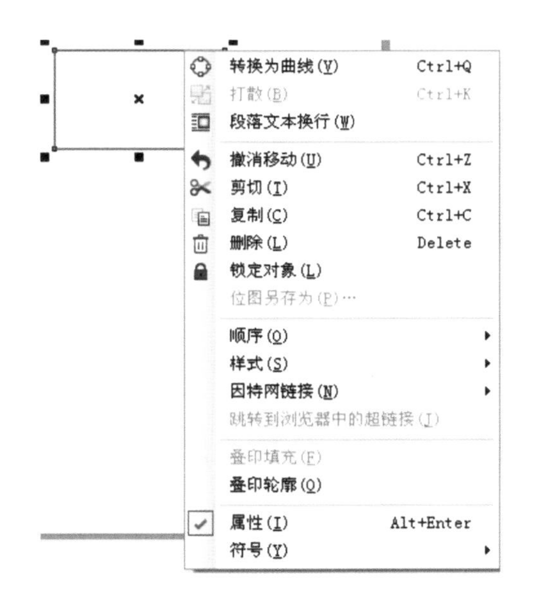

图 6–5　“转换为曲线”命令

（1）选择节点操作。

首先选中需要进行编辑的对象，在形状工具栏中单击形状工具，则该曲线的基本节点就会显示出来。

当使用形状工具单击图形中的某一个点时，就会出现一个黑色的方块，表明已经选中了节点。也可通过按 Shift 键，来加选多个节点。

（2）添加节点的操作。

首先选择形状工具，在需要添加节点的地方单击鼠标右键，在弹出的右键快捷菜单中选择“添加”命令，就可以增加一个节点。也可在无节点处双击鼠标，来快速增加节点。

（3）删除节点的操作。

删除节点的方法与添加节点的相似，可以在节点处双击，快速删除节点，或者选中一个或多个节点后，按 Delete 键删除。

（4）结合节点的操作。

只有封闭的对象才能够填充颜色，因此要求对象的节点是结合的。结合节点时，首先单击形状工具，选择开放曲线上两个不相连的节点，单击鼠标右键，在右键快捷菜单中选择“自动闭合”命令，这样两个节点就接合在一起了。

在实际应用时，有时会需要将封闭的对象分割节点来进行编辑。当曲线被分割为几个对象时，其实这些对象还是同属一条曲线，因而在分割后也可以用上面介绍的结合节点的方法来再将其连接起来。具体操作如下。

单击形状工具，选择要分割的节点，单击鼠标右键，在弹出的右键快捷菜单中选择“拆分”命令，曲线就会从所选节点处断开。

有时在设计时，需要将直线转换为曲线，如在一个对象的外轮廓上，往往既有直线又有曲线，那么就会有两者相互转换的可能。转换的方法如下：首先使用形状工具选择要转换的节点，单击鼠标右键，在弹出的右键快捷菜单中选择“到曲线”或“到直线”命令即可。

3. 多边形工具

1）多边形与星形

在 CorelDRAW X4 中可以绘制多边形和星形，然后改变它们的形状。例如，既可以将多边形转换为星形，又可以将星形转换为多边形，还可以更改多边形的边数或星形的点数，并且也可以使星形的顶角变尖锐。具体的操作方法如下。

（1）多边形。在对象工具栏中单击多边形工具，然后再在绘图窗口中拖动鼠标至多边形到所需大小。

（2）星形。在对象工具栏中单击星形工具，然后在绘图窗口中拖动鼠标至多边形到所需大小。

注意以下两个操作技巧。

（1）拖动鼠标时按 Shift 键，可以从中心开始绘制多边形或星形。

（2）拖动鼠标时按 Ctrl 键，可绘制对称多边形或星形。

其中，在选择多边形工具后，就可以直接在页面中绘制多边形，也可以在属性工具中设置所需边数（见图 6-6）后，绘制多边形（见图 6-7）。

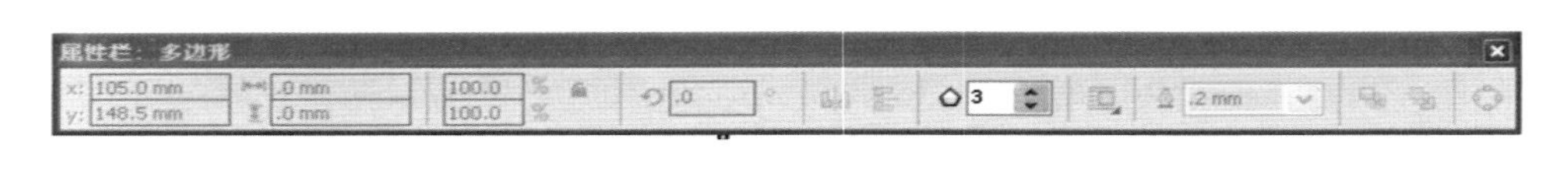

图 6-6　设置多边形边数

图 6-7　绘制多边形

选择星形工具后，就可以直接在页面中绘制星形，也可以通过在属性栏中直接输入数字来绘制星形，如图 6-8 所示。

图 6-8　绘制星形

在应用过程中，多边形可以进行对称变形处理。单击工具箱中的形状工具，在一个已经绘制好的多边形中选择某个控制点，然后按 Shift 键，多边形将变成另一种图形。接着也可以再继续按住鼠标左键并拖动控制点来改变节点的位置，重复同样的操作，可以实现更多的变化，如图 6-9 所示。

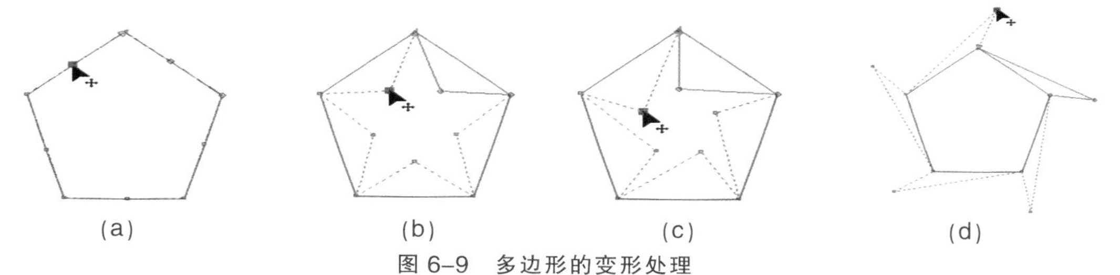

图 6-9　多边形的变形处理

2）复杂星形工具

在对象工具栏中单击复杂星形工具按钮，然后在属性栏中直接输入数字来控制星形中角的多少，如图 6-10 所示。另外图 6-11 所示的左边的星形的锐利度由 2 变为 1 时，左边的图形会变为右边的图形。

图 6-10　设置星形中角的数量

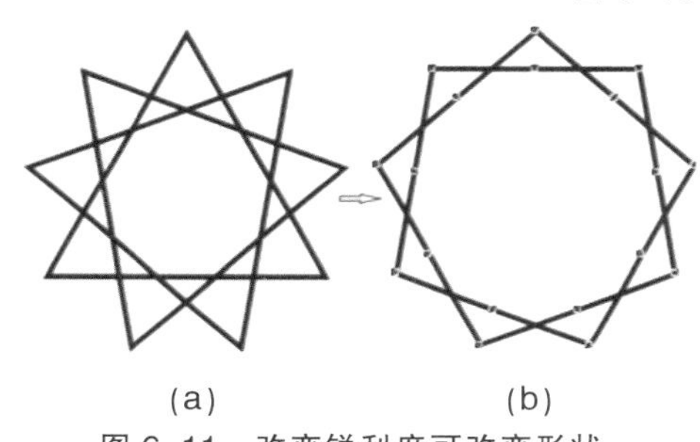

图 6-11　改变锐利度可改变形状

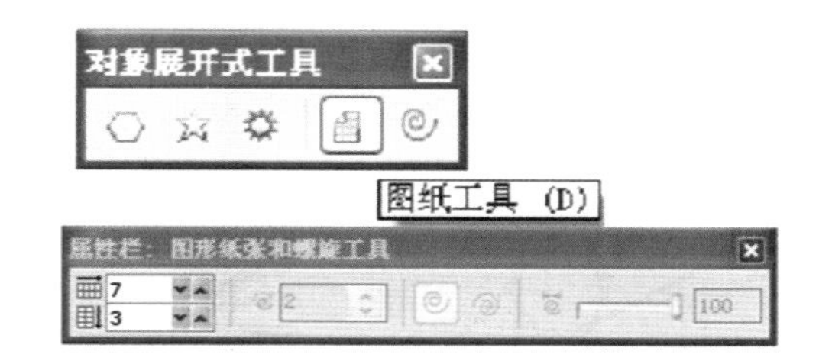

图 6-12　设置行数与列数

3）图纸工具

在对象工具栏中单击图纸工具（又称网格工具），然后可在属性栏中设置行数和列数，如图 6-12 所示。如果列数为 7，行数为 3，则所画图形如图 6-13 所示。

图纸由一组矩形组合而成，这些矩形可以拆分。其中，绘制网格在底纹绘制与 VI 设计中标志的基础部分应用比较广，其属性与以上工具的属性栏选项基本相同。可以预先设定方格图形的行数和列数，不过最大数值只能到 99。

4）螺旋工具

在对象工具栏中单击螺纹工具，即可在其属性栏中设置相应的参数值。其中，螺旋工具包括对称式螺旋工具和对数式螺旋工具两种。如果想更改螺纹向外移动的扩展量，可以通过移动螺纹扩展滑块来设置；也可以在绘图窗口中按住鼠标左键并拖动鼠标，直至螺纹达到所需大小。参数设置及最终效果如图 6-14 所示。

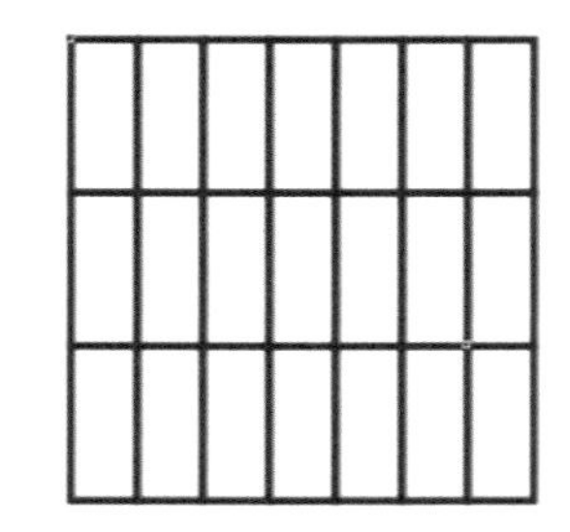

图 6-13　行数为 3、列数为 7 的图形

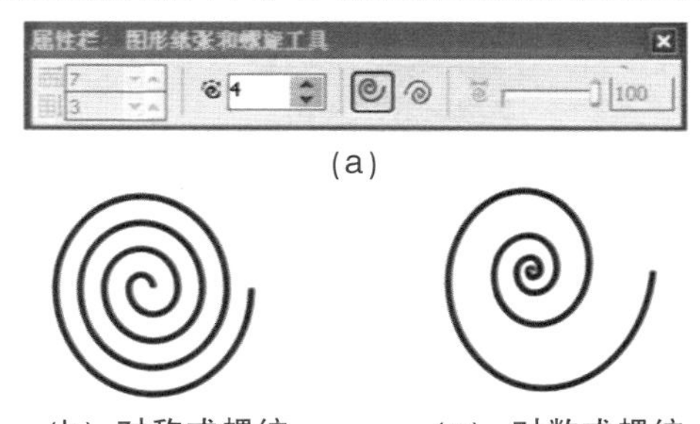

(b) 对称式螺纹　(c) 对数式螺纹

图 6-14　螺旋工具的参数设置及最终效果

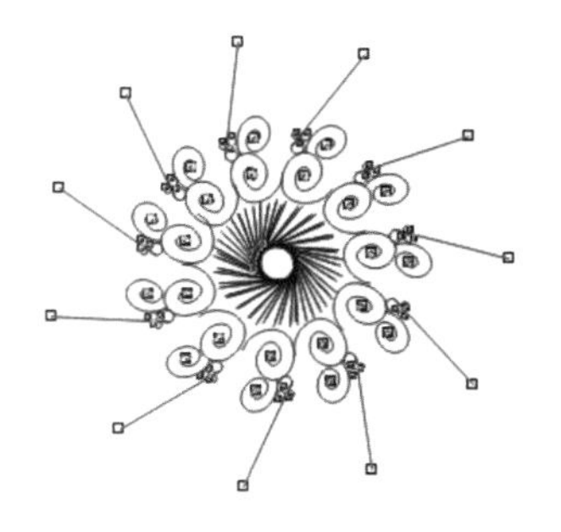

图 6–15　制作底纹

在设计中，可以充分利用这些图形工具绘制出漂亮的底纹。图 6–15 所示即为一个底纹制作效果。下面以该底纹制作为例来详细介绍一下底纹的制作方法。

具体的操作步骤如下。

（1）单击对象工具栏中的复杂星形工具，并按 Ctrl 键在工作区中绘制一个多边的星形，然后在属性栏中调节多边形的数量，如图 6–16 所示。

（2）单击对象工具栏中的形状工具，然后同时按鼠标左键和 Shift 键并拖动鼠标即可改变控制节点的位置，如图 6–17 所示。

（3）中心图形绘制出来后，按“+”键复制该图形，然后将其旋转一定角度，再使用快捷键 Ctrl+D 进行复制，得到最终图形，如图 6–18 所示。

（4）单击对象工具栏中的螺纹工具，画出螺纹的组合图案，如图 6–19 所示。

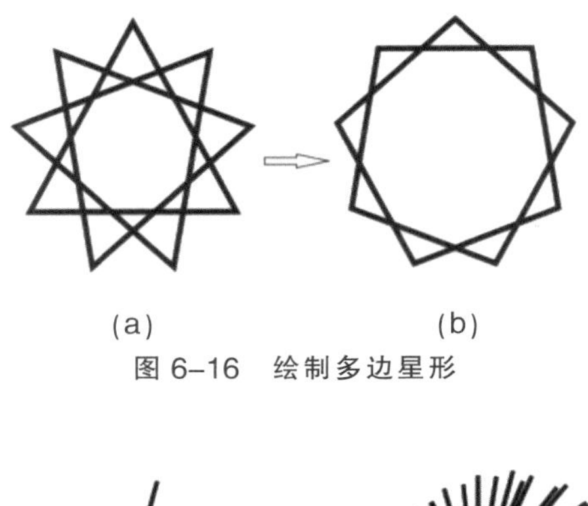

(a)　　(b)

图 6–16　绘制多边星形

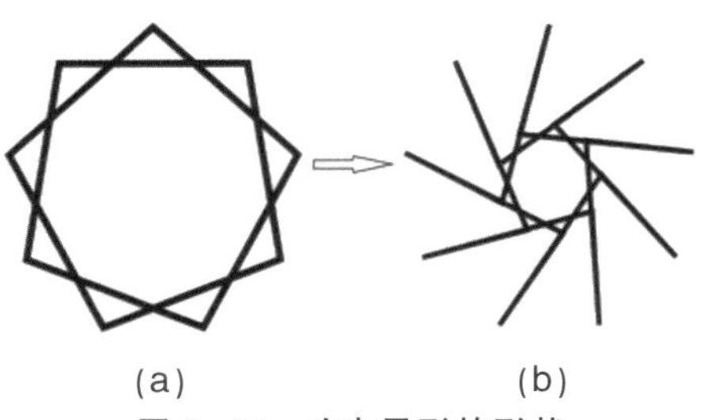

(a)　　(b)

图 6–17　改变星形的形状

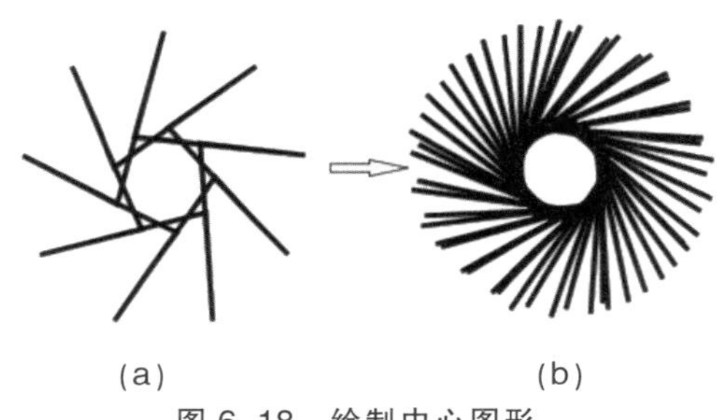

(a)　　(b)

图 6–18　绘制中心图形

图 6–19　绘制螺纹组合图案

（5）使用快捷键 Ctrl+D 来旋转复制该螺纹图案，如图 6–20 所示。反复复制该图案，就可以组合成为一个漂亮的图案，最终效果如图 6–21 所示。

图 6–20　复制螺纹图案

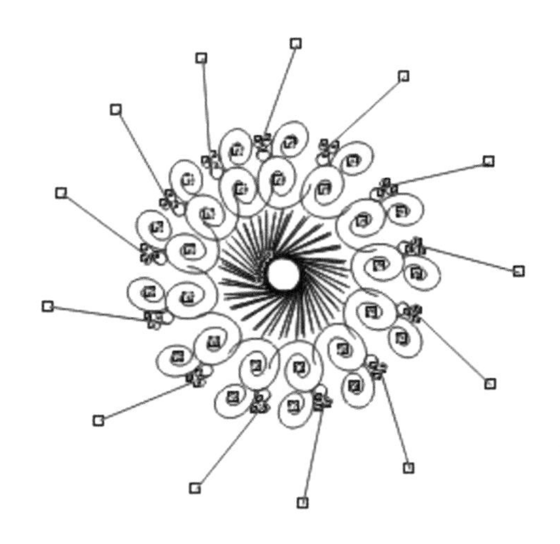

图 6–21　最终效果图

【实际操作】学习了那么多知识，下面我们可以动手操作啦！

 子项目 1 实施：女士短款外套设计

掌握了服装设计的原则之后，下面详细介绍一下“女士短款外套设计”的具体制作。

（1）首先，使用贝塞尔工具画出左侧衣领的大概形状，并用形状工具进行调整；然后，删除领子右侧的轴线，因为这些线条都属于各自的物体，所以应先将直线与原来的物体分离。使用形状工具选择轴线中要断开的节点，在右键菜单中选择“打散”命令，断开该节点，如图 6–22 所示，再使用相同的方法断开直线的另一端的节点。此时，使用形状工具选中要脱离的直线，按 Delete 键删除，如图 6–23 所示。

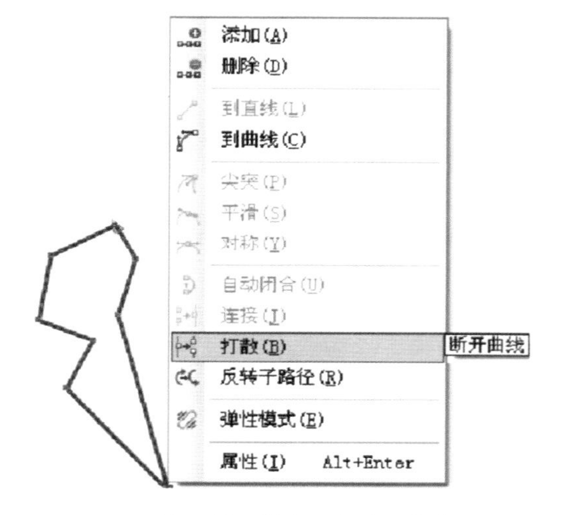

图 6–22　选择“打散”命令

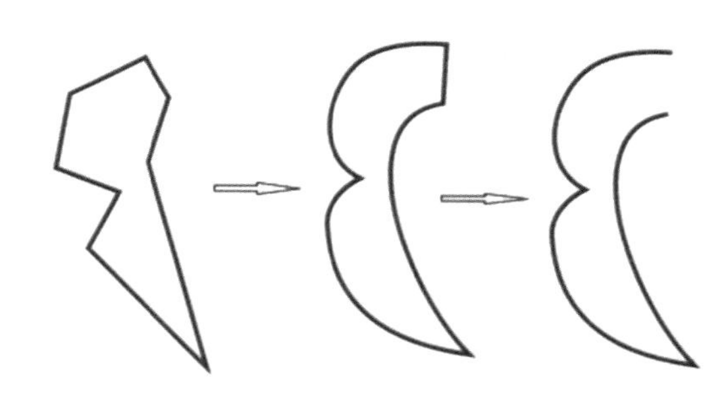

图 6–23　删除要脱离的直线

（2）选中左侧的领子，使用快捷键 Ctrl+C 与 Ctrl+V 分别进行复制与粘贴操作，复制出另一侧的领子。选择工具栏中的自由变换工具，在属性工具栏中单击水平镜像按钮，然后选中对称轴的一点，进行旋转，最终得到如图 6–24 所示的效果。

图 6–24　绘制领子的轮廓

（3）选择“排列”→“造型”→“造型”命令，打开“造型”工具栏。在下拉菜单中选择“修剪”，并选中“来源对象”复选框，然后选中左侧的领子，单击工具栏中的“修剪”按钮，再用鼠标单击右侧领子，将多余的线条剪切掉，如图 6–25 所示。

图 6–25　完成衣领的绘制

（4）用矩形工具在适当的位置上画出左侧衣身，在右键菜单中选择“转换为曲线”命令，并利用形状工具进行调整，如图 6–26 所示。

（5）选择“排列”→“造型”→“造型”命令，打开造型工具栏。在下拉菜单中选择“修剪”，并选中“来源对象”复选框，然后选中左侧的衣身，单击面板中

的“修剪”按钮，再用鼠标单击左侧衣身，将多余的线条剪切掉，如图 6–27 所示。

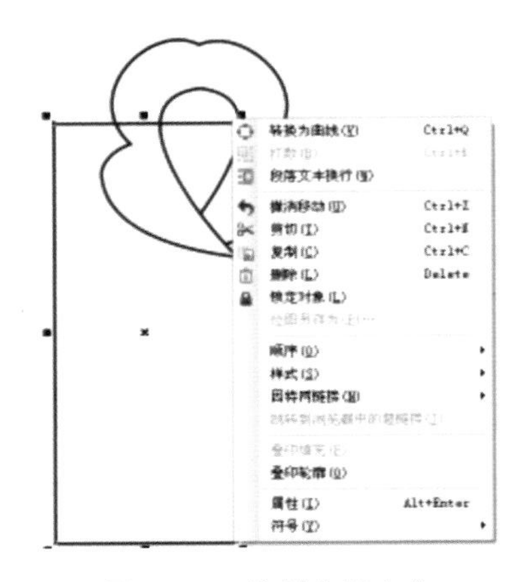

图 6–26　绘制左侧衣身

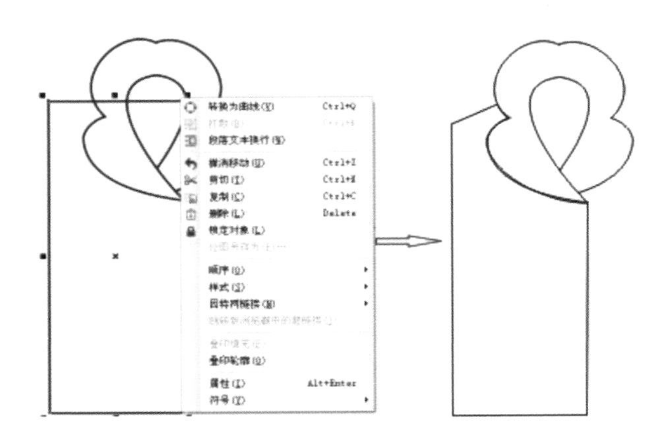

图 6–27　删除左侧衣身中多余的线

（6）使用形状工具继续对转换为曲线的衣身进行调整，调整后的效果如图 6–28 所示。

（7）使用工具栏中的矩形工具画出衣袖，在右键菜单中选择“转换为曲线”命令，使用形状工具进行调整，最终得到如图 6–29 所示的效果。

（8）选择“排列”→“造型”→“造型”命令，打开“造型”工具栏，在下拉菜单中选择“修剪”，并选中“来源对象”复选框，然后选中左侧衣袖，单击工具栏中的“修剪”按钮，再用鼠标单击左侧衣袖，将多余的线条剪切掉，如图 6–30 所示。

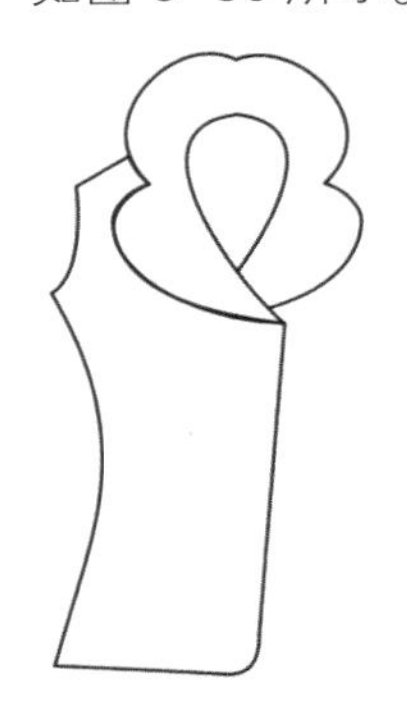

图 6–28　调整衣身的效果

图 6–29　绘制左侧衣袖

图 6–30　删除左侧衣袖中多余的线条

（9）单击贝塞尔工具画出衣兜，在右键菜单中选择“转换为曲线”命令，使用形状工具进行调整，如图 6–31 所示。

（10）选择工具栏中的椭圆形工具，并按 Ctrl 键，在衣兜上画出一个正圆，如图 6–32 所示。

（11）使用快捷键 Ctrl+C 与 Ctrl+V 分别进行复制与粘贴操作，复制出另一个衣兜，并对其大小进行调整，得到如图 6–33 所示的效果。

图 6–31　绘制左侧衣兜

图 6–32　在衣兜上绘制圆形

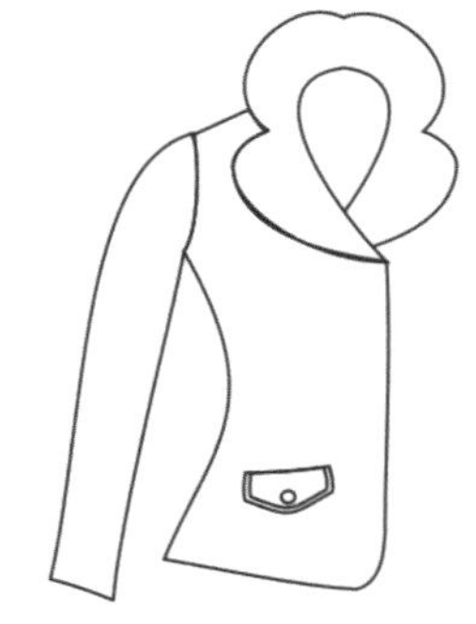

图 6–33　衣兜的最终效果

（12）选中左侧衣身、衣袖和衣兜，使用快捷键 Ctrl+C 与 Ctrl+V 分别进行复制与粘贴操作，从而复制出服装的右侧部分。选择工具栏中的自由变换工具，然后在属性栏中单击“水平镜像”按钮，并调整位置，最终效果如图 6–34 所示。

（13）选择“排列”→“造型”→“造型”命令，打开“造型”工具栏。在下拉菜单中选择“修剪”，并选中“来源对象”复选框，然后选中左侧衣身，单击工具栏中的“修剪”按钮，再用鼠标单击右侧衣身，将多余的线条剪切掉，如图 6–35 所示。

图 6–34　绘制服装的右侧部分　　图 6–35　删除服装右侧中多余的线条　　图 6–36　删除多余的线条

（14）在领口处绘制一个领口大小的椭圆，作为衣服的里子，对其选择“转换为曲线”命令后使用形状工具进行调整。选择“排列”→“造型”→“造型”命令，打开造型工具栏。在下拉菜单中选择“修剪”，并选中“来源对象”复选框，然后选中衣领，单击工具栏中的“修剪”按钮，再用鼠标单击椭圆，将多余的线条剪切掉，得到如图 6–36 所示的效果。

（15）绘制纽扣。选择工具箱中的椭圆形工具，并按 Ctrl 键画出一个正圆，如图 6–37 所示。

（16）对衣身和衣袖进行填充。选择工具栏中的填充工具，弹出“图样填充”对话框，如图 6–38 所示。在对话框中设置“宽度”和“高度”为 20.0 mm。填充图案之后的衣服效果如图 6–39 所示。

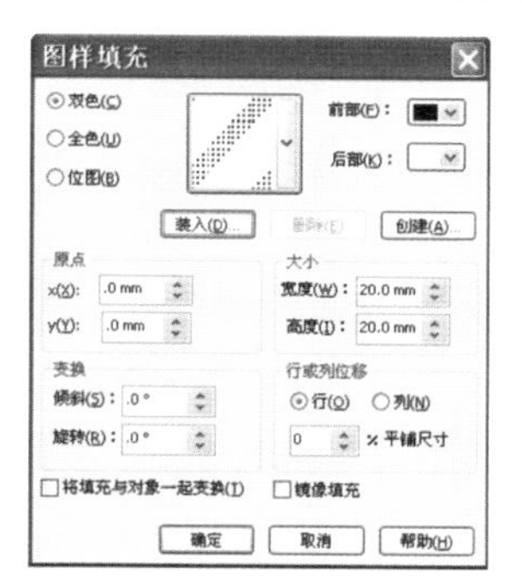

图 6–37　绘制纽扣　　图 6–38　“图样填充”对话框　　图 6–39　填充图案后的效果图

（17）对衣服里子的颜色进行填充，填充颜色为 R: 0，G: 0，B: 0，如图 6–40 所示。

（18）对衣兜的颜色进行填充。兜边填充颜色为 R: 0， G: 0， B: 0，衣兜及纽扣填充颜色为 R: 255， G: 255，B: 255，纽扣填充为渐变色，渐变类型设置为射线渐变，颜色设置为从黑到白，最终效果如图 6–41 所示。

图 6–40　填充衣服里子的颜色　　图 6–41　填充颜色

4. 对象管理泊坞窗

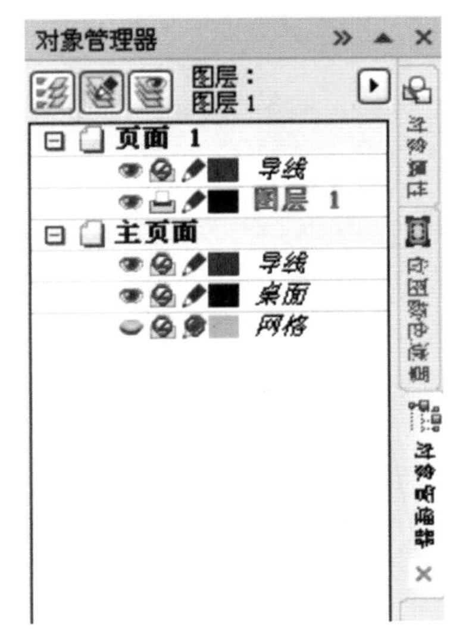

图 6-42 “对象管理器”泊坞窗

CorelDRAW 软件中的对象管理泊坞窗主要用于管理图层。与 Photoshop 软件相比，CorelDRAW X4 软件中的图层不具有种种神奇的效果，它主要用于管理画面中的对象。也许不用图层，也同样可以做出精致而漂亮的作品来，但当画面变得较复杂时，就容易乱了头绪。在绘制较复杂的作品时，各对象都有其特定的位置及次序，图层就用于记录这种对象之间的这种层次关系。使用对象管理器，可以交互式地查看图形及灵活地设置对象的层次关系。

选择“工具”→“对象管理器”命令，打开“对象管理器”泊坞窗，如图 6-42 所示。

在“对象管理器”泊坞窗中有两个目录树，分别为“页面 1”和“主页面”。其中，“页面 1”用于显示页面上的每个图层及图层上的对象，内容会随着页面中对象的增减而改变，不过只能查看不能修改，即使点击鼠标右键，弹出的菜单也和在界面中点击的右键菜单相同。

“主页面”有“导线”、“桌面”、“图层 1”、“网格”四项。在缺省状态下，“图层 1”处于被选中状态，表示所有的对象都建立在“图层 1”上面，而“导线”和“网格”分别用于存放坐标线和网格，“桌面”图层则可以随时访问，因此需要反复使用的对象可以放在这一层。

下面介绍一下泊坞窗顶部“新增图层”、“显示物体属性”、“跨图层编辑”和“图层检视员”等 4 个按钮的使用方法。

(1) 单击“新增图层”按钮，将增加一个新的图层“图层 2”。

(2) 单击“显示物体属性”按钮，并将鼠标悬停于泊坞窗的物体标识上，则可以看到包括填充、轮廓、色彩模式及各色彩的参数值。如果不选择“显示物体属性”，再悬停鼠标，则只能显示出图层说明。

(3) “跨图层编辑”的作用是用于直接转换图层，而无须在泊坞窗中选择。

(4) “图层检视员”按钮用于“页面”与“图层”之间的切换。选择“图层检视员”则“页面”就不被显示出来，仅仅显示“主页面”下的四个图层，此状态仅仅用于处理图层而不影响页面上的对象。

下面再介绍下泊坞窗中几个图标的作用。

(1) 图层图标。该图标用于控制对象所处的图层，也即控制对象创建在哪个图层上。

(2) 眼睛图标。该图标用于控制图层是否可见，当图标处于未激活状态时（灰色），图层会隐藏不见。

(3) 打印机图标。该图标用于控制图层是否被打印。只有图标处于激活状态时，图层才能被打印。

(4) 铅笔图标。该图标用于决定图层是否被锁定，当图标处于未激活状态时，图层被锁定，这时在该图层上不能进行任何操作。

另外，对图层的控制还可以利用右键菜单或泊坞窗右上角的下拉菜单来进行操作，如图 6-43 所示。

这两个菜单中的命令大部分都可以利用泊坞窗中的图标或按钮来控制。如果要将某个图层上的对象放到另一图层上面，只需要在菜单中选择“移到图层”命令，然后单击目标图层即可，也可以拖动对象至目标图层的图标上。

另外，选择“属性”命令，页面中会弹出“图层属性”对话框，如图 6-44 所示。

在这个对话框中，只有“主图层”命令不能在泊坞窗中直接进行控制，它控制着图层是否成为主图层，如果“可编辑”命令被取消，“主图层”命令就会被激活，选择该命令可以使处于选择状态下的图层设置为主图层。“图层色”控制图层中坐标线的颜色。“覆盖全色视图”选项可以将图层中所有对象的轮廓线显示为“图层色”项中决定的颜色。

通过以上介绍可知，对象管理器是通过调整对象的次序、层和页之间的隶属关系来组织和处理对象的。

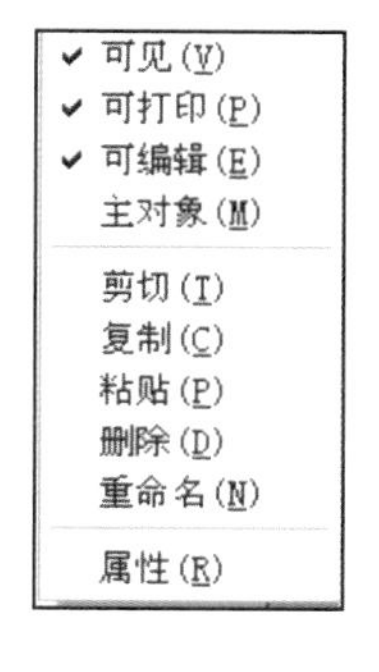

(a) 右键菜单　　(b) 泊坞窗菜单

图 6–43　使用菜单命令控制图层

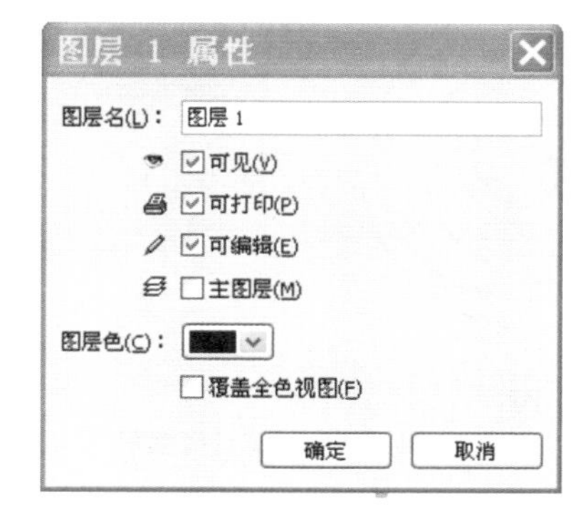

图 6–44　“图层属性”对话框

5. 交互式变形工具

交互式变形工具是可以直接快速地改变对象外形的工具。在交互式工具栏中单击交互式变形工具，然后在属性栏中就会出现三个变形方式，分别为推拉变形、拉链变形、扭曲变形。可以在“预设”栏中选择需要的形状，如图 6–45 所示。

图 6–45　交互式变形属性栏

1. 推拉变形

在属性栏中单击“推拉变形”按钮，然后在对象上拖动鼠标，就会形成推拉形状。图 6–46 所示为矩形“推拉失真振幅”设置为 40 时的效果。

2. 拉链变形

在属性栏中单击“拉链变形”按钮，在对象上拖动鼠标，就会形成拉链形状。当对象形成拉链形状时，在属性栏中也可进行相关的设置使对象产生随机变形、平滑变形和局部变形三种修改。具体效果如图 6–47 所示。

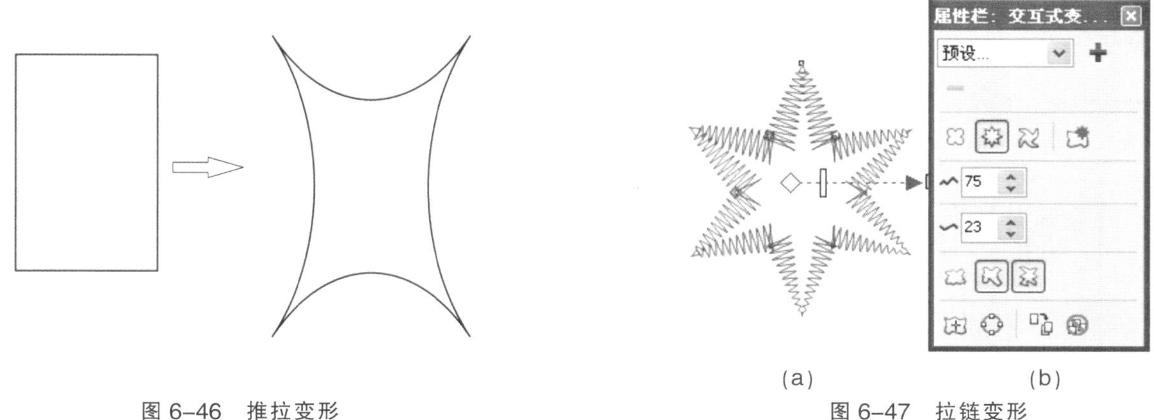

图 6–46　推拉变形

图 6–47　拉链变形

3. 扭曲变形

在属性栏中单击“扭曲变形”按钮，然后在对象上拖动鼠标，就会形成扭曲形状，也可以通过在属性栏中设置对象的旋转方向来设置对象的变形形状。单击“顺时针旋转”按钮，效果如图 6–48 所示；单击“逆时针旋转”按钮，效果如图 6-49 所示。

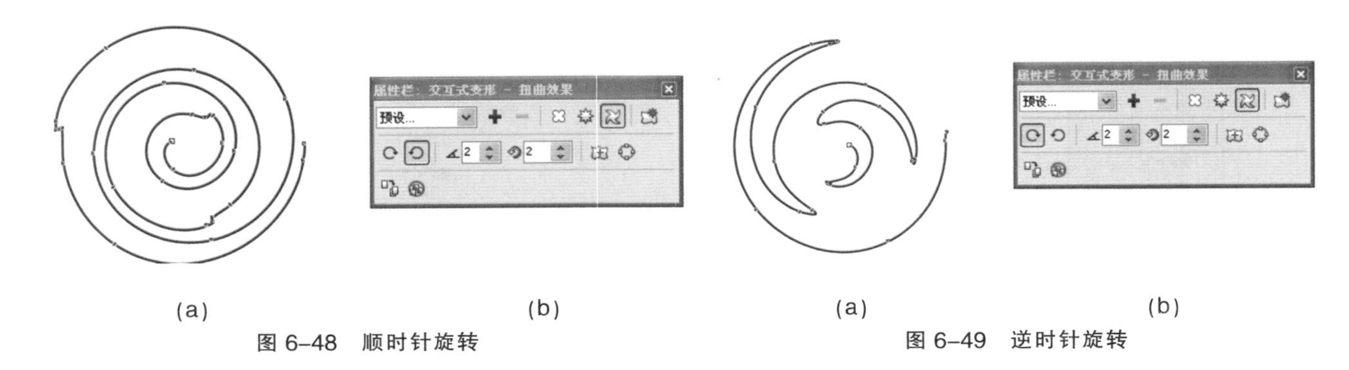

(a)　　(b)

图 6-48　顺时针旋转

(a)　　(b)

图 6-49　逆时针旋转

【实际操作】学习了那么多知识，下面我们可以动手操作啦！

子项目 2 实施：牛仔裤的设计

牛仔裤以其粗犷、实用和结实的特点深受人们的喜爱，也是当今十分流行的经典服装样式。随着时间的推移，牛仔裤的设计方法将会变得越来越丰富。

1）绘制牛仔裤的造型

(1) 使用手绘工具绘制出牛仔裤的直线图，如图 6-50 所示。

(2) 使用形状工具选中裤子臀部和裤脚的直线，选择“转换为曲线”命令将其调整成为如图 6-51 所示的效果。

(3) 选中左侧裤筒的图形进行复制，再使用镜像工具对其进行水平镜像操作，并将镜像移动至相应的位置，最终效果如图 6-52 所示。

(4) 将左右两个裤筒相结合，并连接分离的节点。使用手绘工具绘制出门襟、口袋和裤腰等处的明线和虚线，如图 6-53 所示。

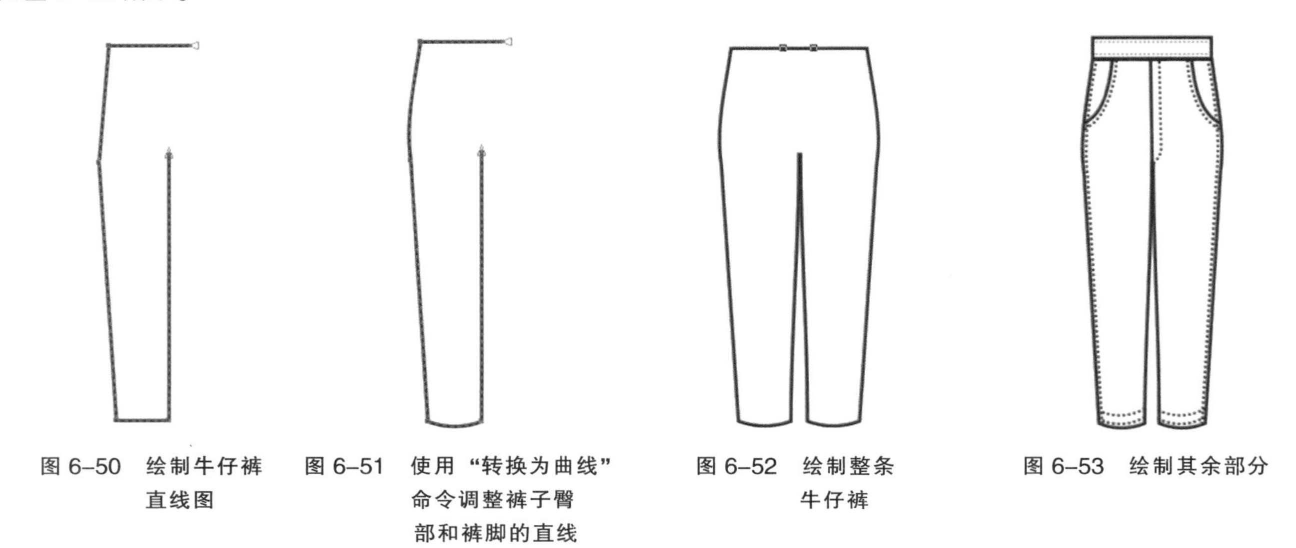

图 6-50　绘制牛仔裤直线图　　图 6-51　使用“转换为曲线”命令调整裤子臀部和裤脚的直线　　图 6-52　绘制整条牛仔裤　　图 6-53　绘制其余部分

(5) 使用椭圆形工具绘制一个圆形作为扣子，这样正面款式图就绘制完成了，如图 6–54 所示。

(6) 选中正面款式图，对其进行复制，选择“工具”→“对象管理器”命令，利用对象管理器删除属于前面的部件，如图 6–55 所示。

(7) 使用矩形工具和手绘工具绘制出后口袋，这样就完成了背面款式图的绘制，如图 6–56 所示。

(8) 最后绘制的牛仔裤的款式图效果，如图 6–57 所示。

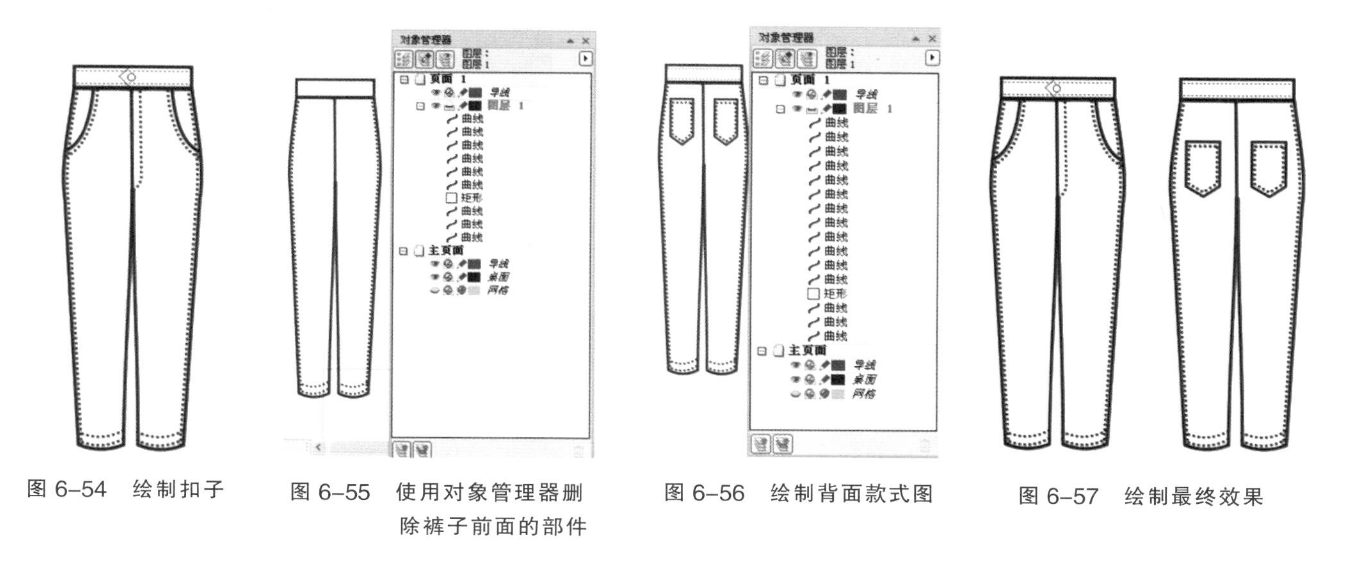

图 6–54 绘制扣子

图 6–55 使用对象管理器删除裤子前面的部件

图 6–56 绘制背面款式图

图 6–57 绘制最终效果

2) 牛仔裤面料的设计

牛仔面料有很多种特殊工艺处理方法，常用的有水洗、猫须、撞色线、撞钉和之字形固定线等。

(1) 打开 CorelDRAW 软件，选择“文件”→“新建”命令或者使用快捷键 Ctrl+N，设定纸张大小为 100 mm × 100 mm，如图 6–58 所示。

(2) 使用工具箱中的矩形工具沿设定纸张外框拖出一个正方形，单击 PostScript 填充对话框，弹出“PostScript 底纹”对话框，在其中进行选项及参数的设置，如图 6–59 所示。

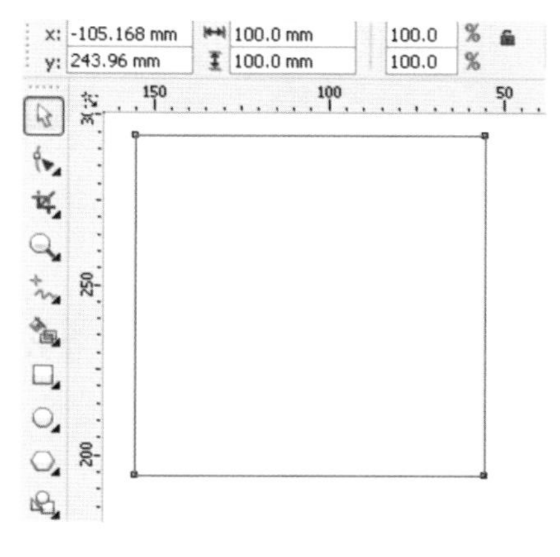

图 6–58 新建文件

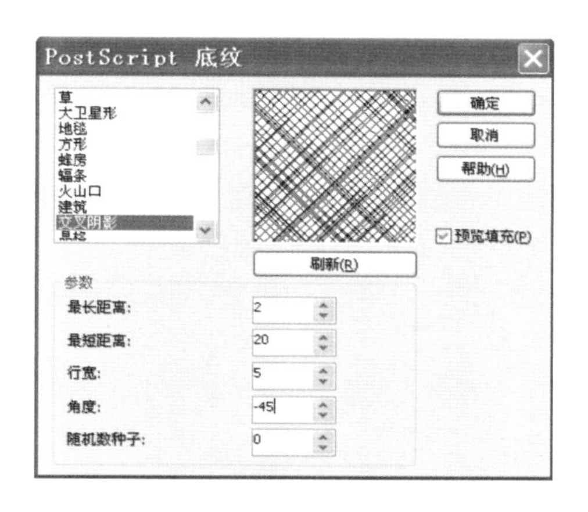

图 6–59 设置“PostScript 底纹”对话框

(3) 单击“确定”按钮，将白纸填充为斜纹，最终效果如图 6–60 所示。

(4) 使用工具箱中的矩形工具紧贴纸张外框拖出一个正方形，设置其填充色为靛蓝色，CMYK 值为 (96，58，1，0)，如图 6–61 所示。单击“确定”按钮进行填充，并使用快捷键 Shift+Page Down 将靛蓝色放置在斜纹的后面作为背景色，效果如图 6–61 所示。

图 6–60　填充纸张

图 6–61　设置背景色

（5）使用快捷键 Ctrl+A，选中所有对象，再使用快捷键 Ctrl+G 将所有对象群组，然后使用交互式变形工具，调整参数得到如图 6–62 所示的面料效果。

（6）使用快捷键 Ctrl+A，选中所有对象，再使用快捷键 Ctrl+G 将所有对象群组，然后选择“位图”→“转换为位图”命令，弹出“转换为位图”对话框，如图 6–63 所示，在其中设置各项参数。

图 6–62　面料效果

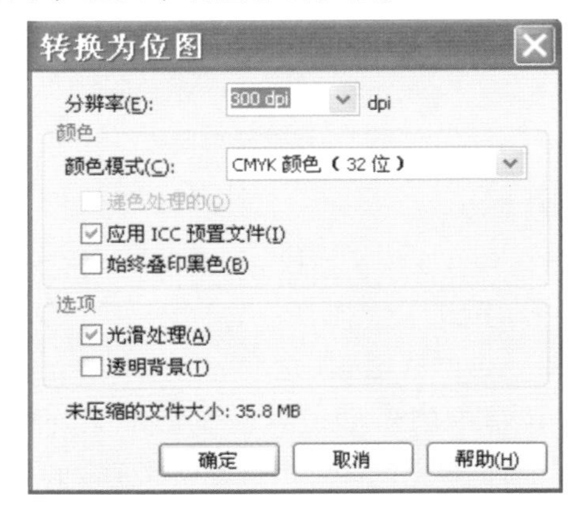

图 6–63　“转换为位图”对话框

（7）单击“确定”按钮，则原来的矢量图就变成了位图，效果如图 6–64 所示。

（8）选择“位图”→“杂点”→“添加杂点”命令，弹出“添加杂点”对话框，如图 6–65 所示，在其中设置各项参数，单击“预览”按钮预览添加杂点后的效果。

图 6–64　失量图转换为位图

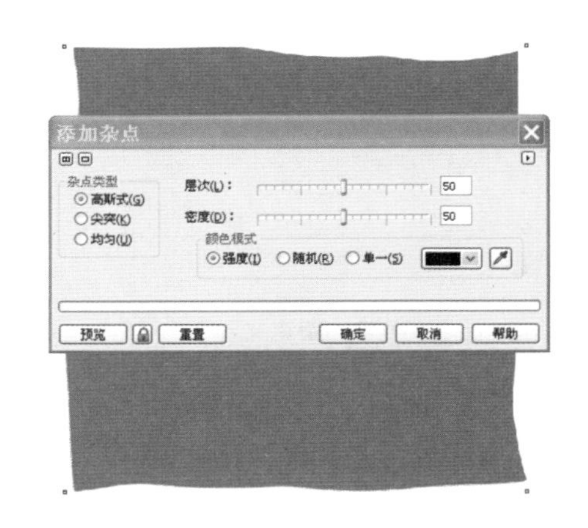

图 6–65　“添加杂点”对话框

（9）单击“确定”按钮，则添加杂点产生的牛仔面料效果如图 6–66 所示。

（10）将制作好的牛仔布料填充到牛仔款式图中，效果如图 6–67 所示。

图 6–66 添加杂点后的牛仔面料效果

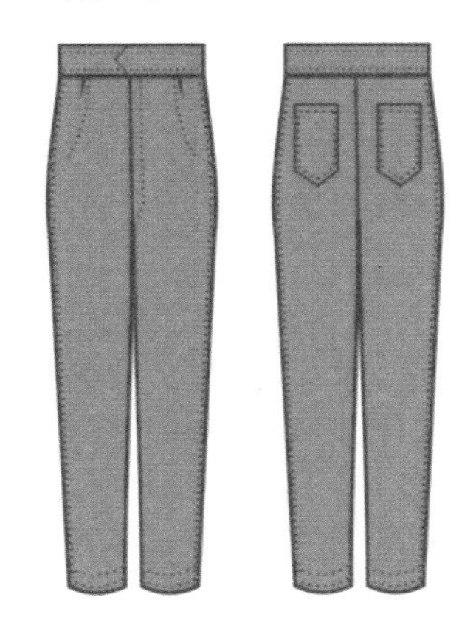

图 6–67 将布料填充至款式图中

项目小结

本项目通过“女士短款外套设计”和“牛仔裤设计”两个精彩项目的制作，主要学习了使用手绘工具进行服装造型设计、形状工具的曲线调整等内容。除此之外，也学习了交互式变形工具、矢量图转换位图、图框精确剪裁等知识。在这两个项目中也复习了前面所学的设置轮廓线及去除轮廓线、填充颜色等基础知识。要掌握好 CorelDRAW 软件中的手绘工具，需要不断练习，才能熟能生巧。尽管 CorelDRAW 软件能为服装设计者提供很好的帮助，但它仍然只是一个服装款式的设计工具，要想设计一款自己心仪的服装，还需要经常关注大型商场及网上服装商城的流行趋势。

习题 6

一、填空题

1. 将直线对象转换成曲线的快捷键为 ＿＿＿＿＿＿。
2. 在推拉变形中，推拉失真的振幅越 ＿＿＿＿＿＿，变形越明显。
3. 交互式变形工具自身提供了三种变形方式，分别为 ＿＿＿＿＿＿、＿＿＿＿＿＿ 和扭曲变形。
4. 形状工具分为 ＿＿＿＿＿＿、＿＿＿＿＿＿、＿＿＿＿＿＿、＿＿＿＿＿＿、＿＿＿＿＿＿ 五种。
5. 使用“多边形”工具绘制星形最少有 ＿＿＿＿＿＿ 个角。

二、选择题

1. 交互式变形工具包含的变形方式有（　　）种。

   A. 2　　B. 3　　C. 4　　D. 5

2. 打开对象管理器，在主页面的辅助项层上绘制一个正方形，其结果是（　　）。

   A.什么也看不见　　B.页面上多了一个正方形对象

   C.画不上去　　D.多了一个正方形辅助线

3. 使用“螺纹”工具绘制螺纹形式时，每圈螺纹间距固定不变的是（　　）。

A.对称式　　B.对数式

4. 使用“形状”工具在曲线上进行（　　）操作，即可增加曲线上的节点。

A.单击　　B.双击　　C.右击　　D.拖动

5. 手形工具的作用是（　　）。

A.放大所选对象　　B.控制绘图在窗口显示的部分　　C.缩小　　D.镜像

6. 用图纸工具绘制好的网格，是否可以取消群组（　　）。

A.可以　　B.不可以

7. 选择（　　）菜单中的相应命令，可以显示“泊坞窗”。

A.版面　　B.效果　　C.查看　　D.窗口

8. 使用（　　）工具可以产生连续光滑的曲线。

A.手绘　　B.贝塞尔　　C.自然笔　　D.压力笔

三、简答题

简述服装设计的主要原则。

四、操作题

进行一套 6 岁男童装的整体设计，同时设计衣服及配饰，要求整体款式、颜色统一。样例如图 6-68 所示。

图 6-68　男童装设计样例

包装设计

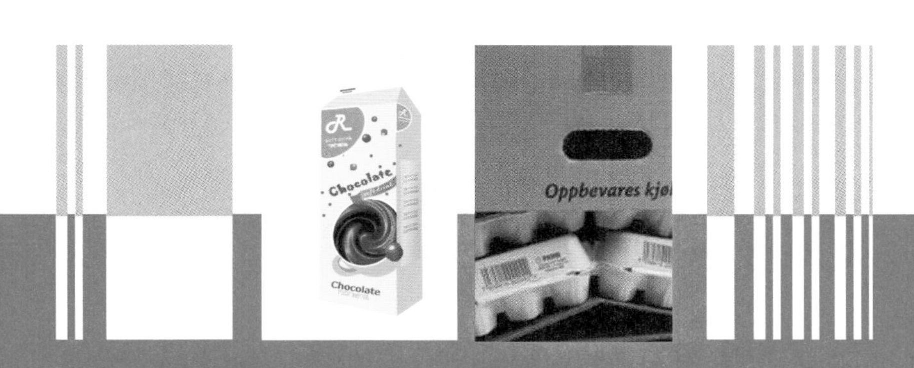

BAOZHUANG SHEJI

项目描述

包装设计是商品的重要组成部分，也是 CorelDRAW X4 软件在实际中应用较多的一部分内容。包装设计给人们传递的视觉信息可谓丰富多彩，从艺术的表现形式到包装的结构功能，以及包装本身所传达的视觉信息等。通过包装我们能快速地了解商品，甚至能得到一种美的享受。本项目学习的重点是如何使用交互式立体化工具、冻结效果及透镜，难点是如何综合应用 CorelDRAW X4 里的工具来设计出色的包装。

学习目标

- 了解包装设计的基础知识
- 了解包装设计的材料和造型
- 了解包装设计视觉要素的传达
- 掌握交互式立体化工具的使用方法
- 掌握透镜的使用方法
- 能综合运用各种方法来进行包装设计

相关知识

包装是品牌理念、产品特性、消费心理的综合反映，它直接影响到消费者的购买欲望。包装是建立起产品与消费者间亲和力的有效手段。在经济全球化的今天，包装与商品已融为一体。包装作为实现产品的商品价值和使用价值的手段，在生产、流通、销售和消费领域中，发挥着极其重要的作用，是企业界、设计者不得不关注的重要课题。包装的功能包括保护商品、传达商品信息、方便使用、方便运输、促进销售、提高产品附加值等。

项目导入

图 7-1　巧克力饮品包装

子项目 1　巧克力饮品的包装设计

完成如图 7-1 所示的巧克力饮品的包装设计。子项目 1 中主要运用到了 CorelDRAW X4 软件中的交互式工具，其中交互式立体工具、交互式阴影工具、交互式封套工具、交互式填充工具等均有应用；同时还应用了绘图工具和字体设置、图框精确剪裁等多种方法，是一个综合性较强的实际案例。

子项目 2　对讲机包装设计

完成如图 7-2 所示的对讲机包装设计。子项目 2 中综合运用了 CorelDRAW X4 软件中的各种操作，是一个综合性很强的实际操作例子。子项目 2 是按照与实际的包装比例为 10：3 来制作的。

任务 1 包装设计基础知识

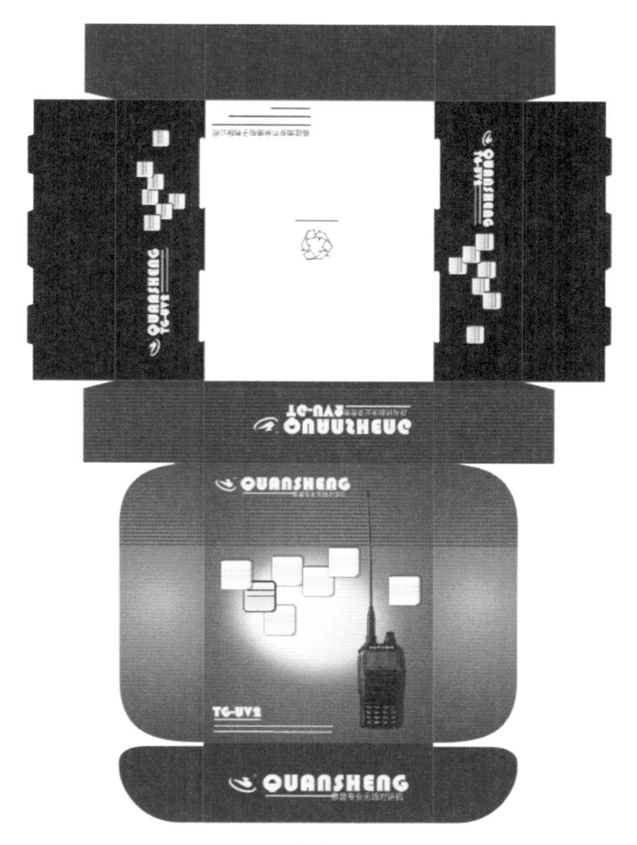

图 7-2　对讲机展开包装

1. 包装设计概述

包装是商品的附属品，是实现商品的价值和使用价值的一个重要手段。国际上对现代包装的定义是“物品从生产到消费者手中所经历的运输、保管、装卸、使用等过程中为了保持物品的质量、价值，使用方便，促进物品的销售而对物品施加的技术或状态”。因此，世界各国对于包装的定义都是围绕着包装的基本职能来论述的。我国在 1983 年制定的国家标准中，对包装的定义是：“为在流通中保护产品、方便储运、促进销售，并按一定的技术方法所采用的容器、材料和辅助物的过程中施加一定技术方法等操作活动”。

现代包装设计是一门以文化生活观念为基础，以现代设计创意和手段为导向的且高新技术与市场发展高度结合的产物。它可以分为以下三个基本层面：

(1) 包装设计是一种文化心理状态，所以也可以认为是文化的意识层，它处于核心和领导地位，是设计系统各要素活动的基础和依据；

(2) 包装设计包含了设计技术要素的物质载体，具有物质性、基础性、易变性等特点；

(3) 包装设计应具有市场意识，包装设计部门、设计师在包装设计产品时，必须充分熟悉交换商品的场所及消费者在使用包装产品中的消费行为等。

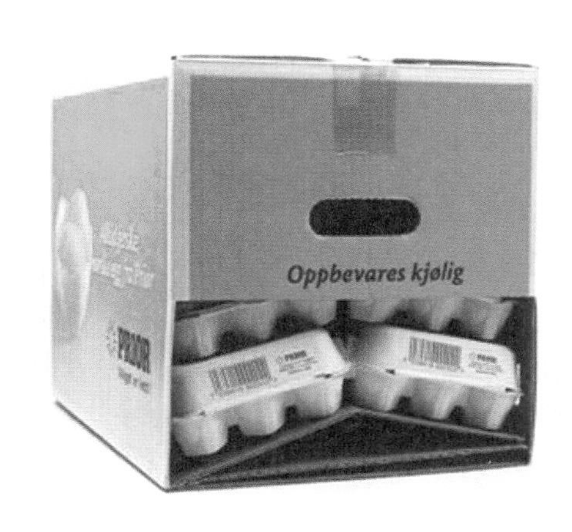

图 7-3　小物件的包装盒

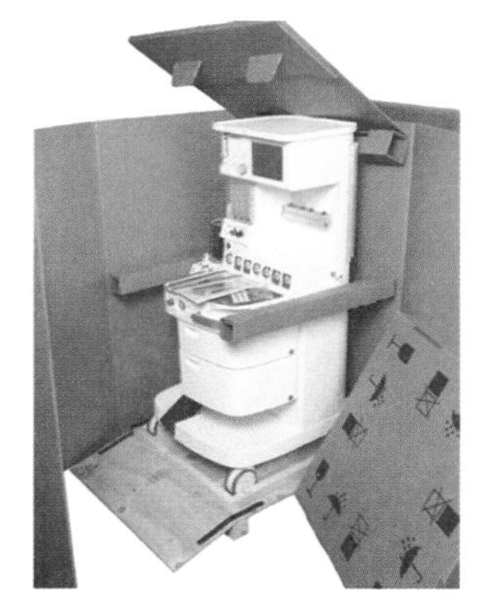

图 7-4　大物件的包装

2. 包装设计的功能与作用

包装从生产领域到随同商品进入消费领域，其间要经过三个领域，即生产领域、流通领域和销售领域，最后才能到达消费者的手中。包装要适应各个环节的不同需要，就必须具备多种多样的功能。总体来看，包装的主要功能有以下五个方面。

(1) 保护功能。包装设计最基本的功能就是有效地保护商品，使商品免受外来物的侵袭和冲击，如运输过程中的震动、潮湿、变形、损坏等，如图 7-3 与图 7-4 所示。

(2) 传递信息功能。信息的表达是通过视觉形象实现的，成功的包装设计本身就代表了产品的形象。只有通过丰富的想象力和多方位的表现力，才能充分体现产品的品质与品位，使包装形象具有较强的识别力，进而唤起消费者的购买欲望，如图 7-5 所示。

(3) 促销功能。包装具有传达销售信息的功能。包装中的商标、文字、图形等均能起到传达信息的作用，好的包装最重要的作用是可以传达信息，从而在美化商品的同时，促进商品销售，增加产品竞争力。如图 7-6 所示。

图 7-5　传递信息功能包装

图 7-6　促销功能包装

图 7-7　罐头的包装

(4) 便利功能。商品是直接到达消费者手中的，因此，它的造型结构要便于消费者使用，即它必须在生产、流通、仓储和使用环境方面具有宽广的弹性，如图 7-7 与图 7-8 所示。

(5) 环境保护功能。包装材料的使用、处理同环境保护有密切关系。包装材料应该选用可以回收处理、加工，能够再次使用的材料。例如，纸可以减少环境污染并可以回收再生，而玻璃瓶、铁皮盒子也可以再生转化，如图 7-9 与图 7-10 所示。

图 7-8　咖啡的包装

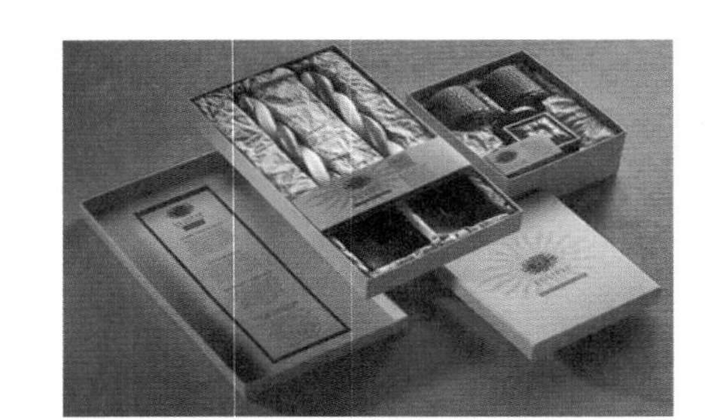

图 7-9　纸盒包装

图 7-10　玻璃瓶包装

3. 包装设计的分类

商品包装的种类繁多，形态各异，五花八门，其功能作用、外观内容也各不相同。各种不同的商品和商品本身不同的要求，需要有各种不同的包装。在日常生活中，从不同的角度去看待包装，便会产生不同的包装分类。

(1) 按包装形态分类，包装可以分为包装箱、包装桶、包装瓶、包装罐、包装杯、包装盆、包装袋、包装篮等。

(2) 按商品内容分类，包装可以分为日用品包装、食品包装、烟酒包装、化妆品包装、医药包装、文体包装、工艺品包装、化学品包装、五金家电包装、纺织品包装、儿童玩具包装、土特产包装等。

(3) 按包装材料分类，包装可以分为纸包装、金属包装、纸箱包装、玻璃包装、木包装、陶瓷包装、塑料包装、棉麻包装、布包装、草席包装、纸塑复合材料包装等。

(4) 按包装技术分类，包装可以分为真空包装、充气包装、冷冻包装、收缩包装、贴体包装、组合包装等。

(5) 按产品性质分类，包装可以分为销售包装、储运包装、军需品包装等。销售包装又称商业包装，分为内销包装、外销包装、礼品包装、经济包装等。储运包装主要在厂家与分销商、卖场之间流通，便于产品的搬运与计数。

(6) 按包装体量分类，包装可以分为小包装、中包装、大包装等。

4. 包装材料

包装材料是商品包装的物质基础，是用于制作各种包装容器和满足产品包装要求所使用的材料，它既包括金属、塑料、玻璃、陶瓷、纸、竹木、天然纤维、化学纤维、复合材料等主要包装材料，又包括涂料、黏合剂、捆扎带、印刷材料等辅助材料。

1）纸包装材料

包装用的纸板按其用途及材料性能可分为箱板纸、瓦楞纸板、黄纸板、马尼拉纸板、白纸板、牛皮纸板、复合加工纸板等多种。其中箱板纸、瓦楞纸板和黄纸板用途最广。

（1）纸包装材料包括纸、纸板和瓦楞纸板三大类。纸与纸板是按照定量（单位面积的重量）或厚度来区分的，定量在 200 g/m^2 以上，或者厚度在 0.3 mm 以上的纸张称为纸板。

（2）纸和纸板的规格。

① 纸的基重：目前国内使用的基重的单位为 g/m^2，如 200 g/m^2 纸指的是每平方米纸的重量是 200 g。

② 纸的令重：通常 250 g 以下的纸以 500 张为 1 令、10 令为一件进行包装。

③ 纸的厚度：公制以 1/100 mm 为单位，称为“条数”；英制则以 1/1000 in 为单位，称为“点数”。

④ 纸的开数：开数指的是纸张的裁切应用标准。

（3）纸和纸板的性能。

① 纸张表面性能：表面性能指纸的光滑度、硬度、黏合度、掉粉性等。

② 纸张物理性能：物理性能指纸的定量、厚度、强度、弯曲性、纹理走向、柔软性、耐折度等。

③ 纸张适印性能：适印性能是指不同的纸质会有不同的印刷效果，如纸张的光滑度、吸墨性、硬度、掉粉性等。

2）塑料包装材料

（1）塑料薄膜。

按成型工艺分类，塑料薄膜可分为挤塑薄膜、吹塑薄膜、压延薄膜、流延薄膜、拉伸薄膜、发泡薄膜、复合薄膜；按化学组成分类，塑料薄膜可分为聚氯乙烯薄膜（PVC）、聚乙烯薄膜(PE)、聚丙烯薄膜 (PP)、聚苯乙烯薄膜（PS）、聚酯薄膜（PET）等；按功能分类，塑料薄膜可分为防潮薄膜、防锈薄膜、防滑薄膜、耐油脂薄膜、耐高温薄膜、耐冷冻薄膜、保鲜薄膜、透明薄膜等；按包装方式分类，塑料薄膜可分为弹性薄膜、收缩薄膜、真空包装薄膜、充气包装薄膜、贴体包装薄膜、吸塑包装薄膜、缠裹包装薄膜、黏结包装薄膜、蒸煮包装薄膜、轻包装薄膜、重包装薄膜等。各种包装薄膜如图 7–11 所示。

（2）塑料容器。

塑料容器的成型方法：一是挤塑，即挤出成型；二是注塑；三是吹塑。各种塑料容器如图 7–12 所示。

3）金属包装材料

常用的金属包装材料有马口铁皮、铝材和铝箔及复合材料等，如图 7–13 所示。

4）玻璃包装材料

玻璃包装材料按照成分分类，可分为钠玻璃、铅玻璃和硼硅玻璃等；按照制作方法分类，可分为人工吹制、机械吹制、挤压成型等，如图 7–14 所示。

图 7–11　各种塑料包装薄膜

图 7–12　各种塑料容器

图 7–13　金属包装材料

图 7–14　玻璃包装材料

5）其他包装材料

其他包装材料包括陶瓷、纤维制品、纺织品、自然包装材料（木材、竹子、藤、草类）等，如图 7–15 和图

7–16 所示。

图 7–15　其他包装材料（1）

图 7–16　其他包装材料（2）

6）新型复合环保材料

常用的新型复合环保材料有秸秆容器、玉米塑料、油菜塑料、小麦塑料和木粉塑料等。

5. 现代包装的造型

现代包装的造型可以分为功能性造型设计和形象性造型设计两种。

1）功能性造型设计

功能性是包装设计中造型设计的出发点，需要注重实用性及输运的方便，如图 7–17 所示。

2）形象性造型设计

形象性造型设计是衡量包装设计的重要标准之一，其中包括了很多方面的相互协调，如式样、色彩、质感、装饰等，如图 7–18 所示。

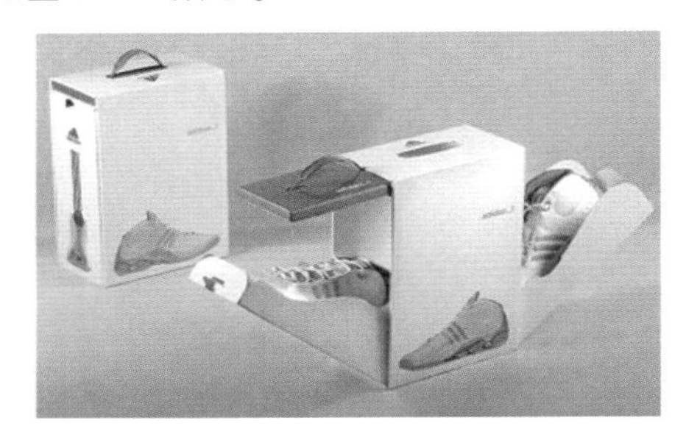

图 7–17　功能性包装设计

图 7–18　形象性包装设计

6. 包装设计中的文字

1）文字传达要素的组成

(1) 品牌形象文字。

品牌形象文字包括品牌名称、商品品名、企业标识名称和厂名等，通常印在包装的主要展示面上，采用具有标识感、装饰性强、突出醒目的字体，将其进行精心设计和组合，以增强品牌的视觉冲击力，如图 7–19 和图 7–20 所示。

图 7–19　品牌形象文字（1）

图 7–20　品牌形象文字（2）

(2) 广告宣传性文字。

广告宣传性文字是宣传商品特色的促销性宣传口号。宣传文字的内容应诚实、简洁、生动，并遵守相关的法律和行业法规。广告宣传文字的位置和形式可以多变，但其视觉表现力不应超过品牌名称，以免喧宾夺主。

(3) 功能性说明文字。

功能性说明文字用于对商品内容进行细致的解释和提示，包含相关行业标准和规定约束。

说明文字的内容包括产品用途、使用方法、功效、成分、重量、体积、型号、规格、生产日期、生产厂家信息及保养方法和注意事项等。

说明文字的位置一般被安排在次要位置，也有将更详细的说明另外用专页附于包装内部的做法。

说明文字的字体通常采用印刷字体，字体应清晰明了，从而使消费者产生信赖感。

2）文字传达要素的设计应用

文字传达要素的设计原则包括 3 点：①可读性必须被保证，在设计文字要素时要保证文字本身的书写规律，形象变化较大的部分应安排在副笔画上，以保证文字的可读性；②设计风格与商品内容相协调，设计应该从商品内容出发，视觉特征应符合商品本身的属性，设计风格应与商品本身的卖点或性格相一致，也就是要做到形式与内容的统一协调；③造型统一，即字与字之间的造型手法的统一性。

3）文字传达要素的变化范围

（1）外形变化。外形变化是指改变字的外部结构特征。变化方法包括把外形拉长、压扁、倾斜、弯曲、角度立体化等。

（2）笔形变化。笔形变化是指基于不同的笔形改变可以产生新的字体。

（3）结构变化。结构变化是指基于不同的结构改变可以产生新的字体。

（4）排列变化。排列变化是指打破普通基础字体的排列重新安排组合秩序。

4）文字传达要素的设计表现手法

（1）笔形装饰：对笔形特征进行图案化、立体化、线形变化等装饰。

（2）字形变化：对品牌形象文字的整体外形进行透视、弯曲、倾斜、宽窄等变化。

（3）重叠与透叠：对文字进行重叠处理，使字符间关系更紧凑，以及品牌形象文字外形的整体感更强。

（4）借笔与连笔：运用共用形象使文字整体造型更加简洁和富有趣味，也可以使用连笔的方法增强整体感。

（5）断笔与缺笔：在保持可读性的前提下对个别副笔画进行断开或省略简化处理。

（6）变异：在整体形象中对个别部分进行造型变化，以增强形象力和与商品间的内在关系。

（7）图底反转：合理运用图与底之间的阴阳共生的关系，增强文字要素的形象感。

（8）形象化：把文字与具体形象相结合，使文字本身的含义更加形象化，从而有利于信息传达，而且更加生动、活泼，容易被读者记忆。

（9）空间变化：利用体面化、透视、光线、投影、空间旋转、笔画转折等立体化形象的处理手法使文字更加醒目。

（10）手写体：相对于印刷字体来说，手写体更富于变化和节奏感，表现力更丰富和自由。利用不同的工具如毛笔、钢笔、苇杆笔、炭笔、马克笔等，可以创造出不同的笔型特征。同时，不同肌理纸张的运用，也可以产生风格多样的视觉特征。

7. 包装设计中的图形

1）图形传达要素的分类

(1) 标志形象。

例如商标、企业标志、质量认证标志和行业符号等都属于标志形象，如图 7-21 和图 7-22 所示。

(2) 主体图形。

通常情况下，主体图形占据主展示面的主要位置。主体图形通常根据产品特点采用产品实物形象、原材料形象、产地信息形象、商品成品形象、使用示意形象、象征形象等造型，下面分别做简单介绍。

图 7-21　惠普产品的外包装

图 7-22　手表商标

① 产品实物形象：通过摄影或写实插图对产品进行美化，或者通过特写的手法，又或者采取在包装上开“天窗”的方法等。

② 原材料形象：突出商品在制造过程中使用的与众不同的原材料，这样有助于消费者对产品特色进行了解，如图 7-23 所示。

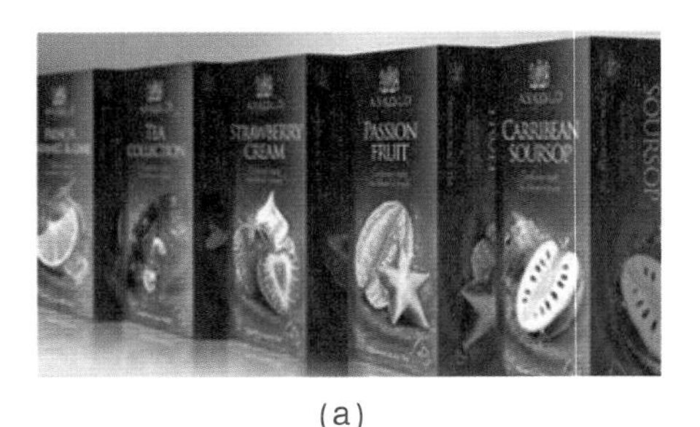

(a)

(b)

图 7-23　包装设计中运用了原材料形象

③ 产地信息形象：对于具有特色的商品而言，产地是产品品质的保证和象征。

④ 商品成品形象：展现使用时的形态或形状。

⑤ 使用示意形象：根据商品使用特点，在包装上展示商品的使用方法与程序，有助于消费者初次使用时能清晰准确地使用商品。

(3) 相关联的辅助装饰图形。

利用辅助装饰图形或装饰纹样来增强包装设计的形式感。

2）图形传达要素的表现形式

(1) 具象图形：通过摄影图片、写实绘画图形、归纳简化图形和夸张变化图形等手法表现出的直观具体的产品客观形象。

① 摄影图片：形象逼真、色彩层次丰富，能直观准确地传达商品信息，激发消费者的购买欲望。

② 写实绘画图形：摄影不能代替绘画手段，而所谓的绘画也不是纯客观的写实，应根据表现要求对所要表现的对象加以有所取舍地主观选择，使形象比实物更加单纯、完美。

图 7-24　抽象图形

(2) 抽象图形。

通过点、线、面的构成，以及肌理的特征和色彩关系所传达出的视觉和情感特征，来象征商品的内在属性和性格，人们通过视觉经验产生联想，从而了解商品的内涵。抽象图形表现手法自由、形式多样、时代感强，能为消费者带来更多联想的空间，如图 7-24 所示。

抽象图形包括人为抽象图形、偶发抽象图形与运用抽象肌理等方法。

(3) 装饰图形。

装饰图形可以借鉴产品创作设计的装饰图形，以及对传统和民族图案的加工应用，如图 7-25 所示。

3）图形传达要素设计的基本原则

图形传达要素设计的基本原则包括以下几点。

(1) 准确地传达信息。

(2) 体现视觉个性。

(3) 注意图形的局限性和适应性。

(4) 注意图形与文字之间的相互关系。

图 7–25 装饰图形

8. 包装设计中的色彩

1）色彩的调配

(1) 以色相为主进行配色，如图 7–26 所示。

(2) 以明度为主进行配色。

(3) 以纯度为主进行配色。

(4) 配色的调和，如图 7–27 所示。

2）色彩要素的情感传达

(1) 利用色彩的冷暖感表现不同商品的特性。

(2) 利用色彩的明快感使人产生愉悦感。

(3) 利用色彩的兴奋感刺激消费者的感官。

(4) 利用色彩的味觉感增强食品包装设计的表现力。

3）色彩传达要素设计应用的原则

(1) 合理安排图色与底色。

(2) 整体统一，局部活跃。

(3) 根据商品的属性设计色彩。

(4) 根据企业形象和营销策略设计色彩。

(5) 根据市场地域特征设计色彩。

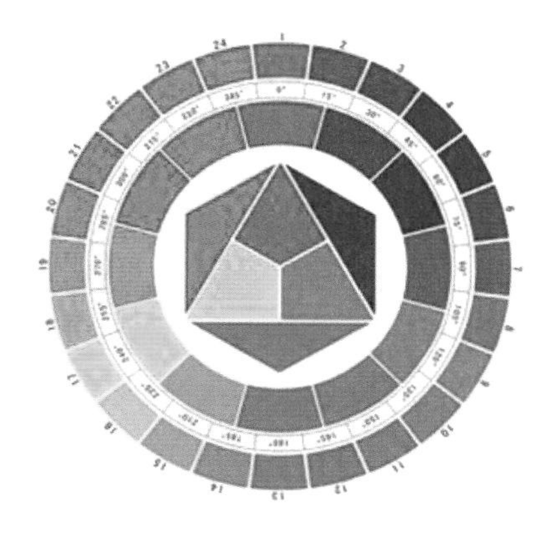

图 7–26 以色相为主进行配色

图 7–27 配色的调和

任务 2 CorelDRAW 中常用的工具

1. 交互式立体化工具

在 CorelDRAW X4 软件中，利用交互式立体化工具可以轻易地将任何一个封闭曲线或艺术文字转化为立体的具有透视效果的三维图形，还可以像专业三维软件那样，让用户任意调整观察者的视觉，以及灯光设置、色彩、倒角等。这些功能的按钮位于交互性调和工具中。在工具箱中用鼠标左键单击交互式调和工具，再在展开的如图 7–28 所示的调和工具条中选择“立体化”命令。

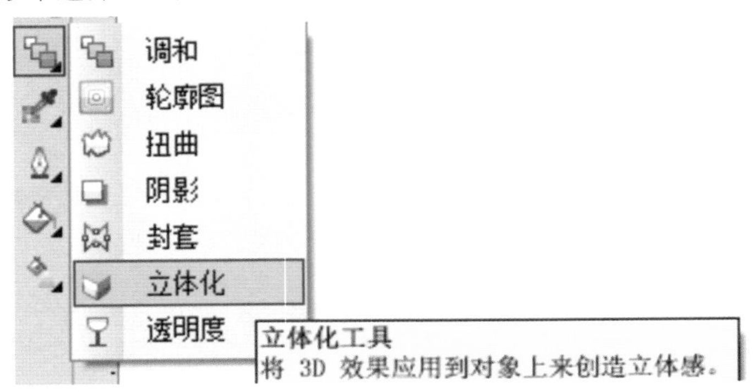

图 7–28　交互式立体化工具

1）创建交互式立体化效果

下面详细介绍创建交互式立体化效果的方法。

（1）使用工具箱中的 星形(S) 工具，在页面中绘制一个星形图形，并填充为蓝色，如图 7–29 所示。

（2）使用工具箱中的 多边形(P) 工具，在页面中绘制一个多边形图形，其大小、位置、填充颜色如图 7–30 所示。

（3）使用工具箱中的挑选工具，将两个图形全部选中，单击属性栏中的“修剪”按钮，如图 7–31 所示，单击多边形，再按 Delete 键，即可得到如图 7–32 所示的图形效果。

（4）将绘制的图形进行保存，并命名为“交互式立体效果创建.cdr”。

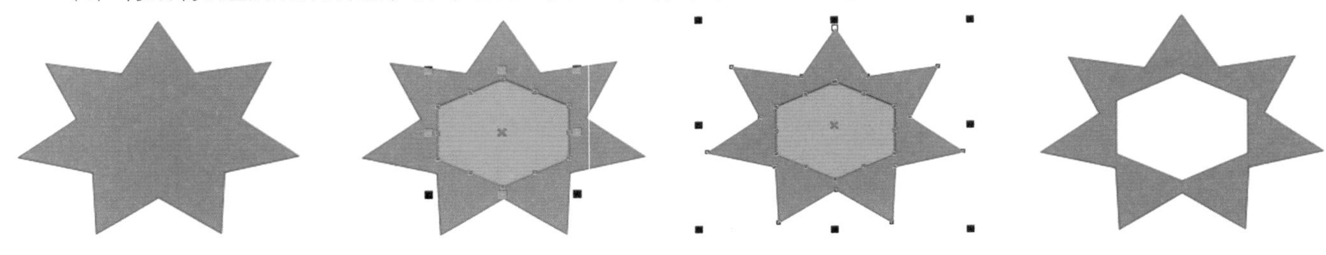

图 7–29　绘制星形　　图 7–30　绘制多边形　　图 7–31　选中两个图形　　图 7–32　删除多边形

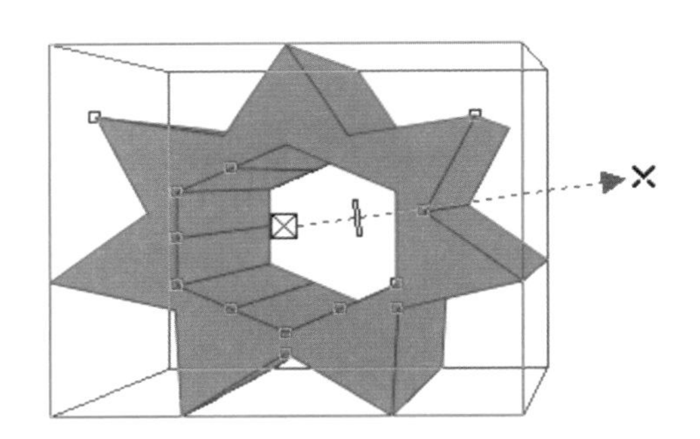

图 7–33　绘制立体化效果

（5）在工具箱中选择 立体化工具，在绘制图形上单击，然后按鼠标左键并拖动鼠标，直到出现用户自己需要的效果时，松开鼠标左键即可，最终效果如图 7–33 所示。

2）设置交互式立体化效果的属性栏

用户通过交互式立体化工具属性栏的设置，可以设计出很多漂亮的图形效果。单击工具箱中的 立体化工具，可以为图形创建立体化效果，此时，弹出如图 7–34 所示的 立体化工具属性栏。

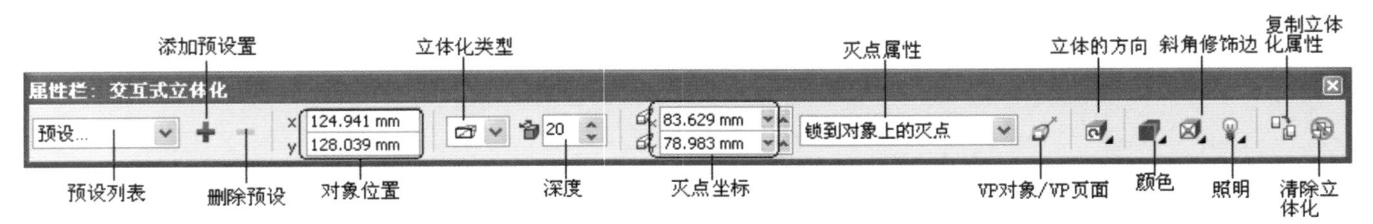

图 7–34　交互式立体化工具属性栏

工具栏中各项的功能分别介绍如下。

（1）预设列表：用户可以从中选择系统提供的预设样式。

（2）立体化类型：单击“立体化类型”右边的按钮，在弹出的“立体化类型”下拉菜单中选择需要的样式，如图 7–35 所示，对应的图形效果如图 7–36 所示。

（3）深度：该项主要用来控制立体化效果的纵深度。用户可以在“深度”右边的文本输入框中直接输入数值，其数值越大，深度越深。如在文本输入框中输入“25”，则图形效果如图 7–37 所示。

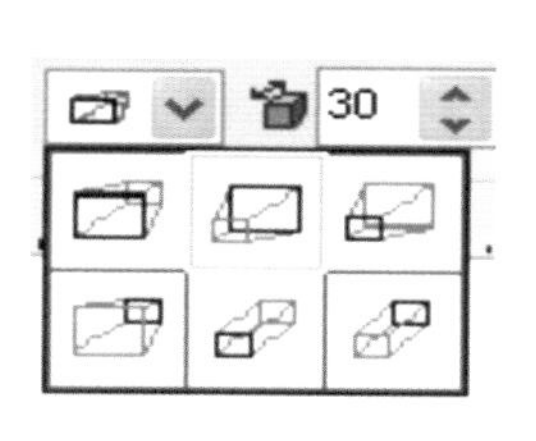

图 7–35　“立体化类型”下拉菜单

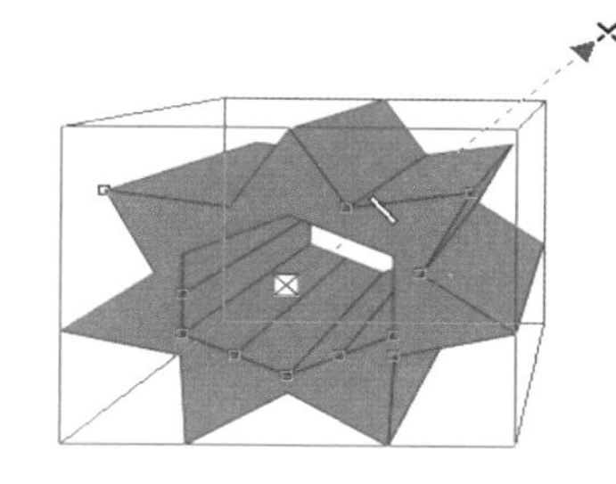

图 7–36　立体化图形效果

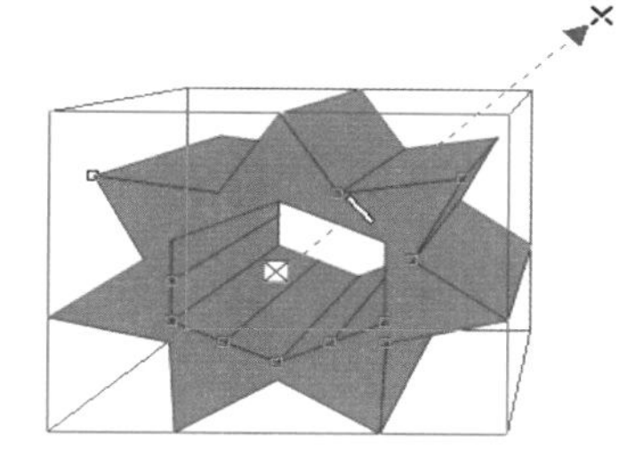

图 7–37　深度值为 25 时的立体化图形效果

（4）灭点坐标：立体化效果完成之后，在对象上出现箭头指示的【✕】点的坐标。用户可以在工具属性栏中的和图标右边的文本输入框中输入数值来决定灭点坐标。

（5）灭点属性：单击工具属性栏中的锁到对象上的灭点右边的按钮，弹出如图 7–38 所示的下拉列表框。在此列表框中主要包括四个选项，各个选项的作用分别如下。

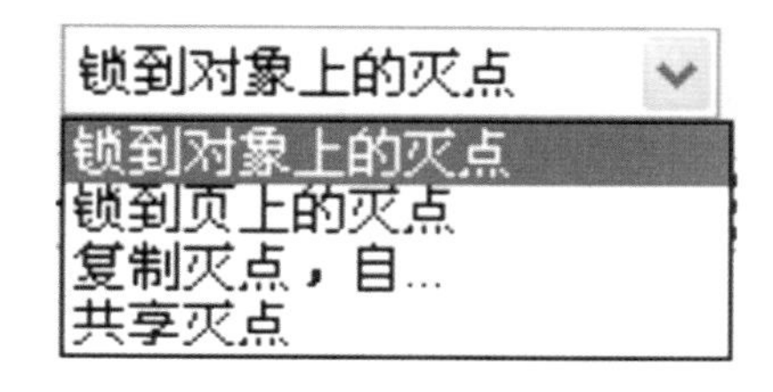

图 7–38　下拉列表

① 锁到对象上的灭点：该项是立体化效果中灭点的默认属性，是指将灭点锁定在对象上。当用户移动对象时，灭点和立体效果也随之移动。

② 锁到页上的灭点：选择该项，则移动对象时，灭点的位置保持不变，而对象的立体化效果随之改变。

③ 复制灭点，自…：选择该项，鼠标状态发生改变。此时，用户可以将立体化对象的灭点复制到另一个立体化对象上。

④ 共享灭点：选择该项，再单击其他立体化对象，可以使多个对象共用一个灭点。

（6）立体的方向：该项主要用来改变立体化效果的角度。单击“立体的方向”按钮，弹出如图 7–39 所示的下拉面板，用户可以在该下拉面板中的圆形范围内通过拖动鼠标来改变立体化效果，如图 7–40 所示。其对应的效果如图 7–41 所示。用户可以单击下拉面板中的按钮，下拉面板中会显示刚才改变旋转的三维坐标值，用户也可以直接在三维坐标值的文本输入框中输入坐标值来改变旋转效果，如图 7–42 所示。

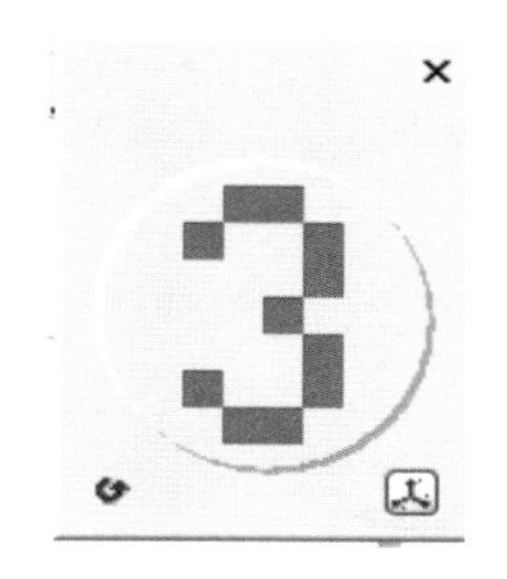

图 7–39　下拉面板

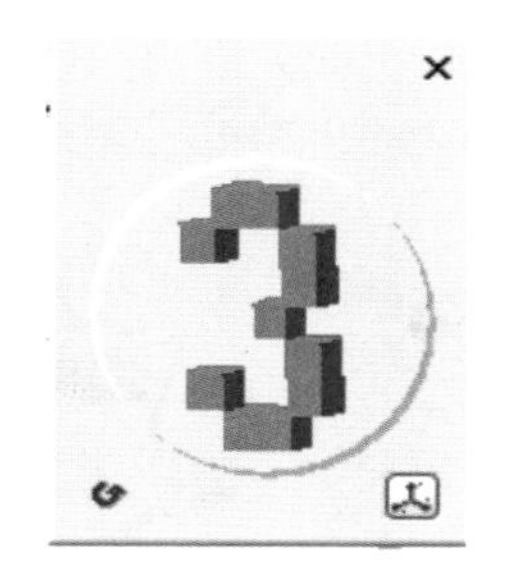

图 7–40　改变下拉面板

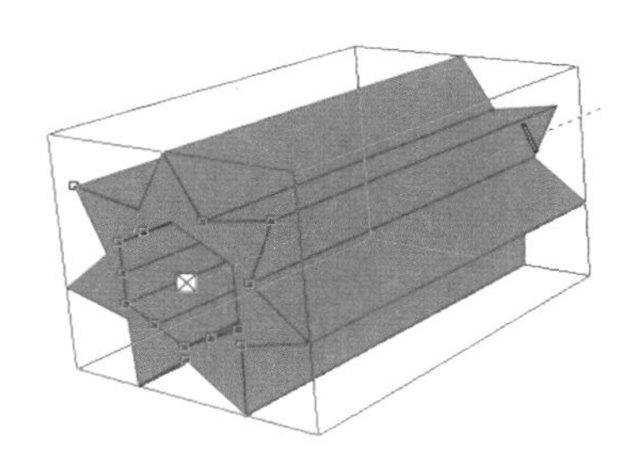

图 7–41　对应的立体化效果

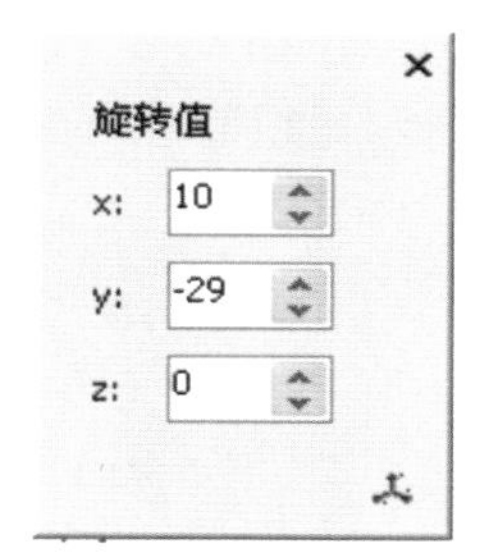

图 7–42　设置三维坐标值

（7）颜色：该项主要用来设置立体化效果的颜色。单击“颜色”按钮，弹出颜色设置面板，在该面板中有三个功能按钮，各按钮对应的设置面板如图 7–43 所示。使用“纯色”和“递减的颜色”两个按钮设置对应的图形效果，如图 7–44 与图 7–45 所示。

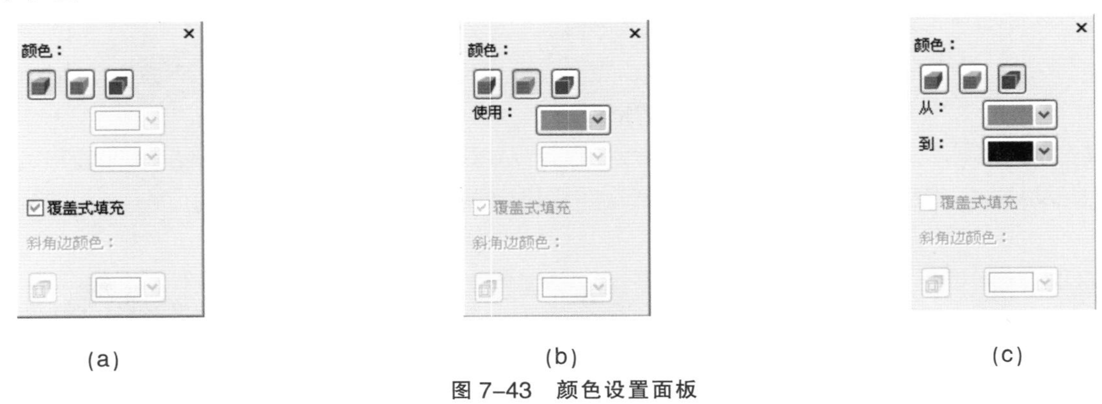

(a) (b) (c)

图 7–43　颜色设置面板

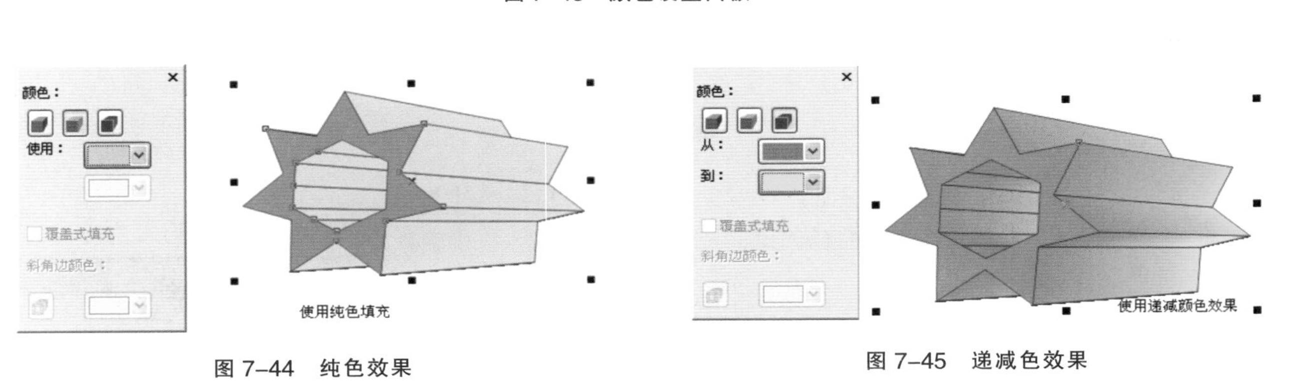

图 7–44　纯色效果　　图 7–45　递减色效果

(8) 斜角修饰边：在属性栏中单击按钮，弹出下拉面板，其中下拉面板的设置与对应图形的效果分别如图 7–46 与图 7–47 所示。

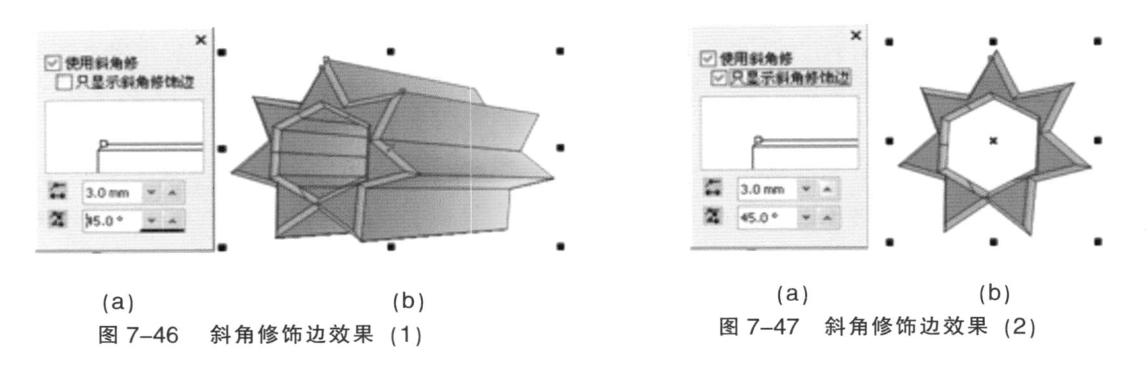

(a) (b)　　(a) (b)

图 7–46　斜角修饰边效果（1）　　图 7–47　斜角修饰边效果（2）

(9) 照明：该项主要用于调整立体化的灯光效果。单击属性栏中的“照明”按钮，弹出如图 7–48 所示的下拉面板。此面板中有三个光源，不同光源所对应的照明效果分别如图 7–49、图 7–50、图 7–51 所示。

(a) (b)

图 7–48　照明下拉面板　　图 7–49　照明面板设置效果（1）

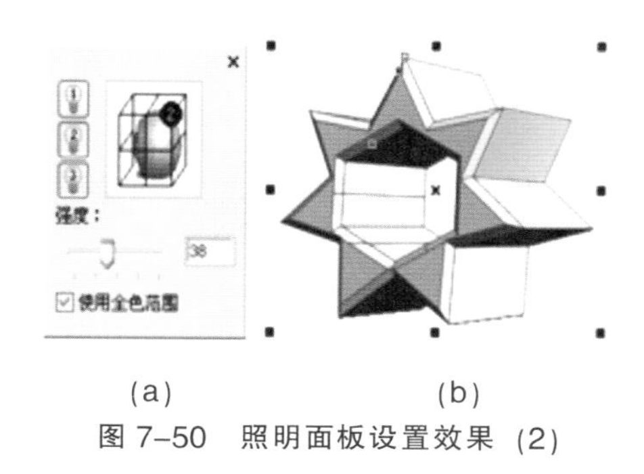

(a) (b)

图 7-50 照明面板设置效果（2）

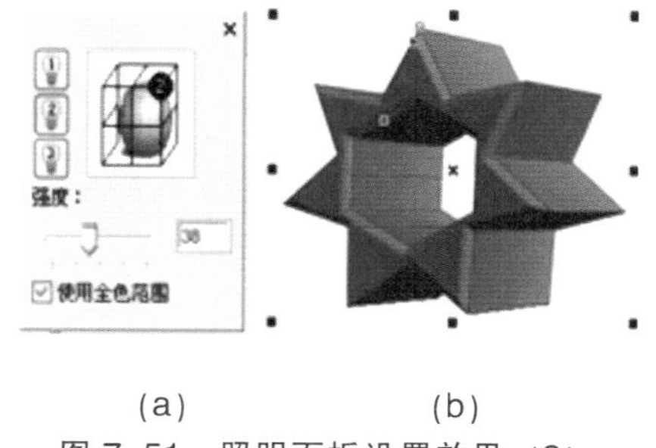

(a) (b)

图 7-51 照明面板设置效果（3）

小提示

用户可以用鼠标拖动光线强度预览界面中的数字，此时，随着数字的位置发生改变，其立体化效果中的灯光照明效果也随之发生改变，如图 7-52 所示。

（10）清除立体化：它的主要作用是清除立体化效果。只要用户单击属性栏中的“清除立体化”按钮，即可将立体化效果删除，如图 7-53 所示。

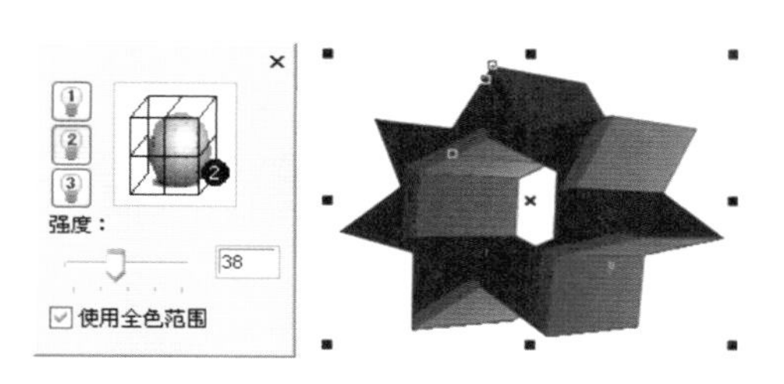

图 7-52 调整灯光照明效果

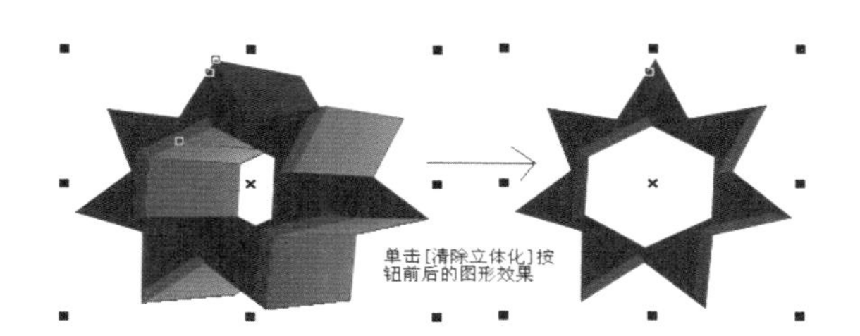

图 7-53 清除立体化效果

【实际操作】学习了那么多知识，下面我们可以动手操作啦！

子项目 1 实施：巧克力饮品的包装设计

前面对包装的相关知识进行了介绍，下面再详细介绍一下“巧克力饮品”包装设计的具体制作。

1）创建新文档并保存

（1）启动 CorelDRAW X4 软件后，新建一个文档，默认纸张大小为 A4。

（2）选择“文件”→“另存为”命令，以“巧克力饮品”为文件名保存到用户指定的地址。

2）绘制背景

（1）在工具箱中双击矩形工具，得到一个和纸张大小一样的矩形。用挑选工具选取该矩形，打开“渐变填充”对话框，在其中选择“类型”为辐射，设置“水平”为 -4，“垂直”为 -27，“颜色调和”项勾选为自定义，设置开始颜色为(C：50，M：0，Y：0，K：0)，设置 20%颜色为(C：20，M：0，Y：0，K：0)，设置 60%颜色为 (C：5，M：0，Y：0，K：0)，设置 100%颜色为纯白色，最后单击“确定”按钮。删除边框，渐变填充底色效果如图 7-54 所示。

（2）在工具箱中双击矩形工具，绘制一个与页面同宽的矩形，颜色设置为纯白色，放置在页面的下部，如图 7–55 所示。

图 7–54　背景雏形

图 7–55　背景效果

3）绘制巧克力饮品

（1）在工具箱中双击矩形工具，绘制一个尺寸为 42 mm × 110 mm 42.0 mm 110.0 mm 的矩形，使用 立体化工具，使用鼠标拖动新创建的矩形将其调整为如图 7–56 所示的立体化效果。

（2）选择立方体，在右键快捷菜单中选择“拆分立体化群组” 命令，并选择“取消群组”命令，再将正面的矩形填充颜色为(C：0，M：0，Y：40，K：0)，右侧的矩形填充颜色为(C：11，M：27，Y：80，K：0)，并取消轮廓颜色，如图 7–57 所示。

（3）选择“视图”→“贴齐对象”命令，选择后贴着上边缘创建两个矩形，选择后贴着上边缘创建一个三角形，将它们都选中后在右键快捷菜单中选择“转换为曲线”命令，然后单击工具，调整其形状如图 7–58所示。删除轮廓，将正面矩形颜色填充为(C：0，M：0，Y：60，K：0)，将侧面的三角形颜色填充为(C：11，M：27，Y：80，K：0)，将上面矩形的颜色填充为(C：3，M：4，Y：11，K：0)，如图 7–59 所示。

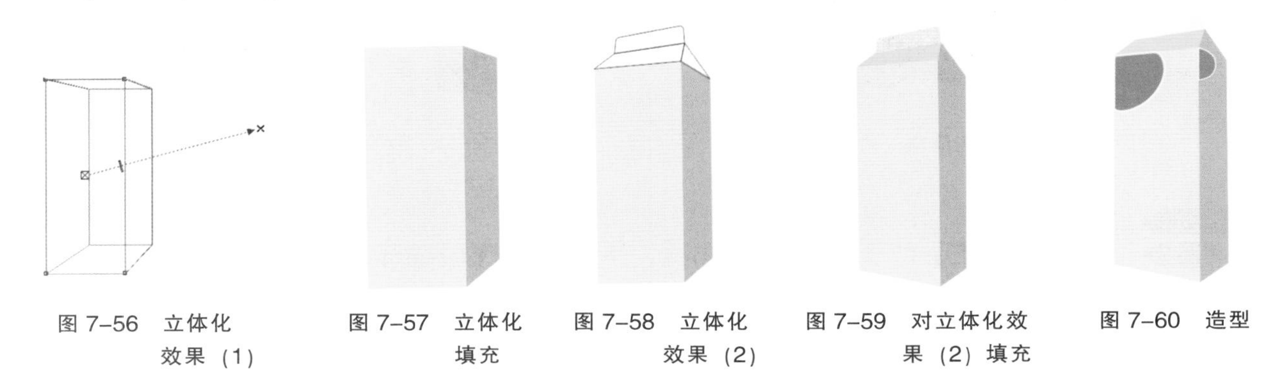

图 7–56　立体化效果（1）　图 7–57　立体化填充　图 7–58　立体化效果（2）　图 7–59　对立体化效果（2）填充　图 7–60　造型

（4）在工具箱中双击矩形工具，绘制一个尺寸为 25 mm × 29 mm 25.0 mm 29.0 mm 的矩形，并设置圆角值为 .0 mm .0 mm .0 mm 30.0 mm，填充颜色为(C：31，M：45，Y：85，K：0)，轮廓颜色为(C：0，M：0，Y：20，K：0)，颜色宽度为 1.0 mm，然后选择“转换为曲线”命令，并调整形状，使用类似的方法将侧面的形状绘制出来，如图 7–60 所示。

（5）在工具箱中双击圆形工具，绘制一个椭圆，填充颜色为白色，并绘制杯体的曲线，设置杯体的颜色为(C：0，M：20，Y：100，K：0)，设置杯柄的颜色为(C：31，M：45，Y：85，K：0)，如图 7–61 所示。

（6）在工具箱中双击圆形工具，绘制一个比杯体略小的椭圆，将巧克力素材图拖动到 CorelDRAW 界面中，选择“效果”→“图框精确剪裁”→“放置在容器中”命令，将素材图放置于刚绘制的椭圆形中，并调整到对应的位置。然后使用曲线绘制彩带并进行渐变填充，如图 7–62 所示。

（7）制作巧克力豆。在工具箱中双击圆形工具，绘制一个椭圆，选择“转换为曲线”命令，将其调整为不规则的椭圆形，然后进行交互式填充，设置参数为 辐射 50 % 0 30 %，其中设置底色为(C：59，M：100，Y：100，K：0)，设置辐射的颜色为(C：12，M：77，Y：100，K：0)，按照类似的方法制作上面的椭圆并调整到对应的位置，如图 7-63 所示。放置多个巧克力豆到包装盒上，调整相应的大小和位置，如图 7-64 所示。

图 7-61　杯体造型

图 7-62　图框精确剪裁

图 7-63　巧克力豆

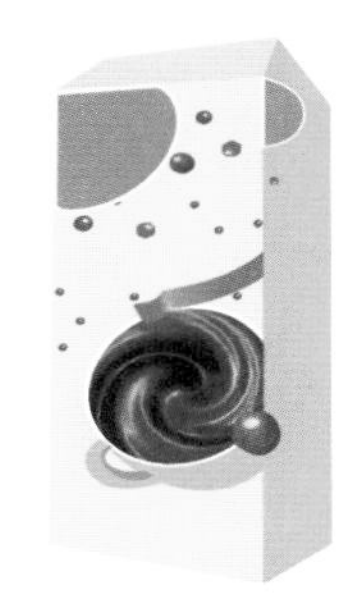

图 7-64　增加巧克力豆效果

(8) 制作字体。在工具箱中单击文字工具**字**，在包装盒上创建对应的字体，然后调整对应的字体格式和位置，所使用的字体均包含在对应章节的素材包里面。字体的细节效果如图 7-65 所示，整体效果如图 7-66 所示。

(a)

(b)

(c)

(d)

图 7-65　字体细节效果

(9) 制作侧边效果。创建一个矩形，选择“转换为曲线”命令，并使用形状工具调整位置，然后对此矩形进行自定义的线性渐变填充。添加文字并填充为蓝色，然后选择交互式封套工具调整其形态，如图 7-67 所示。

(10) 选择巧克力饮品包装盒的所有内容，进行群组。添加交互式阴影效果，指定透视右上的阴影效果，并调节阴影的颜色。最终的整体效果如图 7-68 所示。

图 7-66　字体最终效果

图 7-67　侧边效果

图 7-68　巧克力饮品的最终效果

2. 透镜的使用

透镜效果运用了照相机镜头的某些原理。将一个镜头放在对象上，对象在镜头的影响下会产生各种不同的效果，即改变透镜下方的对象区域的外观，如透明、放大、鱼眼、反转等。不过透镜只改变了观察方式，不能改变对象本身的属性。

透镜效果可以用在 CorelDRAW 创建的任何封闭图形上，如矩形、圆形、三角形等，也可以运用它来改变位图的观察效果。但透镜不能应用在已使用了立体化、轮廓图、交互式调和效果的对象上。如果群组的对象需要使用透镜效果，必须先解散群组才行；如果要对位图进行透镜处理，则必须在位图上绘制一个封闭的图形，将图形移至需要改变的位置上。

选择“窗口”→“泊坞窗”→“透镜”命令，如图 7–69 所示，可以打开“透镜”泊坞窗，如图 7–70 所示。

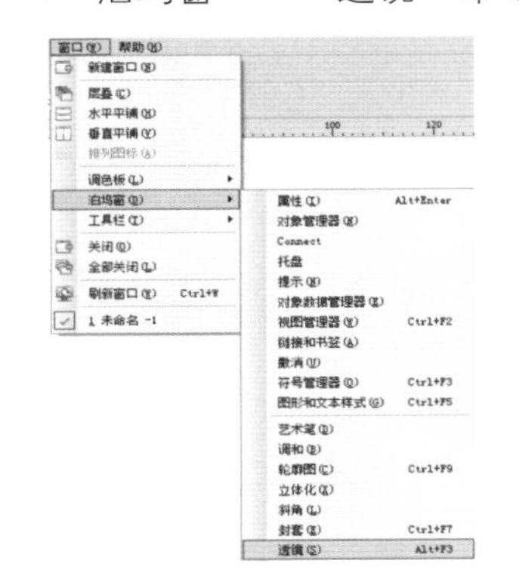

图 7–69　菜单项

图 7–70　“透镜”泊坞窗

1）添加透镜效果

透镜效果可应用于已绘制的任何对象，如椭圆、矩形、多边形、文本及位图对象等。在 CorelDRAW X4 中，共提供了 12 种透镜效果。图形应用不同的透镜样式时，产生的效果对比如图 7–71 所示。

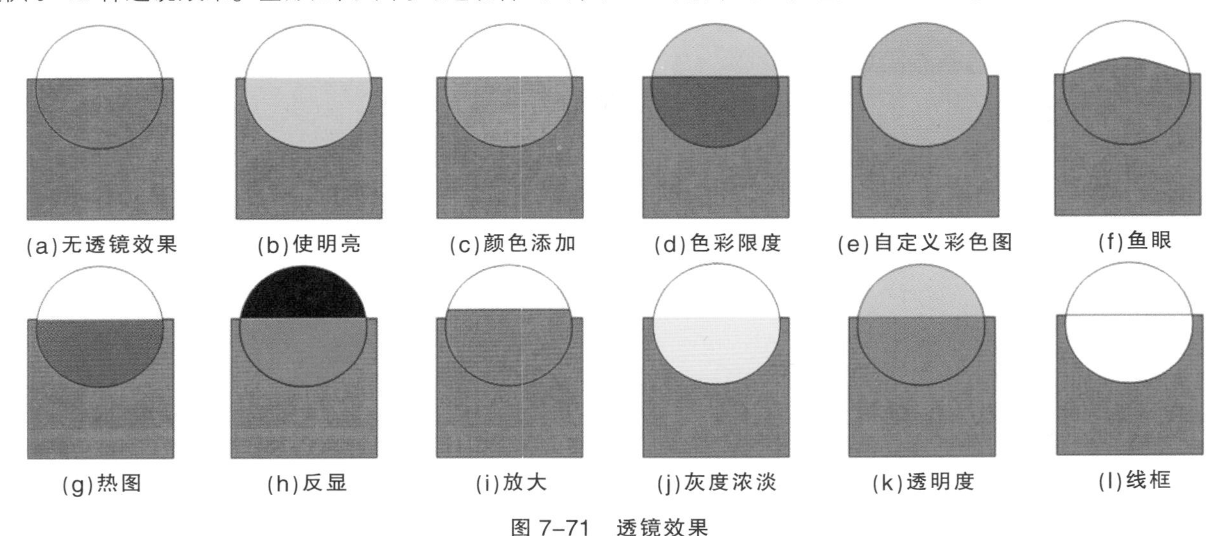
(a)无透镜效果　(b)使明亮　(c)颜色添加　(d)色彩限度　(e)自定义彩色图　(f)鱼眼

(g)热图　(h)反显　(i)放大　(j)灰度浓淡　(k)透明度　(l)线框

图 7–71　透镜效果

（1）无透镜效果　用于撤销透镜效果。

（2）使明亮透镜　该效果可以使透镜区域下的对象变亮或变暗（–100%～100%），正值为变亮，负值为变暗。

（3）颜色添加透镜　颜色添加透镜模拟加色光线的模式，可使透镜对象区域变为其他颜色。这些光线的颜色可以根据用户自己的需要来设置。在“透镜”泊坞窗中的“透镜类型”下拉列表中选择“颜色添加”选项，通过在“比率”输入框中输入数值，可设置颜色添加的程度。其值越大，效果越强；反之，值越小，则透镜显示的颜色越接近于透镜区域下对象的颜色。

（4）色彩限度透镜　色彩限度透镜只显示透镜本身的颜色与黑色，而其他的颜色将被转换成透镜的颜色，也就是说，经过它的光线，都会被它上面的颜色过滤。在“透镜”泊坞窗中的“透镜类型”下拉列表中选择“色彩限度”选项，通过在“比率”输入框中输入数值，可设置透镜的深度，单击“颜色”右侧的下拉按钮，从弹出的调色板中可选择透镜的颜色。与添加颜色透镜效果刚好相反，其比率值越大，透镜显示的颜色越接近透镜区域下的对象色相；反之，显示的颜色越接近于透镜的色相。

（5）自定义彩色图透镜　自定义彩色图就是将透镜对象颜色按照所设置的两种颜色之间的范围显示。在“透镜”泊坞窗中的“透镜类型”下拉列表中选择“自定义彩色图”选项，通过单击其下方的下拉按钮，可从打开的调色板中为透镜选择两种颜色范围，也可在下拉列表中选择这两种颜色的变化过程，即直接调色板、顺向彩虹和反向彩虹。

（6）鱼眼透镜　鱼眼透镜可以使透镜后面的对象产生放大或缩小的效果。在“透镜”泊坞窗中的“透镜类型”下拉列表中选择“鱼眼”选项，通过在“比率”输入框中输入数值，可放大或缩小透镜后面的对象。其取值范围为 −1 000%～1 000%，输入为正值时可放大，输入为负值时可缩小。

（7）热图透镜　热图在透镜对象区域模仿颜色的冷暖等级，以此来创建红外线图像的效果。在“透镜”泊坞窗中的“透镜类型”下拉列表中选择“热图”选项，通过在“调色板旋转”输入框中输入数值，可设置所需的颜色，即将对象颜色的冷暖度进行偏移。

（8）反显透镜　反显透镜的原理是将透镜下方的颜色变为它的互补色，这种互补色是基于 CMYK 颜色模式的，因此可显示出照片的底片效果。在“透镜”泊坞窗中的“透镜类型”下拉列表中选择“反显”选项即可。

（9）放大透镜　放大透镜就像用放大镜查看物体，使放大透镜下的对象可以按指定的倍数放大。但这种放大只是一种视觉效果，实际上对象的属性并没有发生变化。在“透镜”泊坞窗中的“透镜类型”下拉列表中选择“放大”选项，并通过在“数量”输入框中输入数值来设置放大的倍数，从而将对象按一定的比例放大或缩小。数值小于 1 时表示缩小，数值大于 1 时表示放大。

（10）灰度浓淡透镜　灰度浓淡透镜可以以指定的颜色将透镜对象的颜色变为等值的灰度。例如，要将一张彩色相片透镜对象区域的颜色替换为等值的灰色，则可在“透镜”泊坞窗中的“透镜类型”下拉列表中选择“灰度浓淡”选项，然后单击“颜色”右侧的下拉按钮，从打开的调色板中选择黑色，单击“应用”按钮即可。

（11）透明度透镜　透明度透镜可以使透镜对象区域的颜色像透过有色玻璃一样进行显示。此透镜的颜色可以是任意的，也可以根据需要设置透镜的透明程度。在“透镜”泊坞窗中的“透镜类型”下拉列表中选择“透明度”选项，然后在“比例”输入框中输入数值可设置透明的程度，其数值越大，透明效果越明显。单击“颜色”右侧的下拉按钮，可从弹出的调色板中选择一种颜色作为透明度透镜的颜色，单击“应用”按钮即可。

（12）线框透镜　线框透镜可使透镜对象的填充颜色和轮廓色显示为透镜的填充色和轮廓色。使用线框透镜效果时，透镜对象下方的对象应为矢量图。例如，轮廓色设置为红色，填充色设置为黄色，则透镜对象区域所看到的轮廓色将为红色，而填充色为黄色。

在“透镜”泊坞窗中的“透镜类型”下拉列表中选择“线框”选项，选中“轮廓”复选框，单击其右侧的下拉按钮，从打开的调色板中选择所需的轮廓颜色，选中“填充”复选框，单击其右侧的下拉按钮，从弹出的调色板中选择所需的填充颜色，也可以只选择“填充”或“轮廓”颜色中的一种，其效果是不一样的。

2）编辑透镜

添加透镜效果后，如果对其不满意，可以根据需要进行相应的编辑，从而达到所需的效果。在 CorelDRAW X4 中可以对某些透镜类型进行冻结、视点或移除表面等操作。

⑴ 冻结。冻结一般用于固定透镜中的内容，可在移动透镜时不改变通过透镜显示的内容。添加一种透镜效果后，在其相应的“透镜”泊坞窗中选中“冻结”复选框，单击“应用”按钮，即可将透镜中的内容冻结，冻结后可以移动并复制透镜。

⑵ 视点。视点可在透镜本身不移动的情况下移动视点以显示透镜下图像的任意部分。创建好一个透镜后，在“透镜”泊坞窗中选中“视点”复选框，此时该复选框右侧会出现一个“编辑”按钮，单击该按钮，此时按钮将变为“末端”按钮，透镜中心将会出现标记，通过在“X:”与“Y:”文本输入框中输入数值，即可设置视点的位置。设置好参数后，单击“末端”按钮，再单击“应用”按钮即可得到对应效果。

⑶ 移除表面。设置移除表面表示只显示在透镜覆盖对象的位置显示透镜效果。也就是说，将透镜移至其他位置时，即改变透镜的作用对象。因此，在对象外将看不到该效果。创建透镜效果后，在“透镜”泊坞窗中选中“移除表面”复选框，单击“应用”按钮，即可得到对应的效果。

【实际操作】学习了那么多知识，下面我们可以动手操作啦！

子项目 2 实施：对讲机包装设计

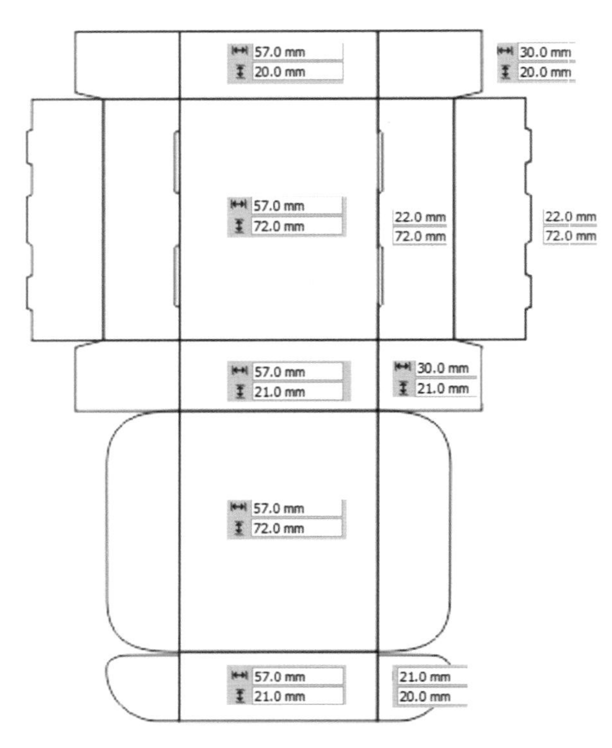

图 7-72　包装展开图及其尺寸

下面介绍一下对讲机包装设计的具体制作步骤。

1）创建新文档并保存

（1）打开 CorelDraw X4 软件后，新建一个文档，默认纸张大小为 A4，在属性栏中选择纸张方向为纵向。

（2）选择“文件”→“另存为”命令，以“对讲机包装”为文件名保存该文件。

2）创建包装展开框架

（1）使用工具栏中的矩形工具绘制包装展开图，具体尺寸和形状如图 7-72 所示。

（2）其中尺寸为 22.0 mm 72.0 mm 的两个矩形，需要进行图形的修剪编辑，具体的操作步骤如图 7-73 和图 7-74 所示。

3）填充颜色

（1）将所绘制的包装展开图填充对应的颜色，填充后的效果如图 7-75 所示。

（2）主体封面使用的是交互式辐射填充，即

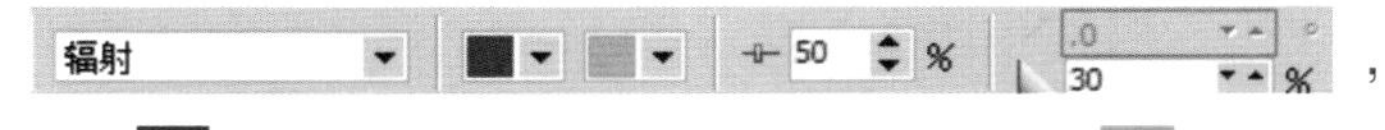

，其中■为(C：71，M：83，Y：95，K：63)，■为(C：0，M：60，Y：100，K：0)，填充后的效果如图 7-75 所示。

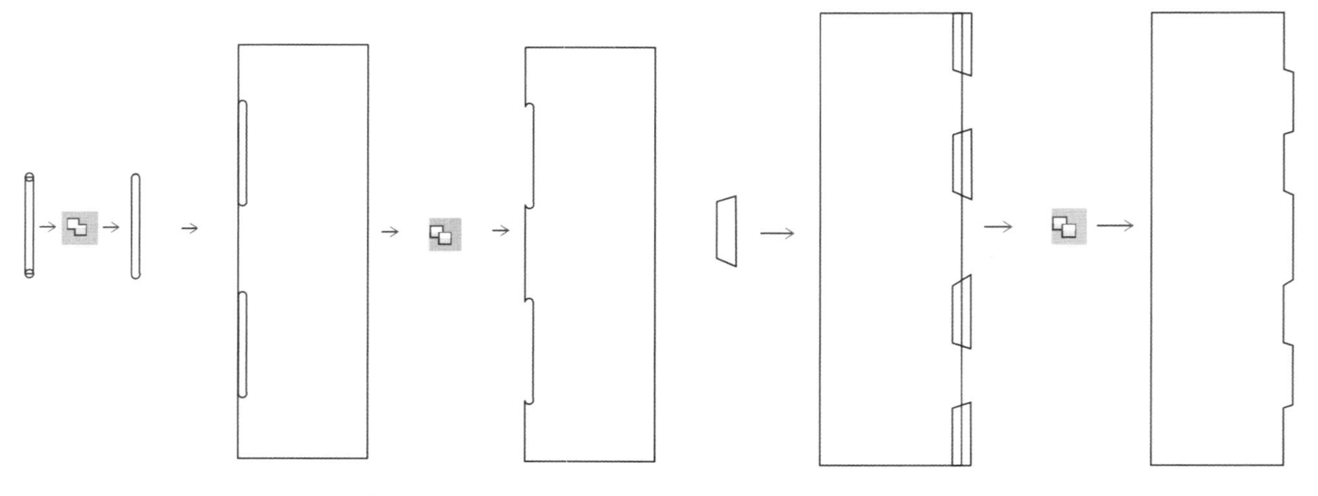

图 7-73　形状编辑（1）　　图 7-74　形状编辑（2）

将填充效果复制给左右两边的矩形，再将素材中的提亮位图导入到文件中并放置于合适的位置。颜色填充的最终效果如图7–75所示。

4）填充背景条纹

绘制背景上的条纹。绘制一根直线，将颜色调整为(C：57，M：84，Y：100，K：43)，选择“排列”→“变换”→“位置”命令，打开位置变化的泊坞窗，设置如图7–76所示。对变换出的直线选择“转换为曲线”命令，并调整对应的位置，最后的效果如图7–77所示。

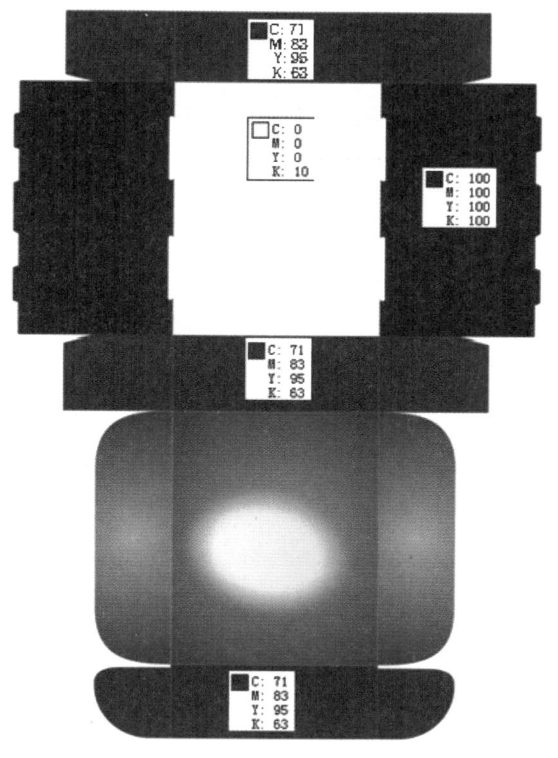

图7–75 颜色填充效果

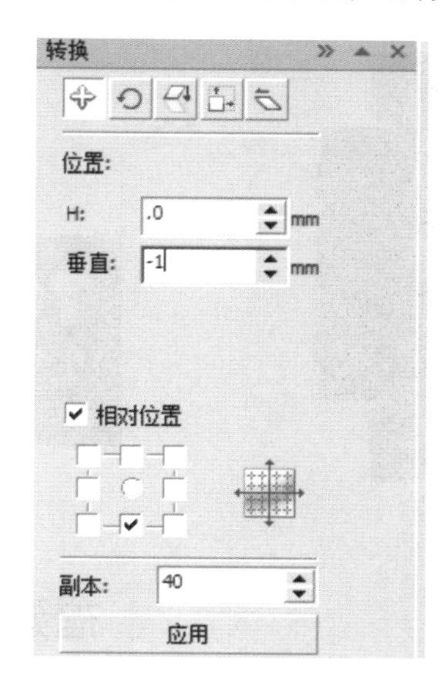

图7–76 位置转换设置

5）标志设计

绘制主标志，添加字体并设置颜色为(C：0，M：0，Y：40，K：0)，最终效果如图7–78和图7–79所示。

图7–77 条纹背景

图7–78 标志设计（1）

图7–79 标志设计（2）

6）制作主封面效果

（1）使用矩形工具绘制矩形并设置其圆角值为1，设置填充颜色为(C：71，M：83，Y：95，K：63)，取消轮廓色。具体设置为 8.0 mm 8.0 mm 113.0 % 113.0 % .0 ° 1.0 mm 1.0 mm 1.0 mm 1.0 mm 。

（2）使用中心点缩放来缩小绘制的矩形，使用线性渐变填充填充此矩形，如图7–80所示。使用交互式阴影工具给此矩形添加小型辉光的阴影效果，将羽化值设置为3，阴影颜色改为白色。

（3）在此矩形上添加对应的文字。复制几个放置在合适的位置，为个别的文字添加交互式透明的效果，具体的设置为

，然后调整好位置。群组所有矩形，取消所有矩形的透明效果后，在页面的其他位置放置群组后的矩形，效果如图7–81所示。

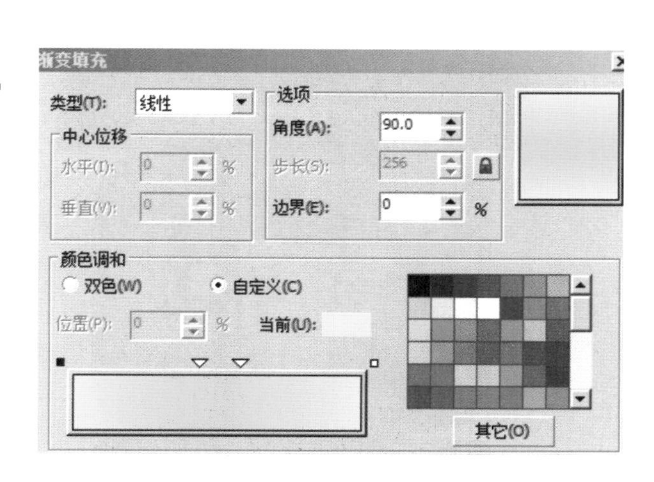

图7–80 渐变填充设置

添加主标和群组的矩形之后的效果如图 7–82 所示。

7）添加字体

使用文字工具制作以下字体，效果如图 7–83 和图 7–84 所示。

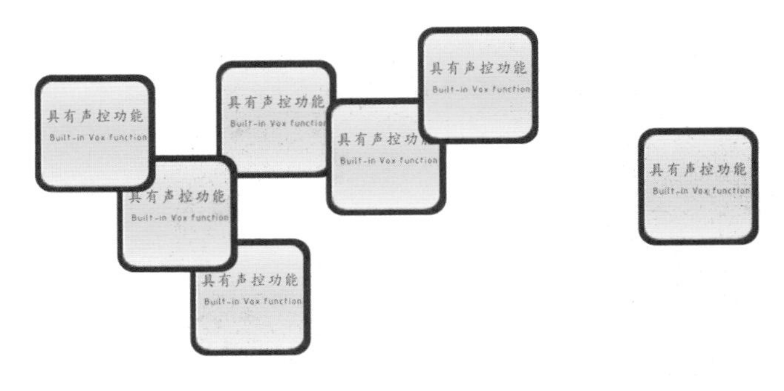

具有声控功能
Built-in Vox function

图 7–81　矩形群组

QUANSHENG

图 7–82　添加标志效果

TG-UV2
双显多频段收发对讲机
CTCSS/DCS automatic search　Double frequency display of the LCD
LCD具有双频显示功能　具有CTCSS/DCS 信令自动搜索显示功能

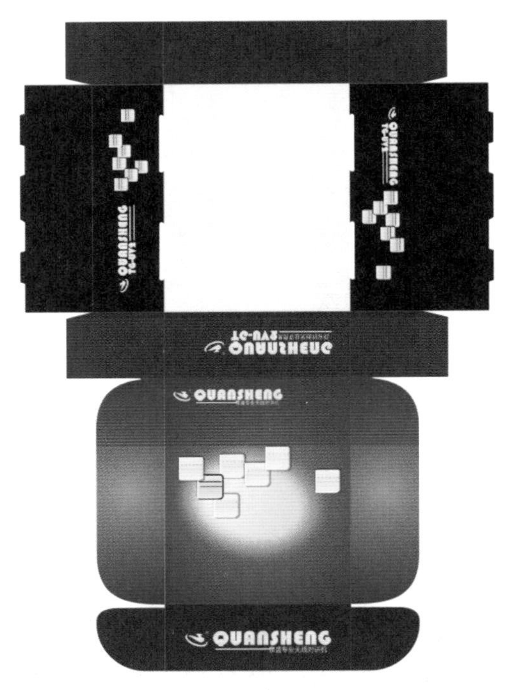

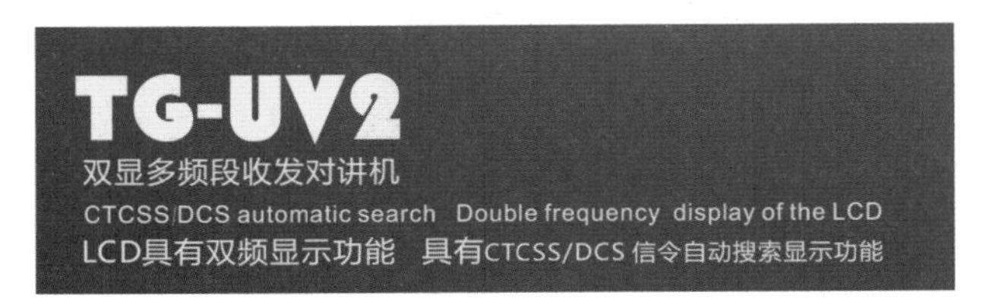

图 7–83　字体（1）

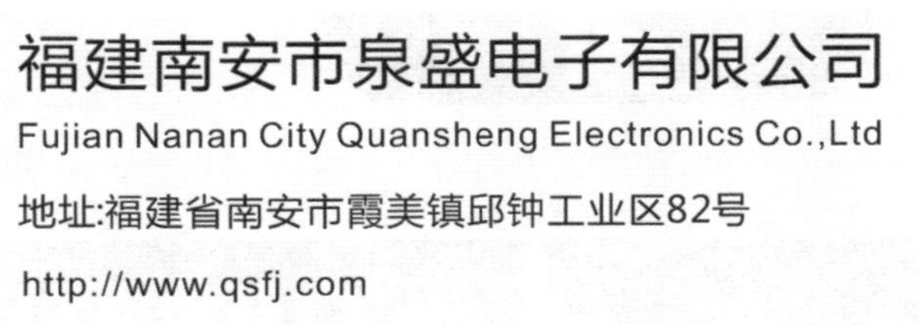

福建南安市泉盛电子有限公司
Fujian Nanan City Quansheng Electronics Co.,Ltd
地址:福建省南安市霞美镇邱钟工业区82号
http://www.qsfj.com

图 7–84　字体（2）

8）添加图片

导入“对讲机.png”文件到软件中，放置在合适的位置，添加对讲机的效果如图 7–85 所示。最终的整体效果如图 7–86 所示。

QUANSHENG
TG-UV2

图 7–85　添加对讲机效果

QUANSHENG
TG-UV2

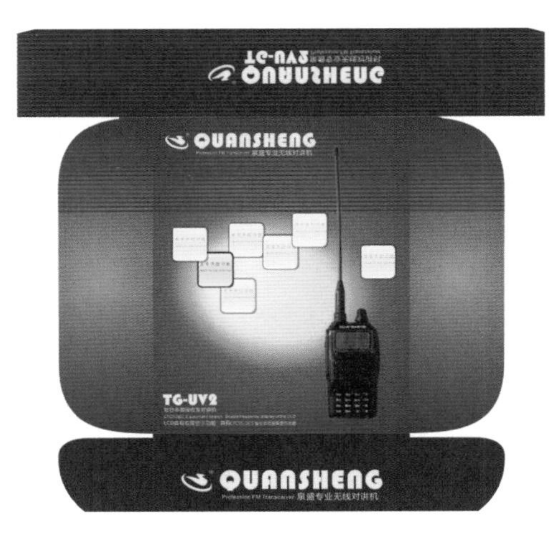

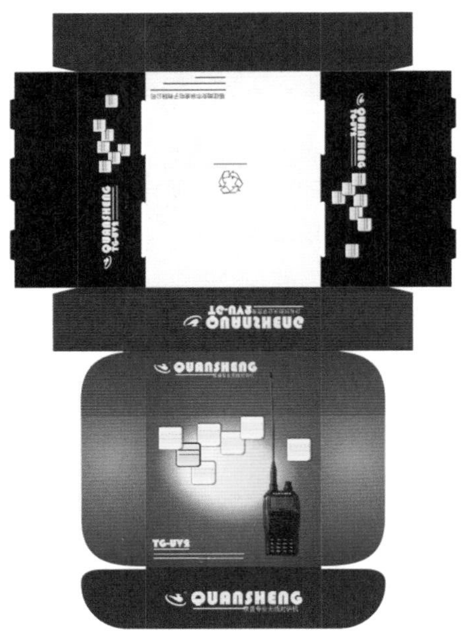

图 7–86　对讲机包装设计的最终效果

项目小结

本项目通过巧克力饮品包装设计和对讲机包装设计两个项目的制作，主要学习了交互式立体化工具及透镜效果等知识。这两个实例综合运用了CorelDRAW X4中常用的操作，知识范围比较广，比较适合于该软件学习后期的综合实例练习。

习题7

一、填空题

1. 包装设计的主要功能有______、______、______、______、______。
2. 立体化对象的灭点属性可分为______、______、______、______四类。
3. 鱼眼透镜可以使透镜后面的对象产生放大或缩小的效果，输入______可放大，输入______可缩小。

二、选择题

1. 使用（ ）工具，可以使3D效果应用到对象上来创造立体感。
   A.交互式调和　B.交互式透明　C.交互式立体化　D.交互式扭曲
2. 关于透镜工具的使用，下列说法正确的是（ ）。
   A.只改变观察方式，不改变对象属性　B.既改变观察方式，又改变对象属性
   C.不改变观察方式，只改变对象属性　D.不改变观察方式，不改变对象属性
3. 交互式立体化工具的立体化类型包括（ ）类。
   A.8　B.5　C.7　D.6

三、操作题

制作如图7-87所示的包装设计海报。相关素材在本章节对应的素材包里面。

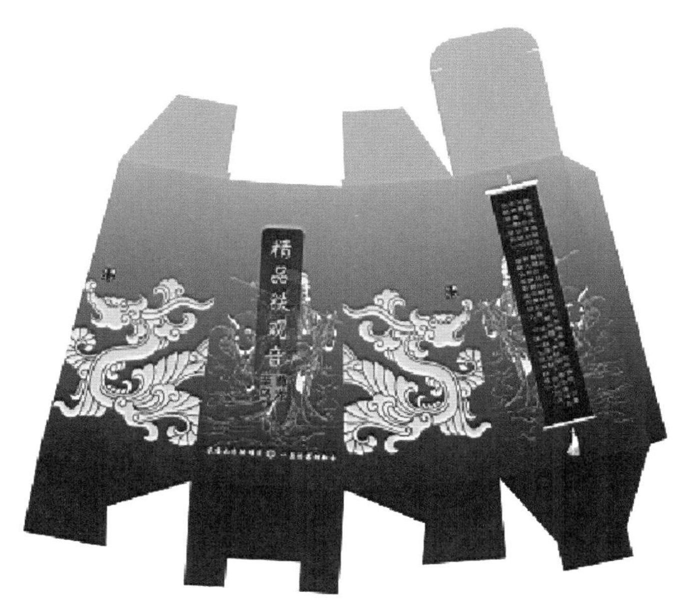

图7-87　课后练习

部分参考答案

第 1 章

一、选择题　BCADA

二、填空题　1.美国、Corel、1989　2.交互式阴影工具　3.美术字文本和段落文本　4.显示位置　5.Alt

第 2 章

一、填空题　1.相貌　2.渐变填充　3.双色图案填充

二、选择题　DCDA

三、简答题

1.插画最早来源于招贴海报，是一种艺术形式。在人们平常所看的报纸、杂志或儿童图画书等的文字间所插的图画统称为插画。

2.插画设计作为视觉艺术的一种形式，具体地说，是实用美术中的一种，有着自身的审美特征。其中，最为显而易见的审美特征有：目的性与制约性；实用性与通俗性；形象性与直观性；审美性与趣味性；创造性与艺术想象；多样化、多元化。

3.在 CorelDraw 中，常用的颜色模式主要有 RGB 模式、CMYK 模式、HSB 模式和 Lab 模式等四种。其中，RGB 模式和 CMYK 模式是众多颜色模式中最常用的两种，尤其适合各种数字化设计和印刷系统。

第 3 章

一、选择题　DBACC

二、填空题　1.256　2.编辑菜单　3.水平、垂直和倾斜　4.编辑　5.3

第 4 章

一、填空题　1.逆时针调和　2.到中心　3.封套的双弧模式

二、选择题　BDAC

三、简答题

1. VI 视觉识别系统主要包括两个部分的内容：第一部分为基本要素系统，如企业名称、企业标志、标准字、标准色等；第二部分为应用系统，如交通工具、服装服饰、广告媒体、招牌、包装系统等。

2.优秀的 VI 设计必须把握以下原则：风格的统一性原则；强化视觉冲击的原则；强调人性化的原则；增强民族个性与尊重民族风俗的原则；可实施性原则；符合审美规律的原则；严格管理的原则。

3.VI 设计主要分为以下四个设计阶段。

①前期准备阶段　成立 VI 设计小组，充分理解 MI 精神，确定贯穿 VI 设计的基本形式，调查研究，搜集相关资讯，确定 VI 设计的方向和目标。

②设计开发阶段　VI 设计小组在充分理解和消化企业的经营理念、MI 精神之后，即可进入具体的设计阶段，进行视觉系统的基本要素设计和应用系统设计。

③检验与修正　VI 设计基本定型后，还要进行较大范围的调研，以便通过一定数量和不同层次的调研对象的信息反馈来检验 VI 设计。

④编制 VI 手册　这是 VI 设计的最后阶段，按前言、基础系统篇、应用系统篇、管理使用说明等顺序依次整理成册。

第 5 章

一、填空题　1.色彩损失　2.Ctrl+2、Ctrl+4、Ctrl+6
3.符号外形、符号大小、符号颜色

二、选择题　B C A

三、简答题

1.因为美工文字段落的第一行前面空的是全角的空格，所以文字转曲时会发生移位。其解决方法是把每段的第一行全角的空格改为半角的空格，转换为曲线时就不会产生错位了。

2.中文版的 CorelDRAW 都不支持直接文字加粗功能，我们要解决这个问题只有通过调节轮廓线的粗细来实现。按 F12 快捷键，调整好需要的轮廓线粗细，再为轮廓线上色。

3.特殊符号的输入并不依赖于 CorelDRAW 软件本身，可以利用键盘输入法输入各种特殊符号。CorelDRAW 的便利还在于用户可以用简单的线条、多边形等工具画出各式各样的图形图案来。

第 6 章

一、填空题　1.Ctrl+Q　2.大　3.推拉变形　拉链变形
4.基本、箭头、星形、流程、标准　5.3

二、选择题　B D A B B A D B

三、简答题

有五大原则。第一，统一。统一也称为一致，与调和的意义相似。

第二，加重。亦即强调或重点设计，这里的重点设计，可以利用色彩的对照、质料的搭配、线条的安排、剪裁的特色、饰物的使用等来达成。

第三，平衡。使设计具有稳定、静止的感觉时，即是符合平衡的原则。

第四，比例。是指服装各部分大小的分配。例如，口袋与衣身大小的关系、衣领的宽窄等都应适当。

第五，韵律。指规律的反复而产生柔和的动感。

第 7 章

一、填空题

1.保护功能、传递信息功能、促销功能、便利功能、环境保护功能

2.锁到对象上的灭点、锁到页上的灭点、复制灭点、共享灭点

3.正值、负值

二、选择题

C A D

[1] 锐艺视觉. CorelDRAW X4 平面设计经典 150 例 [M] .北京：中国青年出版社，2009.

[2] 罗丹.CorelDRAW X3 案例教程 [M] .北京：电子工业出版社，2010.

[3] 罗丹.CorelDRAW X3 经典实用案例教程 [M] .北京：中国铁道出版社，2010.

[4] 张记光，张纪文. CorelDRAW 服装设计经典实例教程 [M] .北京: 中国纺织出版社，2011.

[5] 马仲岭. CorelDRAW 服装结构设计实用教程 [M] .2 版.北京: 人民邮电出版社，2011.

[6] 栩睿视觉. CorelDRAW 女装款式设计与绘制 1000 例 [M] .北京: 人民邮电出版社， 2011.